高等职业教育电子信息类系列教材

C51 单片机编程与应用

主　编　王　栋　程雪敏　戴丽华

副主编　荣雪琴　钱　昕　沈晓宇

　　　　周修和

西安电子科技大学出版社

内 容 简 介

本书力求从高职教学要求出发，以应用实例引导教学，以项目驱动学习 51 单片机的 C 语言开发设计。书中内容从单片机最小系统到项目综合设计，基本上涵盖了 C51 编程的全过程，旨在帮助读者掌握 51 单片机片上资源和片外设备的软硬件设计，逐步建立起单片机 C51 编程的逻辑思维，提升开发技能。

本书内容包括 C 语言基础知识、C 语言程序设计的基本结构、数组与函数、单片机及其开发环境、单片机的片上资源、LED 和蜂鸣器、按键与外部中断、数码管显示与定时中断使用、单片机的温度测量系统、A/D 转换及应用、单片机控制步进电机、单片机的串口通信、综合项目。

本书不但适用于高职高专工科类专业学生使用，也可满足职业型本科电子信息类、装备制造类相关专业学生的需求，同时可作为自学者的学习参考书。

图书在版编目 (CIP) 数据

C51 单片机编程与应用 / 王栋，程雪敏，戴丽华主编 . -- 西安：

西安电子科技大学出版社 , 2025. 6. -- ISBN 978-7-5606-7652-4

Ⅰ. TP368.1

中国国家版本馆 CIP 数据核字第 2025VE0155 号

策　划　高　樱
责任编辑　高　樱
出版发行　西安电子科技大学出版社 (西安市太白南路 2 号)
电　话　(029) 88202421　88201467　　　邮　编　710071
网　址　www.xduph.com　　　　　　　电子邮箱　xdupfxb001@163.com
经　销　新华书店
印刷单位　咸阳华盛印务有限责任公司
版　次　2025 年 6 月第 1 版　　　　　2025 年 6 月第 1 次印刷
开　本　880 毫米 × 1230 毫米　1/16　　印　张　18
字　数　489 千字
定　价　66.00 元
ISBN 978-7-5606-7652-4
XDUP 7953001-1
*** 如有印装问题可调换 ***

前　言

单片机是一种面向控制的大规模集成电路模块，其因功能强、体积小、价格低、可靠性高等特点已被运用于我们工作、生活的方方面面。单片机课程已成为电子信息、机电一体化等相关专业教学计划的重要组成部分。要完成一个单片机系统，需要掌握编程技术，根据实际应用的需要选择合理的单片机和外围器件，并以此为基础设计硬件电路，所以说单片机系统是一个软硬件结合的产物。

C 语言因其高效、灵活、功能丰富、表达力强和可移植性好等特点，已成为目前世界上广泛使用的一门程序设计语言。C 语言是一门面向过程的、抽象化的通用程序设计语言，广泛用于底层开发，是单片机开发最常用的编程语言之一。

本书分为 C 语言和单片机两部分。

C 语言部分主要介绍在 Visual C++ 6.0 开发环境下 C 语言的结构和语法规则、数据类型及运算、三种基本编程结构的编程方法、数组和函数的应用等知识。

C 语言部分共分为 3 个单元。

(1) 第 1 单元：C 语言基础知识，主要介绍了 C 语言的特点、C 语言结构和基本规则、Visual C++ 6.0 开发环境的使用、C 语言的数据类型、运算符、表达式、C 语言语句、算法的基本概念和描述方法。

(2) 第 2 单元：C 语言程序设计的基本结构，讲述了 C 语言结构化程序设计的三种基本结构 (顺序结构、分支结构和循环结构) 的格式及应用。

(3) 第 3 单元：数组与函数，主要讲述了一维数组的定义和引用、自定义函数的定义及应用、函数中的各种变量、内部函数和外部函数等内容，在任务中涉及一些简单的指针知识及快速排序算法。

本部分内容以够用、实用为度，主要为后面的单片机编程服务，对比其他教材，输入 / 输出语句、指针部分讲解较少，删减了二维数组、结构体、文件、链表等内容。

单片机部分以 C51 为编程语言，以 Keil μVision 软件为开发平台，以 Proteus 软件为仿真平台，以 "SIIT-e 路向芯" 单片机开发板为载体，介绍单片机的片上资源、中断、定时器 / 计数器、串口通信等技术，以及 LED、蜂鸣器、数码管、温度传感器、ADC、步进电机等外设的应用。

单片机部分共分为 10 个单元。

(1) 第 4 单元：单片机及其开发环境，主要讲述了单片机的基础知识 (包括单片机的历史、发展、特点、应用领域等)、单片机的开发环境 Keil μVision5 软件和 Proteus 8

软件的使用方法。

(2) 第 5 单元：单片机的片上资源，主要讲述了单片机总体结构、存储器与特殊功能寄存器、时钟电路与复位电路、单片机的 I/O 口结构等内容，本单元为单片机应用系统设计打下硬件基础。

(3) 第 6 单元：LED 和蜂鸣器，主要讲述了 LED 基础知识、蜂鸣器基础知识，实现报警指示灯、指示频谱灯任务。

(4) 第 7 单元：按键与外部中断，主要讲述了独立按键、矩阵按键以及中断的应用，包括按键消抖、按键扫描、中断配置、中断响应的条件、中断过程、中断服务函数的编写方法。

(5) 第 8 单元：数码管显示与定时中断使用，主要讲述了定时中断和数码管显示的基本知识，包括八段数码管的发光原理和编码方式、定时中断的模式和计算方法、中断寄存器的配置，实现了对一位及多位数码管显示的控制。

(6) 第 9 单元：单片机的温度测量系统，主要讲述了单总线通信协议和 DS18B20 温度传感器的工作原理及应用，通过任务介绍采用 DS18B20 进行温度测量的方法。

(7) 第 10 单元：A/D 转换及应用，主要讲述了 I²C 总线通信原理和 PCF8591 芯片的工作原理及应用，通过任务介绍 PCF8591 与单片机的接口技术以及电压和温度的测量。

(8) 第 11 单元：单片机控制步进电机，主要讲述了单片机控制步进电机运动的基本知识，包括步进电机的控制原理和工作方式、74HC14 器件和 ULN2003A 芯片的工作原理、五线四相步进电机的通电顺序和连接，以及用单片机控制步进电机正反转及加减速。

(9) 第 12 单元：单片机的串口通信，主要讲述了串口通信的基本概念、控制寄存器的配置和实现原理，实现从单片机向 PC 端发送数据、从 PC 端下发数据给单片机以及串口通信交互实验。

(10) 第 13 单元：综合项目，主要结合单片机中断、定时器 / 计数器、串口通信等技术，以及 LED、蜂鸣器、数码管、温度传感器、步进电机等外设，实现可调简易时钟、温度监控系统和智能盆栽系统。

本部分采用 C 语言编程，便于学生在学习单片机知识的同时，进一步巩固 C 语言的应用，同时将大部分原理知识融入任务中，讲解原理时力求精练细致、由浅入深，并精心设计了应用实例，使创新与传统相结合，仿真与实物相结合，从而缩短了学习与应用的距离。

本书力求从高职教学需求出发，以应用实例引导教学，强调应用性，并完善跨专业跨学科所需的完备的知识体系，通过每一个集知识性和趣味性于一体的任务，引领学生进入单片机的世界，旨在让学生掌握 51 单片机片上资源和片外设备的软硬件设计，逐步建立起单片机 C51 编程的逻辑思维，提升开发技能。

本书的主要特点与创新如下：

(1) **引入课程思政教育**：将立德树人和课程思政融入课程实施的全过程，以培养学生自觉践行社会主义核心价值观，树立文化自信，厚植科技报国的家国情怀，发扬精益求精的工匠精神、不畏困难的钻研精神，并培养学生的创新意识、职业规范和团队合作精神，引导学生养成良好的职业道德和品行。

(2) **融入数字化教学资源**：在"互联网＋教育"时代，以纸质教材为核心，构建新形态课程教学资源，通过互联网尤其是移动互联网，将微课视频以二维码的形式植入纸质教材中，同时在出版社网站提供课件、案例源码、题库、试卷等数字化教学资源。

(3) **突出虚实结合的教学理念**：本书中的大部分单片机学习任务采用 Keil 软件＋Proteus 仿真软件＋自主开发板实战演练的实现方式，侧重于学生工程实践能力的培养，可有效缩短学习与应用的距离。

王栋、程雪敏、戴丽华担任本书主编。其中，王栋对本书的编写思路进行了整体规划并提供了单片机各项目的源程序，戴丽华设计了本书所用单片机开发系统，程雪敏完成了全书的统稿工作。京东方高创 (苏州) 电子有限公司高级工程师、江苏省产业教授周修和为本书的编写提供了技术支持和企业案例。程雪敏编写了本书的第 1、2 单元及附录，王栋编写了第 3、5 单元，戴丽华编写了第 6、7、12 单元，荣雪琴编写了第 4、9、10 单元，钱昕编写了第 8、11 单元，沈晓宇编写了第 13 单元。

微课视频教学资源由程雪敏、王栋、戴丽华、荣雪琴、钱昕、沈晓宇主讲。

由于编者水平有限，书中难免存在不足之处，恳请广大读者批评指正。

编　者
2025 年 2 月

目 录

C 语言部分

单片机部分

C语言部分

第 1 单元　C 语言基础知识

C语言在国内外得到了广泛的应用，通常是大部分高校学生接触的第一门计算机程序设计语言。C语言同时具有汇编语言和高级语言的双重特性，其功能丰富，表达能力强，使用灵活方便，应用面广，目标效率高，可移植性好，既可用于开发系统软件，也可用于编写应用程序。

本单元主要介绍C语言基础知识：通过简单的C语言程序，介绍了C语言的基本结构和语法规则；通过任务实施介绍了在 Visual C++ 6.0 开发环境下编译与调试C语言程序；通过例题、拓展练习介绍了C语言的数据类型、运算符和表达式，变量和常量的使用，常用算法的表示方法。

本单元完成任务 1-1(使用 Visual C++ 6.0 运行 C 语言程序) 和任务 1-2(设计一个温度转换器)。

科普与思政

C语言作为计算机编程的入门语言，具有语法简洁、功能强大等特点。它不仅能够让我们与计算机进行"对话"，还能让我们通过编写程序来实现各种复杂的计算和自动化任务。C语言作为计算机科学的基石，其严谨、精确的特点正是科学精神的体现。同时，C语言的发展也离不开众多科学家的共同努力和不懈追求。作为新时代的学子，学生应当学习这些科学家的精神，不断地追求卓越、勇于创新，为国家的科技进步和信息化建设贡献自己的力量。在编写C语言程序时，学生不仅要注重代码的正确性和效率，更要关注其社会价值和现实意义，以实际行动践行爱国情怀。

1.1 /// C 语言概述

1.1.1　C 语言的特点

C语言是一种通用、灵活、结构化和使用普遍的计算机高级语言，既可作为系统软件的描述语言，也可用来开发应用程序，特别适合用于设计系统程序和对硬件进行操作。

C语言的主要特点如下：

(1) C语言简洁、紧凑，使用方便、灵活。

C语言不直接提供输入和输出语句、有关文件操作的语句和进行动态内存管理的语句等

(这些操作是由编译系统所提供的库函数来实现的)，编译系统相当简洁，书写形式自由，一行可以书写多条语句，一条语句也可以写在不同行上。

(2) 运算符丰富，表达能力强。

C 语言数据类型丰富，包括整型、浮点型、字符型、数组类型、指针类型、结构体类型和共用体类型。用户能自己扩充数据类型，实现各种复杂的数据结构，完成具体问题的数据描述。

(3) 结构化好。

函数是 C 语言程序的基本结构模块，程序可以由不同功能的函数构成，这种结构化程序设计方式使得程序层次更清晰，便于使用、维护及调试。另外，C 语言提供了 3 种基本结构 (顺序、选择、循环)，这些结构使程序流程具有良好的结构性。

(4) C 语言是"中级"语言。

C 语言允许直接访问物理地址，能进行位操作，能实现汇编语言的大部分功能，可以直接对硬件进行操作。因此，C 语言既具有高级语言的功能，又具有低级语言的许多功能，可以用来编写系统软件。C 语言的这种双重性使它既是成功的系统描述语言，又是通用的程序设计语言。

(5) C 语言的可移植性好，其目标代码质量高，程序执行效率高。

用 C 语言编写的程序，其效率只比汇编程序生成的目标代码低 10%～20%，基本上不做修改就能用于各种型号的计算机和各种操作系统。

1.1.2　C 语言的发展概况

C 语言诞生于美国的贝尔实验室，是以 B 语言为基础发展而来的。早期的 C 语言主要应用于 UNIX 系统。为了利于 C 语言的全面推广，许多专家学者和硬件厂商联合组建了 C 语言标准委员会，在 1989 年提出了第一个完备的 C 标准，简称"C89"，也就是"ANSI C"。2022 年 9 月 3 日，ISO 发布了新的 C 语言标准定稿，称为 ISO/IEC 9899:2023，简称"C23"。

C 语言的强大功能和各方面的优势逐渐为人们所知，现如今 C 语言已广泛应用于各个领域 (包括操作系统、嵌入式系统、网络协议、编译器、数据库、游戏开发等)，成为当代最优秀的程序设计语言之一。

1.1.3　一个简单的 C 语言程序

下面通过一个简单的 C 语言程序了解 C 源程序的基本组成和书写格式。

【例 1-1】　一个简单的 C 语言程序。

```
1.    #include<stdio.h>                    //头文件，标准输入 / 输出函数库
2.    void main( )                         //主函数
3.    {
4.        printf("C 语言学习从这里启程！\n");   //调用输出函数
5.    }
```

程序运行结果如图 1-1 所示。

例 1-1　一个简单的 C 语言程序

图 1-1　例 1-1 的运行结果

1. C 程序的最简单结构

C 语言的最简单结构如下：

```
void main( )    //主函数
    {
```

```
    …           // 函数体
    }
```

函数是 C 程序的基本单位，主函数 main( ) 是一个特殊的函数，程序的执行总是从主函数开始的，并且也结束于主函数，不论 main 函数在程序中的位置如何，它都是程序的入口。完整的 C 源程序有且仅有一个 main 函数，也可以包含一个 main 函数和若干其他函数。void 表示该函数没有返回值，绝大多数情况下主函数都是不需要返回值的。函数体用一对花括号括起来，里面至少有一条语句，即至少包含一个分号。

2. 头文件

头文件如下：

```
#include<stdio.h>
```

大部分 C 语言程序的开始都有这一行。这是一个头文件 (.h) 声明，它不占内存，用于在编译的时候识别 printf( ) 函数。头文件有 #include <stdio.h> 和 #include "stdio.h" 两种声明方式，尖括号表示"到环境指定的目录去引用"，而双引号则表示"首先在当前目录查找，然后到环境指定的目录去引用"。

3. C 语句

语句是 C 语言程序的主体，用于实现程序的功能。在例 1-1 中，C 语言语句如下：

```
printf("C 语言学习从这里启程! \n");
```

其中，printf( ) 是 C 语言的输出函数，其功能是显示信息；"\n" 为转义字符，表示换行。

4. 注释

注释的目的是提供代码的解释和说明，以帮助理解程序的功能。注释不参加编译，也不会出现在目标程序中。一个好的、有价值的源程序都应当加上必要的注释，以增加程序的可读性。

在例 1-1 中，注释语句如下：

```
//…
```

在注释语句中"//"表示行注释，"/*…*/"表示块注释。

5. 书写格式

C 程序书写格式自由，但从书写清晰，便于阅读、理解、维护的角度出发，在书写时应遵循以下规则：

(1) 一个说明或一个语句占一行。

(2) 用 {} 括起来的部分通常表示程序的某一层次结构。{} 一般与该结构语句的第一个字母对齐，并单独占一行。

(3) 低一层次的语句或说明可比高一层次的语句或说明缩进若干格后书写，以便看起来更加清晰，增加程序的可读性。

在编程时应力求遵循这些规则，以养成良好的编程风格。

【注意】 C 语言默认在英文、小写、半角的方式下编写程序。这点尤其要注意，否则容易在编译时出现语法错误。

1.2 /// 任务 1-1 使用 Visual C++ 6.0 运行 C 语言程序

任务 1-1 使用
Visual C++ 6.0
运行 C 语言程序

1.2.1 任务要求

本任务使用 Visual C++ 6.0 实现简单小程序的调试、运行，具体要求如下：

(1) 熟悉 Visual C++ 6.0 的界面。

(2) 掌握 C 程序文件的新建、编译及链接。

(3) 仿写简单的 C 程序。

(4) 查看 C 程序调试过程中的各种信息。

1.2.2　知识链接

C 语言的标准已被大多数 C 和 C++ 开发环境兼容，本书选用 Visual C++ 6.0(本书中简称 VC)。Visual C++ 是 Microsoft 公司推出的功能最强大、也最复杂的程序设计工具之一，它最常用的版本为 Visual C++ 6.0。Visual C++ 6.0 集程序的代码编辑、编译、连接、调试等功能于一体，为编程人员提供了一个既完整又方便的开发环境。Visual C++ 6.0 是 C++ 的版本，而 C++ 语言是在 C 语言的基础上扩展而成的，所以 C 程序也能在该环境下运行。

1.2.3　任务实施

1. 启动 Visual C++ 6.0

双击桌面快捷方式或单击"开始"→"程序"→"Microsoft Visual C++ 6.0"→"Microsoft Visual C++ 6.0"，启动 Visual C++ 6.0，出现如图 1-2 所示的主窗口界面，提示可以通过"File"菜单打开最近使用过的文件或项目，可单击"Close"关闭弹出的提示框。主窗口主要由标题栏、菜单栏、工具栏、工作区、编辑区和输出窗口等部分构成。

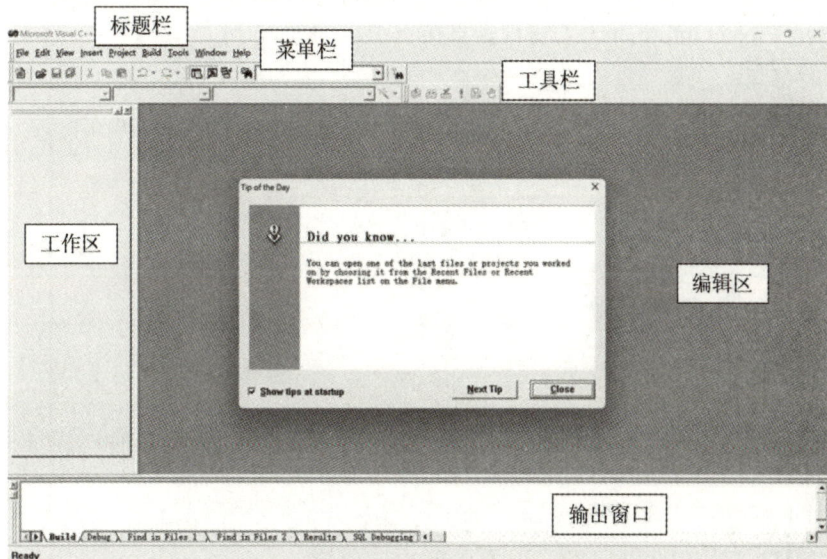

图 1-2　Visual C++ 6.0 主窗口界面

工作区一般位于界面左侧区域，在刚启动时不显示任何内容，但当加载某个工程或新建一个工程后，工作区中就会以树型结构显示开发项目中的各部分内容，其类似于 Windows 操作系统的资源管理器。界面右侧为编辑区，是使用 Visual C++ 6.0 进行一切代码或资源编辑的关键区域。在编辑源代码时，编辑区是代码编辑窗口；在设计菜单、对话框或图片图标时，编辑区是绘制窗口。界面下部为输出窗口，用于显示多种提示信息，主要有编译程序的进展说明、警告及出错信息、查找某个关键字所在位置的信息、在调试运行时变量的值等信息。

2. 新建工程

单击菜单"File"→"New",弹出如图 1-3 所示的对话框,在"Projects"选项卡中选择工程类型(如"Win32 Console Application"),选择要存放的位置(如 E:\C),表示建立的源程序文件及其工程等文件存放在 E:\C 目录下,输入工程名(如 test),单击"OK"按钮。

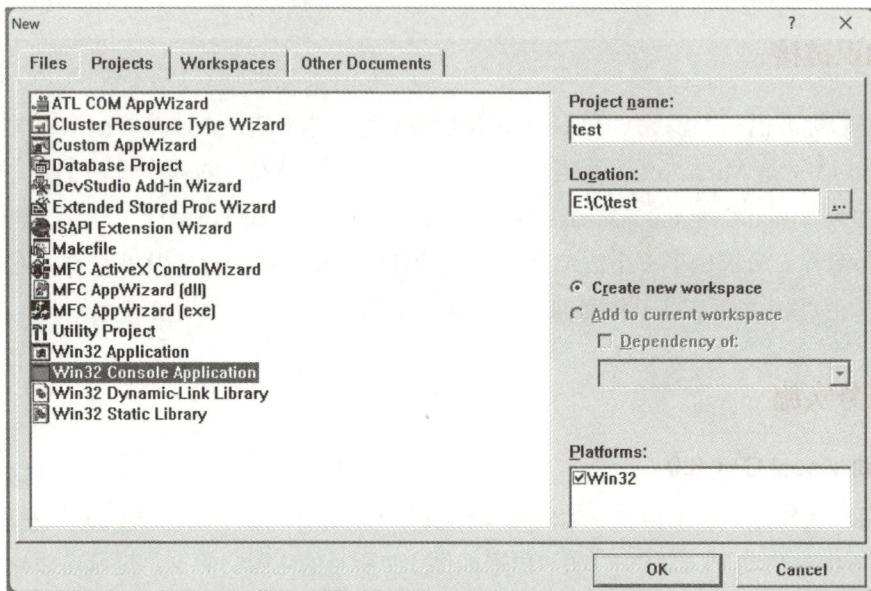

图 1-3 新建工程对话框

然后跳入下一界面,如图 1-4 所示,选择"An empty project",点击下方的"Finish"按钮。接着进入"New Project Information"窗口,直接点击"OK"即可。

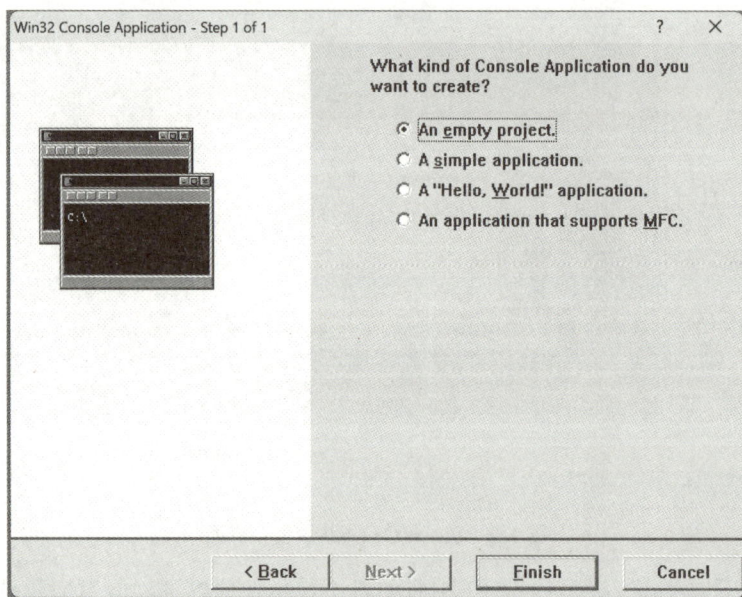

图 1-4 "Console Application"类型选择界面

3. 新建文件

单击菜单"File"→"New",弹出如图 1-5 所示的对话框,在"Files"选项卡中选择"C++ Source File",自动默认刚才建立的工程路径,表示建立的源程序文件在刚才新建的工程下。也可以跳过步骤 2,直接新建文件,这里就可以选择要存放的位置。然后输入源程序文件名(如 ex1.c),单击"OK"按钮。

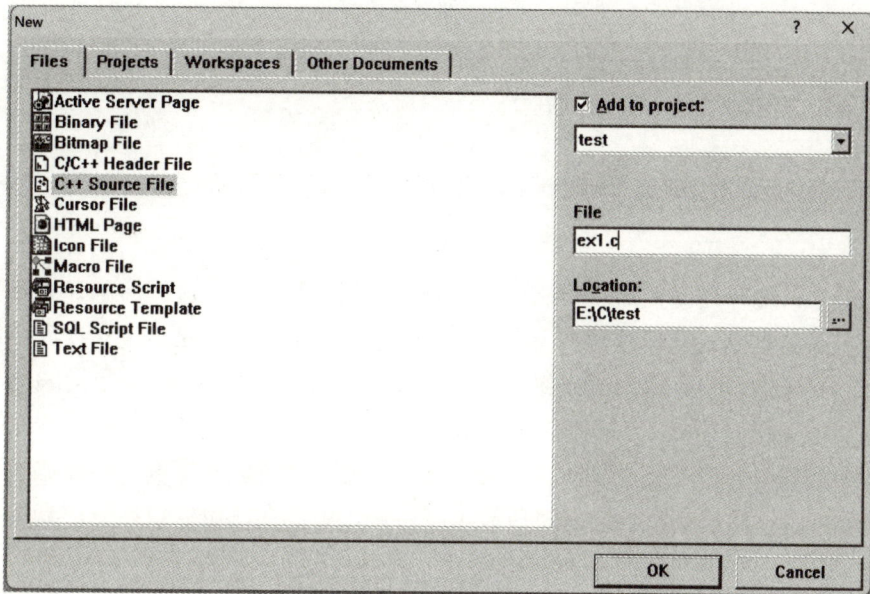

图 1-5　新建文件对话框

【注意】　Visual C++ 6.0 默认是 C++ 语言源程序文件 (扩展名是 .cpp)，C 语言源程序文件在 C++ 环境中可以完全兼容，但 C++ 语法检查比 C 语言更为严格，因此某些语法在 C++ 环境中可能得到编译警告，建议输入文件扩展名 .c。

4. 编辑文件

在编辑区内输入 C 程序，内容如下：

```
1.    #include<stdio.h>              // 函数库头文件，包含通用输入 / 输出函数
2.    main()                        // 主函数
3.    {
4.        printf("This is a C program.\n");   // 调用格式化输出函数
5.    }
```

完成输入后，单击"Save"按钮■或快捷键"Ctrl + S"，保存文件，状态行显示光标的位置与编辑状态，如图 1-6 所示。

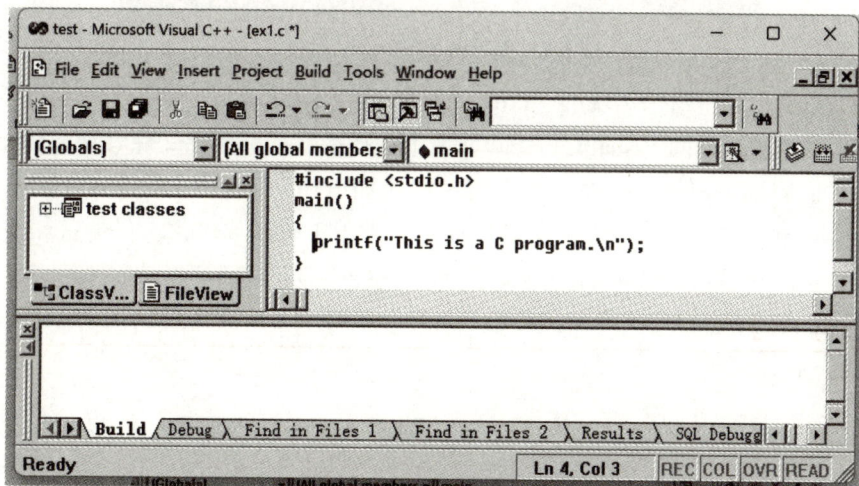

图 1-6　编辑 C 程序界面

5. 编译文件

单击主窗口工具栏中的"Compile"按钮■或者使用快捷键"Ctrl + F7"编译源程序 ex1.c，

输出窗口显示"0 error(s), 0 warning(s)"，如图 1-7 所示。

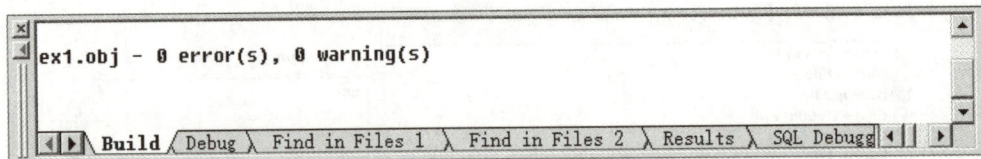

图 1-7　编译提示窗口

"Compile"只编译当前文件而不调用链接器或其他工具，它把源程序翻译成机器可以识别的二进制文件，即目标代码文件，其扩展名为 .obj。输出窗口将显示编译过程中检查出的语法错误信息。语法错误分为 error(错误) 和 warning(警告) 两类：error 是指编译器遇到了致命错误，无法继续进行编译，必须修改；warning 是指 C 语言编译器找到了一个可能非法的位置，但不影响编译，程序还能运行，有可能运行出错，也可能不影响。error 必须修改，而部分 warning 可以不做修改。若输出窗口显示有错误，则可在输出窗口往上滚动光标，在错误信息处双击，会在编辑区窗口的右侧出现一个箭头，它指示出错误代码的位置。此时应根据提示修改错误，直到编译显示"0 错误 (0 error(s))"为止。

6. 链接文件

单击主窗口工具栏中的"Build"按钮📧或者使用快捷键"F7"，链接程序中调用的类库，产生可执行文件 ex1.exe。

【注意】　观察输出窗口信息，如果有语法错误，则应该根据提示的错误性质、出现位置和原因进行修改，并重新编译链接，直到通过。

7. 执行文件

单击主窗口工具栏中的"Build Execute"按钮❗或者使用快捷键"Ctrl + F5"执行程序 ex1.exe，程序执行结果如图 1-8 所示。

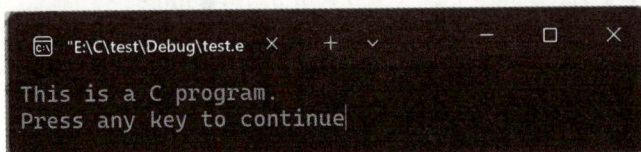

图 1-8　程序执行结果显示窗口

【说明】　在结果显示窗口出现的"Press any key to continue"是系统自动加上的，表示程序运行后按任意键可以返回 Visual C++ 6.0 环境中。直接运行可执行文件 (如 ex1.exe) 时，结果会一闪而过。若要输出结果停留则需在程序中添加语句，通常使用 getch( ) 函数，其作用是接收一个任意键的输入，不用按回车就能返回，常用于暂停程序，方便调试和查看。在直接运行可执行文件 (*.exe) 时，getch( ) 函数的作用比较明显。

【拓展练习 1-1】　调试下面程序，观察运行结果。

```
1.    #include<stdio.h>
2.    main()
3.    {
4.        printf("***********************\n ");
5.        printf("    Hello World!\n");
6.        printf("***********************\n");
7.        getch();
8.    }
```

1.3 /// C 语言程序设计基础

数据是程序处理的对象，也是程序必要的组成部分。C 语言提供了丰富的数据类型，以便对现实世界中不同特性的数据加以描述。为了表示现实世界中不同类型的数据以及各种不同处理方式，C 语言提供了相当丰富的运算符和表达式。

1.3.1　C 语言的数据类型

数据类型表示数据的种类与大小范围。C 语言中，常量、变量、表达式都有数据类型，若数据类型不同，则它所占用的存储空间、所能表示的数据范围、精度及所能进行的运算均不同。C 语言数据类型十分丰富，可分为基本数据类型、构造数据类型、指针类型、空类型四大类，如图 1-9 所示。

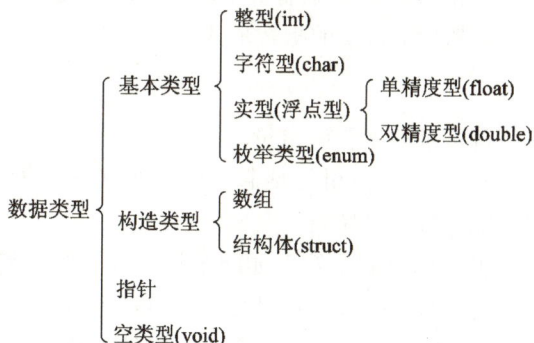

图 1-9　C 语言的数据类型

1. 基本数据类型

基本数据类型的值不可以再分解为其他类型，包括整型、字符型、实型 (分为单精度型和双精度型) 和枚举类型四种。

2. 构造数据类型

构造数据类型也称自定义类型，是根据已定义的一个或多个数据类型用构造的方法来定义的复合类型。也就是说，一个构造数据类型的值可以分解成若干 "成员" 或 "元素"。每个 "成员" 都是一个基本数据类型或构造数据类型。在 C 语言中，构造数据类型有以下几种：数组类型、结构体类型、共用体 (联合) 类型。

3. 指针类型

指针是一种特殊的、同时又具有重要作用的数据类型。其值用来表示某个变量在内存储器中的地址。

4. 空类型

空类型 void 只能申明函数的返回值类型，不能申明变量。在调用函数值时，通常应向调用者返回某种类型的一个函数值，如果不需要有函数返回值，则在函数定义前面加上 void 表示空类型。

在本单元中，我们主要介绍基本数据类型中的整型、浮点型和字符型。

1.3.2　常量

对于基本数据类型，按照其值是否可变又分为变量和常量两种。在程序执行过程中，其值不发生改变的量称为常量，其值可变的量称为变量。常量可以不经说明直接引用，而变量必须先定义后使用。常量一般有以下三种类型。

1. 数字常量

数字常量分为整型常量、浮点型常量两种。

整型常量又有十进制、八进制、十六进制等 3 种不同的进制表示。十进制整数是由数码 0、1、2、3、4、5、6、7、8、9 所组成的整数，逢十进一，如 1234、98。八进制整数是以 0 开头且由数码 0、1、2、3、4、5、6、7 所组成的整数，逢八进一，如 0457、0123。十六进制整数是以 0x 开头且由数码 0、1、2、3、4、5、6、7、8、9、a、b、c、d、e、f 所组成的整数，逢十六进一，如 0X7F、0x12。

【注意】 十六进制中的数码 x,a～f 可大写，前缀中数字 0 不能写成字母 O。

实型常量也称为实数或者浮点数。在 C 语言中，实数只采用十进制表示，对较大或较小的实型常量常用指数表示法，又称科学记数法。科学记数法是在小数的基础上后面加阶码标志 "e"(或 "E") 以及阶码。如 1.23e2(或 1.23E2) 代表 1.23×10^2。

【注意】 字母 "e"(或 "E") 之前必须有数字，且 "e"(或 "E") 后面的指数必须为整数。例如，1.23e0.2、E2、2E 都是不合法的指数形式。

2. 字符型常量

字符型常量可分为单字符常量和字符串常量。

C 语言中的单字符常量是用一对单引号括起来的一个字符，如 'a'、'#'、'\n' 等都是字符常量。一个单字符常量中只能存放一个字符。

对于不能显示的字符 (主要指控制字符，如回车符、换行符、制表符等) 和一些在 C 语言中有特殊含义及用途的字符 (如单引号、双引号、反斜杠等)，只能用转义字符表示。转义字符由反斜杠 "\" 开头，后面跟一个或几个字符，意思是将反斜杠 "\" 后面的字符转换成另外的含义。常用的转义字符及其含义如表 1-1 所示。

表 1-1　常用的转义字符及其含义

转义字符	含　义	转义字符	含　义
\a	报警响铃	\r	回车不换行
\b	退格符 (backspace)	\"	双引号
\t	水平制表 (tab)	\'	单引号
\n	回车换行	\\	反斜杠 "\"
\v	垂直制表	\ddd	1～3 位八进制数所代表的字符
\f	换页	\xhh	1～2 位十六进制数所代表的字符

【注意】

(1) 字符可以是字符集中的任意字符。'R' 和 'r' 是不同的字符常量，一对大小写字母的 ASCII 码 (美国信息交换标准代码，使用指定的 7 位或 8 位二进制数组合来表示 128 或 256 种可能的字符) 值相差 32。'0' 和 0 是不同的，'0' 是字符常量，不能当成数字 0 参与运算。

(2) 字符可以参与运算。如 '0' + 7 = '7'、'a' + 2 = 'c'。

(3) 常用字符 ASCII 码值的大小关系：数字字符＜大写字母字符＜小写字母字符。

字符串常量是由一对双引号括起来的字符序列。例如 "abc" "Happy!" "123" 等都是合法的字符串常量。在存放字符串常量时，系统一般会在这个字符串的后面加上字符 '\0' (ASCII 值为 0)，即 "字符串结束标志"，所以字符串常量所占的内存字节数等于字符串中的字节数加 1。例如，'A' 为字符常量，占用一个字节存储空间，存储内容为 A 字符的 ASCII 码；"A" 为字符串常量，占用两个字节存储空间，其中一个字节存放 A 字符的 ASCII 码，另一个字节自动存放字符串结束标志 '\0'('\0' 的 ASCII 码是 "0")，如图 1-10 所示。

图 1-10　'A' 常量与 "A" 常量在内存中储存

字符串常量和单字符常量是不同的量。它们之间主要有以下区别：

(1) 字符常量用单引号括起来，字符串常量用双引号括起来。

(2) 字符常量只能是单个字符，只占一个字节，而字符串常量则可以含一个或多个字符。

(3) 可以把一个字符常量赋予一个字符变量，但不能把一个字符串常量赋予一个字符变量。因为在 C 语言中没有相应的字符串变量，如果想将一个字符串存放在变量中，则必须使用字符数组，即用一个字符型数组来存放一个字符串，数组中的每一个元素存放一个字符。

(4) 字符常量占用一个字节的内存空间，而字符串常量所占的内存字节数等于字符串中的字节数加 1。

【拓展练习 1-2】　区分下列常量：0、0.0、'0'、'\0'、"0"。

3. 符号常量

在 C 语言中，可以用一个标识符来表示一个常量，称之为符号常量。符号常量在使用之前必须先定义，一般有两种定义形式：宏定义和 const 定义。

宏定义的一般形式如下：

  #define 标识符 常量

例如：

  #define PI 3.1415926

其中，#define 是一条预处理命令 (预处理命令都以 "#" 开头)，称为宏定义命令，其功能是把该标识符定义为其后的常量值。

const 定义的一般形式如下：

  const 数据类型 标识符 = 常量表达式；

例如：

  const float PI=3.1415926;

符号常量一经定义就只能代表被定义的那个常量或表达式，不能再作更改。习惯上符号常量的标识符用大写字母，变量标识符用小写字母，以示区别。使用符号常量的好处是：含义清楚，"见名知义"；改常量时，能做到"一改全改"。如在例 1-2 中，如果半径 R 变成 15，则只需在前面改一处即可。

【例 1-2】　求圆的周长和面积。

```
1.    #include<stdio.h>              // 函数库头文件
2.    #define  PI 3.1415926         // 定义圆周率为符号常量 PI
3.    #define  R 12                 // #define R 15
4.    main()
5.    {
6.        float c,s;
7.        c=2* PI*R;                // 求周长
8.        s=PI*R*R;                 // 求面积
9.        printf("c=%f,s=%f\n",c,s);
10.   }
```

【说明】

(1) 在符号常量的宏定义中不加分号";",没有等号"=";而 const 定义是以关键字 const 开头、以分号结尾的 C 语言语句。

(2) 每个 #define 定义一个宏,占一行;每个 const 语句可以定义多个同类型的符号常量,相互之间用逗号间隔。

(3) 宏定义只出现在函数外部,有效范围从定义处到源程序结束;而 const 定义既可以出现在函数外部,也可以出现在函数内部。

(4) 宏定义编译时,只作替换,不作语法检查;const 定义在程序编译时完成对标识符的赋值。

(5) 宏定义可以定义更复杂的表达式或函数。

1.3.3 变量

1. 变量概述

在程序运行过程中,其值可以改变的量称为变量,变量常用来保存程序运行过程中的输入数据或计算结果。每个变量都有一个名字,即变量名,变量在内存中占一定的存储单元,在这些存储单元中存放变量值。例如,定义"int a=1;",变量 a 在内存中的存放情况如图 1-11 所示。

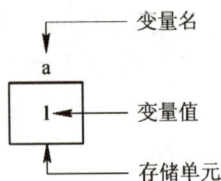

图 1-11　变量存放示意图

变量名实际上是一个符号地址,在对程序编译时由系统给每一个变量名分配一个内存地址。这样,变量名和变量的内存地址之间就存在着一一对应的关系。当运行程序时从变量中取值,实际上是通过变量名找到相应的内存地址,从其存储单元中读取数据。

常量有整型常量、实型常量、字符型常量及符号常量,变量也有整型变量、实型变量、字符型变量。

变量的使用必须遵循"先定义后使用"的原则,变量的取名必须符合 C 语言标识符的命名规则。为了便于阅读和理解程序,给变量取名时,一般采用代表变量含义或者用途的标识符,做到"见名知意"。

2. C 语言标识符

标识符是一个名字,它是用来标志变量名、常量名、函数名、数组名、数据类型名和程序名等的有效字符序列。除库函数的函数名由系统定义外,其余都由用户自定义。

C 语言标识符的命名规则如下:

(1) 由字母、数字和下画线 (_) 组成。

(2) 由字母或下画线 (_) 开头。

(3) 用户标识符不能使用程序中具有特殊意义的关键字,关键字是由 C 语言规定的具有特定意义的字符串,通常也称为保留字 (参见附录 B)。

【注意】

(1) 在标识符使用中,必须严格区分字母的大小写。

(2) 标准 C 语言不限制标识符长度,但它受各种版本的 C 语言编译系统和具体机器的限制。

(3) C 语言库函数名均为合法标识符，程序员在使用时应避免与 C 语言库函数以及用户编制的函数名相同 (如相同则会导致它们不可用)。

(4) 命名时尽量做到"见名知意"。

【拓展练习 1-3】 判断下面哪些是不合法的标识符。

A_var　2_test　char　#total　_book.c　a-2　_123　INT　$5　printf

3. 整型变量

1) 整型变量的存放形式

整型数据在内存中是以二进制补码形式存放的。正数的补码和原码相同；负数的补码等于该数的绝对值的二进制形式按位取反再加 1。

2) 整型变量的分类

C 语言中整型数据的值域是由其在机器中的存储长度决定的。整型变量的基本类型符为 int，在 int 之前可以根据需要分别加上修饰符 short(短型) 或 long(长型)，从而得到以下三种整型变量：

(1) 基本整型：类型说明符为 int。

(2) 短整型：类型说明符为 short int 或 short。

(3) 长整型：类型说明符为 long int 或 long。

C 语言可以加上修饰符 unsigned，以指定是无符号数；相反，如果加上 signed 则表示是有符号数；如果既不指定 unsigned，也不指定 signed，则隐含为有符号数 (signed)。

【注意】 整型变量的取值有一定的范围，若超过其范围，则会发生溢出。在 C 语言中，数据溢出不会使程序出错，而会得到一个非正确的值。

3) 整型变量的定义

整型变量定义的一般形式如下：

类型说明符 变量名标识符 1，变量名标识符 2，…；

例如：

int a,b,c;	// 定义 a,b,c 为整型变量
long x,y;	// 定义 x,y 为长整型变量
unsigned long p,q;	// 定义 p,q 为无符号长整型变量

4. 实型变量

1) 实型变量的存放形式

与整型数据的存储方式不同，实型数据是按照指数形式存储的。系统把一个实型数据分成小数部分和指数部分分别存放。指数部分采用规范化的指数形式。

2) 实型变量的分类

实型变量分为单精度 (float 型)、双精度 (double 型) 和长双精度 (long double 型) 三类，通常用单精度型 (float 型)。

3) 实型变量的定义

实型变量的定义格式和书写规则与整型变量的相同。

例如：

float a,b,c;	// 定义 a,b,c 为单精度实型变量
double x,y;	// 定义 x,y 为双精度实型变量

5. 字符变量

1) 字符变量的存放形式

字符变量是用来存放字符常量的，且只能存放一个字符，因此所有编译系统都规定用一个字节来存放一个字符。例如，定义"char ch='A';"，字符变量 ch 中存放着一个字符常量 A。字符 A 的 ASCII 码为 65，其二进制形式为 01000001，存储的内容为其 ASCII 码的二进制代码，如图 1-12 所示。

ch | 01000001

图 1-12　字符 A 在内存中的实际存储情况

2) 字符变量的数据类型

字符变量的数据类型是 char，其字节数、取值范围等信息如表 1-2 所示。

表 1-2　字符变量的数据类型

数据类型	字节	位	取值范围
unsigned char	1	8	0～255

【说明】　标准 ASCII 码只用 7 位，有 128 个符号，其值为 0～127；扩展 ASCII 码用 8 位，有 256 个符号，其值为 0～255。char 是 C 数据中比较古怪的一个，其他的如 int、long、short 等不指定 signed/unsigned 时都默认是 signed，但 char 在标准中是 unsigned（因为 char 类型提出的初衷是用来表示 ASCII 码的），而实际情况中究竟是 signed 还是 unsigned 取决于编译器，在 Windows 下使用 VC 编写 C 程序，用到 char 类型时默认是 signed。

3) 字符变量的定义

字符变量用来存储字符常量，即单个字符。字符变量的类型说明符是 char。字符变量的定义格式和书写规则都与整型变量相同。

例如：

```
1.    char a,b,c;                // 定义 a,b,c 为字符型变量
```

C 语言允许对整型变量赋以字符值，也允许对字符变量赋以整型值。在输出时，允许把字符变量按整型量输出，也允许把整型量按字符量输出，即 C 语言中，在 0～255 的范围内字符型数据和整型数据是通用的。

【拓展练习 1-4】　在 VC 中调试下面的程序，观察输出结果，理解字符型数据在内存中的存储。

```
1.    #include<stdio.h>           // 函数库头文件
2.    void main( )
3.    {
4.        char ch;               // 定义 ch 为字符型变量
5.        ch='A';                // ch 赋值
6.        printf("%c\n",ch);     // 以字符形式输出
7.        printf("%d\n",ch);     // 以整型形式输出
8.    }
```

6. 变量的赋值

若变量定义后不赋值，则变量就是随机取值的，一般取值为 0；若忘记赋值，则常会引起错误，故变量需定义赋值后使用。通常有以下三种赋值方式。

(1) 先定义后赋初值。

例如：

```
float a;
char c1,c2;
a=3.4;
c1='a';c2='k';
```

(2) 在定义变量时赋初值。

如上例可以写成：

```
float a=3.4;
char c1='a';c2='k';
```

(3) 定义好后从键盘进行赋值或者通过计算获得初值。

在实际使用中上述两种方法也可以混合使用。

例如：

```
float a;
char c1, c2='k';
a=c2+5.3;
scanf("%c",&c1);              // 从键盘输入
```

C 语言不允许在变量定义中连续赋值，如 "int a=b=c=3;" 是非法的；如果赋值号右边表达式的值与左边的变量类型不一致，则将按 "赋值兼容" 的原则，自动转换右边表达式所得值的类型，使之与左边变量的类型一致。当右边类型高于左边时，转换过程中自动对右边数据截断。所以，当高类型数据赋给低类型变量时，会有数据丢失的现象，这样会降低数据的精度，丢失的部分按四舍五入向前舍入。

【拓展练习 1-5】 在 VC 中调试下面的程序，分析输出结果，理解大写字母和小写字母的转换。

```
1.    #include<stdio.h>              // 函数库头文件
2.    void main( )
3.    {
4.        char c1,c2;                // 定义 c1,c2 为字符型变量
5.        c1='A';                    // c1 赋值
6.        c2='b';                    // c2 赋值
7.        c1=c1+32;
8.        c2=c2-32;
9.        printf("%c %c\n",c1,c2);   // 输出 c1,c2
10.   }
```

【说明】 C 语言允许字符数据与整数直接进行算术运算，大写字母比它相应的小写字母的 ASCII 码小 32。

1.3.4 不同类型数据间的相互转换

变量的数据类型是可以转换的。其转换的方法有两种：一种是自动类型转换，一种是强制类型转换。

1. 自动类型转换

C 语言中，整型、实型、字符型数据间可以混合运算。在运算时，不同类型的数据要先转换成同一类型，然后才能运算，这种类型转换是由编译系统自动完成的。转换规则如图 1-13 所示。

【说明】 横向的 char、short 必须转换成 int，float 必须转换成 double；纵向的 int、unsigned、long、double 必须由低向高转换，以保证精度不降低。

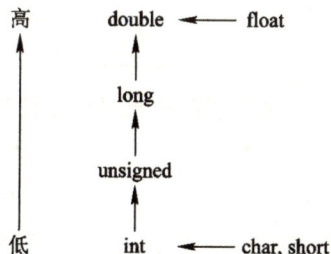

图 1-13　各数据类型自动转换规则运算

2. 强制类型转换

强制类型转换是通过类型转换运算来实现的。其一般形式如下：

（类型说明符）（表达式）

其功能是把表达式的运算结果强制转换成类型说明符所表示的类型。

例如：

| 1. | (float) a | // 把 a 转换为实型 |
| 2. | (int)(x+y) | // 把 x+y 的结果转换为整型 |

【注意】

(1) 类型说明符和表达式都必须加括号（单个变量可以不加括号），如把 (int)(x+y) 写成 (int)x+y，则成了把 x 转换成 int 型之后再与 y 相加了。

(2) 无论是强制转换还是自动转换，都只是为了本次运算的需要而对变量的数据长度进行的临时性转换，不改变数据说明和对该变量定义的类型。

1.3.5　运算符

1. C 运算符简介

运算是对数据的加工，是告诉编译器执行特定的数学或逻辑操作的符号。C 语言内置了丰富的运算符，使 C 语言功能十分完善、程序设计变得方便灵活，这也是 C 语言的主要特点之一。C 语言运算符主要有算术运算符、关系运算符、逻辑运算符、位运算符、赋值运算符和其他运算符，如表 1-3 所示。

表 1-3　C 语言运算符一览表

名　称	运　算　符
算术运算符	+、-、*、/、%
关系运算符	><、==、>=、<=、!=
逻辑运算符	!、&&、||
位运算符	<>>、~、|、∧、&
赋值运算符	= 及其复合赋值运算符
条件运算符	? :
逗号运算符	,
指针运算符	*、&
求字节数运算符	sizeof
强制类型转换运算符	（类型）
分量运算符	.、->
下标运算符	[ ]
其他	如函数调用运算符 ()

2. 运算符的优先级和结合性

1) 优先级

C 语言中，运算符的运算优先级共分为 15 级。1 级最高，15 级最低。在表达式中，优先级较高的先于优先级较低的进行运算。若一个运算量两侧的运算符优先级相同，则按运算符的结合性所规定的结合方向处理。即谁优先级高，就先算谁；同等优先级，再看结合性（参见附录 C　运算符的优先级和结合性汇总表）。

2) 结合性

C 语言中各运算符的结合性分为两种，即左结合性（自左至右）和右结合性（自右至左）。例如，算术运算符的结合性是自左至右，即先左后右。如有表达式 x-y+z，则 y 应先与 "-" 号结合，执行 x-y 运算，然后执行 +z 的运算。这种自左至右的结合方向就称为 "左结合性"。而自右至左的结合方向称为 "右结合性"。最典型的右结合性运算符是赋值运算符。如 x=y=z，由于 "=" 的右结合性，所以应先执行 y=z，再执行 x=(y=z) 的运算。

【注意】

(1) 大部分运算符的结合性都是从左至右，只有第 2、13、14 级运算符的结合性是从右至左。

(2) 只有一个操作对象的运算符称为单目运算符，如 -（负值运算符），只有第 2 级运算符是单目运算符；有两个操作对象的运算符称为双目运算符，如 +（加法运算符），大部分运算符是双目运算符；有三个操作对象的运算符称三目运算符，如 ?:（条件运算符），它是 C 语言中唯一的三目运算符。

3. 算术运算符

1) 基本算术运算符

基本算术运算符有 5 个，都是双目运算符，其优先级是：*、/、% 优先级高于 +、-。在优先级相同的情况下都是左结合，具体说明如表 1-4 所示。

表 1-4　基本算术运算符一览表

优先级	名　称	运算符	举　例	
			表达式	表达式的值
3	乘法	*	3*2	6
	除法	/	3/2	1
	取余	%	3%2	1
4	加法	+	3+2	5
	减法	-	3-2	1

【说明】　+、- 作为正号运算符和负号运算符时，是单目运算符，优先级为 2，高于双目运算符。

【拓展练习 1-6】　在 VC 中调试下面的程序，分析输出结果，理解除法运算符的作用。

```
1.    #include<stdio.h>
2.    void main( )
3.    {
4.        printf("%d,%d,%f,%f\n",3/5,-5/3,3/5.0,3/5);
5.    }
```

【说明】　C 语言中，两整数相除的结果取整数，即采用直接取整的方式，而不采取四舍五入的规则，故使用除法运算符时尤其要注意操作数的数据类型。如果除数或被除数中有一个负值，则多数机器采取 "向 0 取整" 的方法。

【拓展练习 1-7】　在 VC 中调试下面的程序，分析输出结果，理解取余运算符的作用。

```
1.    #include<stdio.h>
2.    void main( )
3.    {
4.        printf("%d,%d,%d,%d\n",3%5,-5%3,3%-5,5%-3);
5.    }
```

【说明】　取余运算符 "%" 两侧的运算对象必须均为整型；取余运算表达式的值的符号与被除数的符号一致。

【拓展练习 1-8】　编写程序，将输入的四位整数的各位分解出来。

拓展练习 1-8

2) 表达式

表达式是由常量、变量、函数和运算符组合起来的式子。表达式中的数据按照一定的运算顺序，在各种运算符的作用下，得到一个运算结果，即表达式的值。

用算术运算符和括号将运算对象连接起来的符合 C 语法规则的式子，称为 C 算术表达式。

【注意】

(1) 表达式中每个字符没有高低、大小的区别，即没有上标或下标。

(2) 表达式中只能使用圆括号 ()，可以多重使用，但必须成对出现。

(3) 表达式中的乘号 (*) 不能省略，也不能用"×"代替。

(4) 能用系统函数的地方尽量使用系统函数。

4. 自增、自减运算符

C 语言提供的自增 1、自减 1 运算符均为单目运算符，都具有右结合性。它们的操作数只能是变量，不能是常量和表达式，具体说明如表 1-5 所示。

表 1-5　自增、自减运算符说明表

优先级	名称	运算符	举例 (int i=5;)			说　明
			表达式	i 的值	表达式的值	
2	自增	++	i++	6	5	先运算再加 1
			++i	6	6	先加 1 再运算
	自减	--	i--	4	5	先运算再减 1
			--i	4	4	先减 1 再运算

【拓展练习 1-9】　在 VC 中调试下面的程序，并按照注释修改程序，分析输出结果，理解自增、自减运算符的作用。

```
1.    #include<stdio.h>
2.    void main( )
3.    {
4.        int x,y;
5.        x=5;
6.        y=++x;                    //改为 y=x++;，或 y=--x;，或 y=x--;，或 y=-x++;
7.        printf("%d,%d\n",x,y);
8.    }
```

【说明】　"–"和"++"是同等优先级，结合性是从右至左，在 –x++ 中，先计算 x++，x = 5 参与取负运算，y = –5，x 的值再加 1，x = 6。

5. 赋值运算符

赋值运算符的优先级为 14 级，具有右结合性，可分为简单赋值运算符和复合赋值运算符。

1) 简单赋值运算符

"="就是简单赋值运算符，它的作用是将一个数据赋给一个变量。

例如：

```
i=2;                    //将 2 赋给变量 i
k=i+j;                  //将 i+j 的值赋给变量 k
n=fabs(a);             //将函数 fabs(a) 的返回值赋给变量 n
```

2) 复合赋值运算符

在赋值运算符 (=) 之前加上其他运算符，就构成了复合赋值运算符。复合赋值运算符的

优点是编译效率高，生成的目标代码质量高。C 语言规定可以使用 10 种复合赋值运算符，包括 +=、-=、*=、/=、%=、<<=、>>=、&=、∧=、|=。

例如：

```
x-=4;                    // 相当于 x=x-4;
i/=j-2;                  // 相当于 i=i/(j-2);
```

【拓展练习 1-10】　在 VC 中调试下面的程序，观察输出结果，理解赋值运算符的作用。

```
1.    #include<stdio.h>
2.    void main( )
3.    {
4.        int i=2;
5.        printf("%d\n",i+=3);
6.    }
```

6. 逗号运算符

在 C 语言中，逗号 (,) 也是一种运算符，称为逗号运算符，优先级为 15 级，左结合性。其功能是把两个表达式连接起来组成一个表达式，称为逗号表达式。其一般形式如下：

表达式 1, 表达式 2, 表达式 3, …, 表达式 n

逗号表达式的求解过程是：先求解表达式 1，然后求解表达式 2，再求解表达式 3，…，最后求表达式 n 的值。整个逗号表达式的值是表达式 n 的值。所以，逗号运算符也称"顺序求值运算符"。

【拓展练习 1-11】　在 VC 中调试下面的程序，分析输出结果，理解逗号运算符的作用。

```
1.    #include<stdio.h>
2.    void main( )
3.    {
4.        int x=3;
5.        printf("%d\n",(x=3+2,x-4));
6.    }
```

7. 求字节数运算符

求字节数运算符 (sizeof) 是一个比较特殊的单目运算符，它的功能是求表达式中所代表的存储单元所占的字节数，或是求表达式中常量的存储单元所占的字节数，或是求表达式中的数据类型表示的数据在内存单元中所占的字节数。

求字节数运算符的一般形式如下：

sizeof(表达式)

其中，表达式可以是常量、变量、数据类型名。

【拓展练习 1-12】　在 VC 中调试下面的程序，分析输出结果，理解求字节数运算符的作用。

```
1.    #include<stdio.h>
2.    void main( )
3.    {
4.        int a; char b;float c;
5.        printf("%d,%d,%d\n",sizeof(2),sizeof(a),sizeof(int));
6.        printf("%d,%d,%d\n",sizeof('b'),sizeof(b),sizeof(char));
7.        printf("%d,%d,%d,%d \n", sizeof(3.2), sizeof(c),sizeof(float), sizeof(double));
8.    }
```

【注意】　sizeof 的运算结果是字节数而非位数。

8. 关系运算符

在程序中经常需要比较两个量的大小关系，以决定下一步的工作。关系运算符是对两个操作数的值进行比较，判断它们是否满足关系。

C 语言提供了 6 种关系运算符，其中 <、<=、>、>= 的优先级是 6，==、!= 的优先级是 7，结合性都是从左至右。关系运算符对其左右两侧的值进行比较。若关系成立，则表示满足条件；若关系不成立，则表示不满足条件。

用关系运算符将两个表达式连接起来的式子，称为关系表达式。关系表达式的值是一个逻辑值，即"真"或"假"。若关系成立，为"真"，则值为"1"；若关系不成立，为"假"，则值为"0"。关系运算符的具体说明如表 1-6 所示。

表 1-6　关系运算符一览表

优先级	名　称	运算符	举　例	
			表达式	表达式的值
6	小于	<	3<2	0
	小于等于	<=	3<=2	0
	大于	>	3>2	1
	大于等于	>=	3>=2	1
7	等于	==	3==2	0
	不等于	!=	3!=2	1

【拓展练习 1-13】 在 VC 中调试下面的程序，观察输出结果，理解关系运算符的作用。

```
1.    #include<stdio.h>
2.    void main( )
3.    {
4.        int x=1,y=2,z=3;
5.        printf("%d\n",3>2);
6.        printf("%d\n",x+y>x+z);
7.        printf("%d\n",x>y==z);
8.        printf("%d\n",z=x>y);
9.        printf("%d\n",'c'<'d');
10.       printf("%d\n",z>y>x);
11.   }
```

【注意】 在分析表达式的结果时，要根据"先优先级，后结合性"的原则进行。z>y>x 表达式中，两个大于运算符 (>) 是同优先级，故要根据左结合性，先判断表达式 z>y 的值为 1，再判断表达式 1>x 的值为 0。

9. 逻辑运算符

程序中单一的条件可用关系表达式表示，而很多复杂的条件是无法仅用关系表达式表示的，这就需要用到逻辑运算符。

C 语言提供了 3 种逻辑运算符：① 逻辑非 (!)，单目运算符，优先级是 2；② 逻辑与 (&&)，双目运算符，优先级是 11；③ 逻辑或 (||)，双目运算符，优先级是 12。它们的结合性都是从左至右。

用逻辑运算符将关系表达式或逻辑量 (0、1) 连接起来的式子就是逻辑表达式。逻辑表达式的值也是一个逻辑值，即"真"或"假"。"真"为"1"；"假"为"0"。具体说明如表 1-7 所示。

表 1-7　逻辑运算符一览表

优先级	名　称	运算符	举例 (int a=0, b=1;)		说　明
			表达式	表达式的值	
2	逻辑非	!	!a	1	取反
11	逻辑与	&&	a&&b	0	有 0 出 0，全 1 出 1
12	逻辑或	||	a||b	1	有 1 出 1，全 0 出 0

【拓展练习 1-14】　在 VC 中调试下面的程序，观察输出结果，理解逻辑运算符的作用。

```
1.    #include<stdio.h>
2.    void main( )
3.    {
4.        int a=1,b=2, c=3;
5.        printf("%d\n",!c||2.5+a);
6.        printf("%d\n", a=b>c&&a+b||'c');
7.    }
```

【注意】　C 语言编译系统在给出逻辑运算结果时，以"1"代表"真"，以"0"代表"假"。但在判断一个量是否为"真"时，以"非 0"代表"真"，以"0"代表"假"；逻辑运算符两侧的运算对象可以是任何类型的数据。

【拓展练习 1-15】　已知 a = 3，b = 4，c = 5，计算下列表达式的值。

(1) a>b；

(2) a>b!=c；

(3) c>b>a；

(4) (a<b)+c；

(5) a+b>c&&b==c；

(6) a||b+c&&b-c；

(7) !(a>b)&&!c||1；

(8) !(x=a)&&(y=b)&&0；

(9) !(a+b)+c-1&&b+c/2；

(10) a=a-b==c-b。

拓展练习 1-15

【说明】　由"&&""||"构成的逻辑表达式在某些情况下会产生"短路"现象，如 a&&b&&c，只要 a 为假，就不必判别 b 和 c；如果 a 为真、b 为假，就不必判别 c。再如 a||b||c，只要 a 为真 (非 0)，就不必判别 b 和 c；只有 a 为假，才判别 b；只有 a 和 b 都为假，才判别 c。短路运算的原理是，当有多个表达式 (值) 且左边表达式的值可以确定结果时，就不再继续运算右边的表达式的值。

10. 条件运算符

一些简单的分支程序 (如分段函数) 可以用一个运算符构造，即条件运算符"？："。条件运算符是唯一的一个 3 目运算符，其优先级为 13，高于赋值运算符，低于算术运算符和关系运算符。条件运算符的结合方向是从右至左。

条件表达式的一般形式如下：

条件成立？表达式 1：表达式 2

其语句功能：条件成立 (值为 1) 吗？如果条件成立，则条件表达式的值取表达式 1 的值，否则取表达式 2 的值。

【拓展练习 1-16】　在 VC 中调试下面的程序，输入不同的值，观察输出结果，理解条件运算符的使用。

```
1.    #include<stdio.h>
2.    void main( )
3.    {
4.        int x,y;
5.        scanf("%d,%d",&x,&y);
6.        printf(" 两数中最大的是 :%d\n",x>y?x:y);
7.    }
```

11. 位运算符

程序中的所有数在计算机内存中都是以二进制的形式存储的。位运算就是直接对存储在内存中的二进制位进行操作，这样可以对某些位清零、置 1、取反，也可以将某些位向右或向左移动。C 语言提供了 6 种位操作运算符，具体说明如表 1-8 所示。

位运算符

表 1-8　位运算符一览表

优先级	名　称	运算符	举　例 (unsigned char a=5, b=6;)		说　明
			表达式	表达式的值	
2	按位取反	~	~a	250(11111010)	各位 0 变 1，1 变 0
5	右移	>>	a>>2	1(00000001)	各位右移 N 位，左补 0
	左移	<<	a<<2	20(00010100)	各位左移 N 位，右补 0
8	按位与	&	a&b	4(00000100)	对应位有 0 出 0，全 1 出 1
9	按位异或	^	a^b	3(00000011)	对应位同出 0，异出 1
10	按位或	|	a|b	7(00000111)	对应位有 1 出 1，全 0 出 0

【拓展练习 1-17】　编写 C 语句，实现下列要求。

(1) 字符变量 a 的高四位不变，低四位置 1。

(2) 字符变量 a 的高四位不变，低四位清零。

(3) 字符变量 a 的高四位不变，低四位取反。

【说明】　对数据进行位逻辑运算操作时，与 0 位与 (&) 可使位值清零，与 1 位与 (&) 可使位值不变；与 0 位或 (|) 可使位值不变，与 1 位或 (|) 可使位值置 1；与 0 位异或 (^) 可使位值不变，与 1 位异或 (^) 可使位值取反。

1.3.6　C 语言语句

完成程序设计，必须认真考虑和设计数据结构和操作步骤，这些都要通过语句的执行来实现。C 语句通常分为表达式语句、函数调用语句、空语句、复合语句和控制语句这 5 类。

1. 表达式语句

由表达式加 ";" 组成的语句，称为表达式语句。其一般形式如下：

　　表达式；

例如：a=5;

2. 函数调用语句

由函数加 ";" 组成的语句，称为函数调用语句。其一般形式如下：

　　函数名 (参数表列)；

例如：printf("%d\n",num);

3. 空语句

只有一个分号的语句，称为空语句。其一般形式如下：

```
;
```

空语句通常用作循环语句中的循环体，起着延时的作用。

例如：

```
for(i=0;i<1000;i++)
{;}
```

空语句也可用于还未实现函数的空函数体。

例如：

```
void max( )
{;}
```

4. 复合语句

用大括号"{ }"把多条语句括起来成为复合语句。在程序中,应把复合语句看成单条语句，即在语法的地位上相当于一条语句。其一般形式如下：

```
{
    语句1;
    语句2;
    …
    语句n;
}
```

例如：

```
{
    sum=sum+i;
    i++;
}
```

【注意】　复合语句内的各条语句都必须以分号 (;) 结尾，在括号 (}) 外不能加分号 (;)。

5. 控制语句

控制语句用来对程序流程的选择、循环、转向和返回等进行控制。C 语言中共有 9 种控制语句，可以分为选择语句、循环语句、转向语句和返回语句四类，具体如表 1-9 所示。

表 1-9　C 控制语句一览表

序号	类　别	控制语句	说　　明
1	选择语句	if( )	条件语句
2		switch( )	多分支选择语句
3	循环语句	while( )	while 循环语句
4		do while( )	do while 循环语句
5		for( )	for 循环语句
6	转向语句	continue	结束本次循环语句
7		break	中止执行 switch 语句或循环语句
8		goto	转向语句
9	返回语句	return	从函数返回语句

1.3.7 输入／输出语句

为了让计算机处理各种数据，首先应该把数据输入计算机中，待计算机处理数据结束后，再将目标数据信息以人能够识别的方式输出，即通过数据的输入／输出实现人与计算机之间的信息交换，所以在程序设计中，输入／输出语句是一类必不可少的重要语句。在 C 语言程序设计中，没有专门的输入／输出语句，所有的输入／输出都是通过编译系统提供的标准库函数来实现的。最常用的输入／输出函数有 scanf( )、printf( )、getchar( )、putchar( )、gets( )、puts( )。但这些函数在单片机程序设计时使用较少，单片机主要是通过硬件外设（如键盘、传感器、指示灯、蜂鸣器、数码端等）实现人机交互的，输入／输出函数在使用时需通过单片机的串口来完成。所以为方便后面学习 C 语言基础知识调试，这里只简单介绍常用的输入／输出函数。

1. 字符数据的输入／输出

1) putchar( ) 函数（字符输出函数）

putchar( ) 函数的作用是向终端（显示器）输出一个字符。其一般形式如下：

> putchar(参数);

其中，参数可以是单字符常量、字符变量、ASCII 码，也可以是转义字符。

例如：

putchar('A');	// 输出字符 A
putchar(c);	// 输出字符变量 c 的值
putchar(65);	// 输出 ASCII 码 65 的字符，即字符 A
putchar('\n');	// 换行，执行控制功能，不在屏幕上显示
putchar('\101');	// 输出 ASCII 码 101(八进制) 的字符，即字符 A

【注意】 对于输出的控制字符，仅执行控制功能，不在屏幕上显示。

2) getchar( ) 函数（字符输入函数）

getchar( ) 函数的作用是从终端（键盘）得到一个字符，返回该字符的 ASCII 码值。其一般形式如下：

> getchar( );

此函数无参数，调用时不需要参数，但是括号不能省略，函数的值就是从输入设备得到的字符。用 getchar( ) 得到的字符可以赋值给字符变量、整型变量或者作为表达式的一部分。

例如：

c= getchar( );	// 将此函数的返回值赋值给一个变量，以便后面操作
x= getchar( )+32;	// getchar( ) 作为表达式的一部分

【注意】 getchar( ) 只接收输入的第一个字符。

2. 格式输入／输出

1) printf( ) 函数（格式输出函数）

printf( ) 函数的作用是按要求格式依次输出各类型数据。该函数的一般形式如下：

> printf(" 格式控制 ",输出表列);

格式控制字符串用于指定输出格式，可由格式字符串和非格式字符串组成。格式字符串是以 "%" 开头的字符串，在 "%" 后跟有各种格式字符，以说明输出数据的类型、形式、长度、小数位数等。不同类型的数据对应的不同格式字符主要有以下几种：

%d：用来输出十进制整数。

%f：用来输出实数（包括单、双精度），以小数形式输出。

%o：以八进制数形式输出整数。

%x(或 %X)：以十六进制数形式输出整数。

%u：用来输出 unsigned 型数据。

%c：用来输出一个字符。

%s：用来输出一个字符串。

%e(或 %E)：以"规范化的指数形式"输出实数。

【例 1-3】　分析格式输出函数的作用。

```
1.    #include<stdio.h>
2.    void main( )
3.    {
4.        int x=523;
5.        char y='A';
6.        float z=235.5674;
7.        printf("%d,%c,%.2f\n",x,y,z);
8.        printf("%s,%3s,%5.3s\n","China","China","China");
9.        printf("%f,%-8.2f,%8.2f\n",z,z,z);
10.   }
```

输出结果如图 1-14 所示。

```
523,A,235.57
China,China,  Chi
235.567398,235.57 ,   235.57
Press any key to continue
```

图 1-14　例 1-3 的输出结果

【注意】

(1) 非格式字符串在输出时原样显示，主要起提示作用。

(2) 输出表列中给出了各个输出项，要求格式字符串和各输出项在数量和类型上一一对应。

(3) %f 默认小数点后输出 6 位，所以输出时通常加上小数位数控制符，如 %.2f。

2) scanf( ) 函数 (格式输入函数)

scanf( ) 函数的作用是按用户指定的格式从键盘上把数据输入指定的变量中。该函数的一般形式如下：

scanf(" 格式控制 ", 地址表列);

其中，格式控制字符串不能显示非格式字符串，也就是不能显示提示字符串；地址表列中给出各变量的地址，地址是由地址运算符 (&) 后跟变量名组成的，如 &x、&y 分别表示变量 x 和变量 y 的地址。

例如：

scanf("%d,%c,%f",&x,&y,&z);

【拓展练习 1-18】　在 VC 中调试下面的程序，按注释修改程序，分析不同格式控制字符串下输入有什么不同。

```
1.    #include<stdio.h>
2.    void main( )
3.    {
4.        int x,y,z;
5.        char a,b,c;
6.        scanf("%d%d%d",&x,&y,&z);      // scanf("x=%d,y=%d,z=%d",&x,&y,&z);
7.        scanf("%c,%c,%c",&a,&b,&c);    // scanf("%c%c%c",&a,&b,&c);
8.        printf("%d,%d,%d\n",x,y,z);
9.        printf("%c%c%c",a,b,c);
10.   }
```

【说明】

(1) 对于语句 "scanf("%d%d%d",&x,&y,&z);"，从键盘输入字符时可用 "空格键""回车键" 或 "tab 键" 分隔三个值。

(2) 用 "%c" 格式输入字符时，空格、回车、tab 键都作为有效字符输入。

(3) 一般情况下，getchar( ) 和 putchar( )、scanf( ) 和 printf( ) 配对使用。

1.4 /// 任务 1-2　设计一个温度转换器

任务 1-2　设计一个温度转换器

1.4.1　任务要求

本任务编写华氏温度 - 摄氏温度转换器，使用 Visual C++ 6.0 调试、运行。具体要求如下：

(1) 分析任务，绘制流程图。

(2) 输入华氏温度，输出摄氏温度。

(3) 输入 / 输出有合适的提示信息。

(4) 在 VC 环境下进行编译及调试。

(5) 观察输出结果，了解简单 C 程序的设计方法。

1.4.2　知识链接

完成一项任务总是有一定的步骤的，高效完成的关键是科学地安排这些步骤。编写程序也是一样的，首先要理清楚完成最终目标所需要的步骤。

为解决一个问题而采取的方法和步骤，称为算法。

一个程序应包括数据的设计和操作的设计两方面内容。数据的设计 (就是数据结构) 是通过一系列数据描述语句来实现的，主要用来定义数据的类型、完成数据的初始化等；操作的设计是指计算机进行的操作步骤 (即算法)。算法是程序的灵魂。

算法有以下特点：

(1) 有穷性：算法能在执行有限个步骤之后终止。

(2) 确定性：算法的每一步骤必须是确定的。

(3) 输入项：有零个或多个输入。

(4) 输出项：有一个或多个输出，以反映对输入数据加工后的结果。没有输出的算法是毫无意义的。

(5) 可行性 (有效性)：任何步骤都可以在有限时间内完成。

1. 算法的描述工具

1) 用自然语言描述算法

用自然语言描述算法就是用日常生活中使用的语言来描述算法的步骤。自然语言通俗易懂，但是在描述上容易出现歧义。此外，用自然语言描述计算机程序中的分支和多重循环等算法，容易出现错误，描述不清。因此，只有在较小的算法中应用自然语言描述，才方便简单。

2) 用流程图描述算法

以特定的图形符号说明、表示算法的图，称为流程图。在编写程序之前，首先要考虑解决问题的步骤，然后用流程图表示出来，最后根据流程图编写程序代码。就像建筑、机械等行业要画设计图、施工图一样，程序设计的思路也有必要用图的形式画出来。画图的过程就是思考的过程，由于具有直观性，因此画图过程本身又促进了思考。

　　美国国家标准化协会 (ANSI) 规定了一些常用的流程图符号，如图 1-15 所示，这些流程图符号已被世界各国计算机工作者普遍采用。

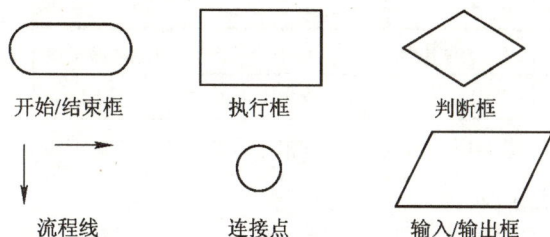

图 1-15　常用的流程图符号

常用流程图的图框说明如下：

(1) 开始 / 结束框：表示程序的开始和结束。

(2) 执行框：框内写明某一段程序或模块的功能，有一个入口和一个出口。

(3) 判断框：框内写明条件，有一个入口、两个出口，在出口处注明条件是否成立。

(4) 输入 / 输出框：在框内写出输入项或输出项。

(5) 流程线：表示程序的执行顺序。

(6) 连接点：将画在不同地方的流程线连接起来。

　　流程图的基本元素包括表示相应操作的框、带箭头的流程线和框内外必要的文字说明。图 1-16 为"大小写字母相互转换"的函数流程图示例。

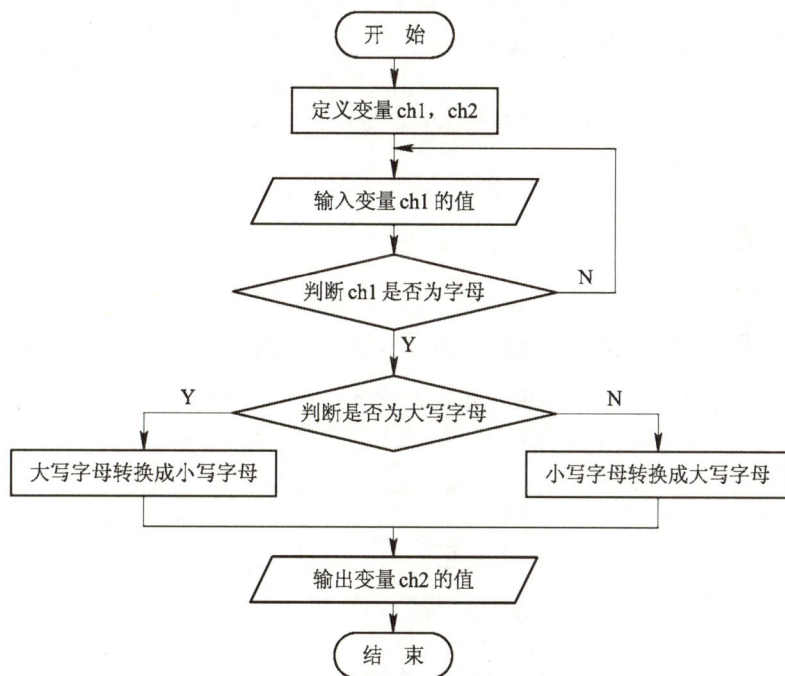

图 1-16　"大小写字母相互转换"流程图

【说明】　N-S 流程图，也称为盒图或 NS(Nassi Shneiderman) 图，它完全去掉了流程线，全部算法写在一个矩形阵（即框图）内，这些框图通过特定的排列和连接来表示算法的执行顺序。用 N-S 流程图描述算法的使用也比较多，这种流程图比较容易描述比较复杂的选择结构和循环结构。图 1-17 所示为"大小写字母相互转换"的 N-S 函数流程图示例。

| 定义变量ch1, ch2 |
| 输入变量ch1的值 |
| 直到ch1为字母 |

| Y ⟋ 判断是否大写字母 ⟍ N |
| 大写字母转换成小写字母 | 小写字母转换成大写字母 |
| 输出变量ch2的值 |

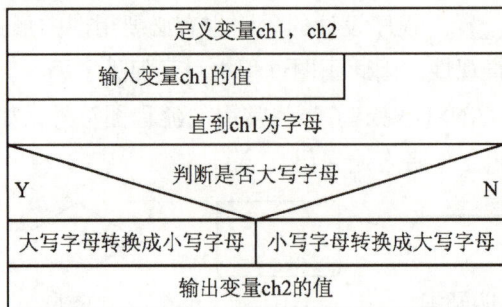

图 1-17 "大小写字母相互转换"的 N-S 流程图

3) 用计算机语言描述算法

编程的任务就是用计算机解决问题, 也就是用计算机实现算法。用计算机语言描述算法, 必须严格遵循所用语言的语法规则。

2. 结构化程序的设计方法

结构化程序设计方法是按照模块划分原则以提高程序的可读性、易维护性、可调性、可扩充性为目标的一种程序设计方法。

结构化程序设计方法是面向过程的, 与面向对象的程序设计方法有明显区别, 其设计步骤如图 1-18 所示。

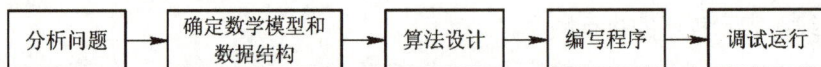

分析问题 → 确定数学模型和数据结构 → 算法设计 → 编写程序 → 调试运行

图 1-18 结构化程序设计步骤

结构化程序设计需遵循以下原则:

(1) 自顶向下: 程序设计时, 应先考虑总体, 后考虑细节; 先考虑全局目标, 后考虑局部目标。

(2) 逐步细化: 对复杂问题, 应设计一些子目标作为过渡, 逐步细化。

(3) 模块化: 一个复杂问题肯定是由若干稍简单的问题构成的。模块化是把程序要解决的总目标分解为子目标, 再进一步分解为具体的小目标, 把每一个小目标称为一个模块。

(4) 限制使用 goto 语句。

1.4.3 任务实施

1. 绘制流程图

根据任务要求, 先定义变量, 然后输出提示信息, 接收输入的华氏温度值, 再通过公式 $C = \dfrac{5}{9}(F - 32)$ 进行温度换算, 最后输出摄氏温度值。任务 1-2 绘制的流程图如图 1-19 所示。

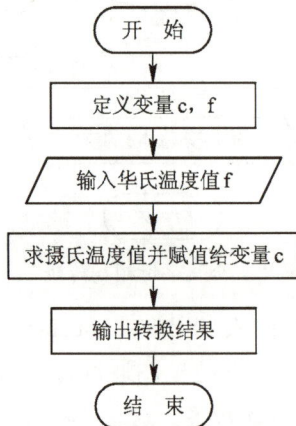

开 始

定义变量 c, f

输入华氏温度值 f

求摄氏温度值并赋值给变量 c

输出转换结果

结 束

图 1-19 任务 1-2 的流程图

2. 编写源程序

按照流程图编写源程序。

```
1.    #include<stdio.h>
2.    void main( )
3.    {
4.        double c,f;
5.        printf("*** 华氏温度 --- 摄氏温度转换器 *** \n\n");
6.        printf(" 请输入要转换的温度 ( 华氏温度 )： ");
7.        scanf("%lf",&f);
8.        c=5/9.0*(f-32);
9.        printf("%.2lf 华氏温度相当于 %.2lf 摄氏温度 \n",f,c);
10.   }
```

3. 上机调试

按照任务 1-1 的方法步骤，在 VC++ 6.0 环境下调试源程序，输出结果如图 1-20 所示。

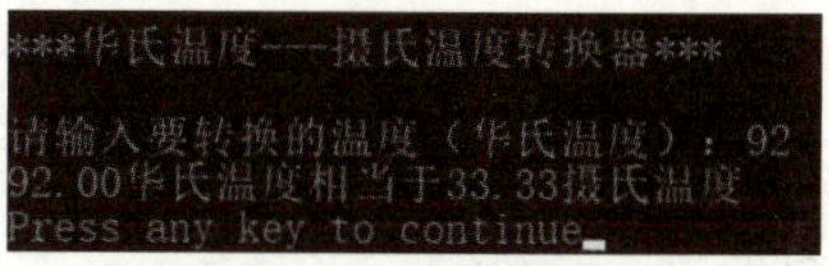

【拓展练习 1-19】 将任务 1-2 中源程序的第 8 行语句改为 "c=5/9*(f-32);"，调试运行，观察输出结果并分析原因。

图 1-20　任务 1-2 的输出结果

单 元 小 结

本单元介绍了 C 语言的基础知识，包括 C 语言的发展及特点。通过例程和任务，学生可熟悉基本数据类型，能进行数据变量的定义，掌握运算符的使用，能将自然语言转换成 C 语言，能正确进行表达式运算，掌握 C 语言程序的一般格式，熟悉 C 语言输入 / 输出函数的使用，能正确书写 C 语言语句，了解算法的基本概念及表示方法，能在 Visual C++ 6.0 开发环境下建立运行 C 语言程序。

单 元 练 习

一、单选题

1. 以下用户标识符中，合法的是 (　　)。

A. a+b　　　　　　　　　　B. break

C. _abc　　　　　　　　　　D. 3x

2. 以下叙述中不正确的是 (　　)。

A. C 语言是区分大写字母和小写字母的

B. C 语言默认是在英文、小写、半角状态下编辑源程序

C. 通常变量名用小写字母表示

D. 关键字用户也是可以命名的

3. 若 a 为 int 类型，且其值为 3，则执行完表达式 "2, a++" 后，表达式的值为 (　　)。

A. 4　　　　　　　　　　　B. 3

C. 2　　　　　　　　　　　D. 不确定

4. 设 double x, y;，则表达式 "x = 1, y = 3 / 2" 的值是 (　　)。

A. 1.0　　　　　　　　　　B. 2

C. 2.0　　　　　　　　　　D. 2.5

5. 若变量 x、y、z 为 float 类型，要给它们输入数据，以下输入语句正确的是 (　　)。

A. read(x, y, z);

B. scanf("%f%f%f", x, y, z);

C. scanf("%f%f%f", &x, &y, &z);

D. scanf("%F%F%F", &x, &y, &z);

6. 若变量 m 为 char 类型，能正确判断出 m 为大写字母的表达式是 (　　)。

A. 'A' <= m <= 'Z'　　　　　　　　B. m >= 'A'&& m <= 'Z'

C. 'A' <=m and 'Z' >= m　　　　　　D. m >= 'A' || m <= 'Z'

7. 在以下一组运算符中，优先级最高的是 (　　)。

A. = =　　　　　　　　　　　　　B. %

C. !　　　　　　　　　　　　　　D. <=

8. 设 a = 2，b = 3，算术表达式 "(float)(a+b)/2" 的值是 (　　)。

A. 2　　　　　　　　　　　　　　B. 2.0

C. 2.5　　　　　　　　　　　　　D. 3

9. 若变量已正确定义为 int 类型，要通过语句 scanf("%d%d",&a,&b); 给 a 赋值 6，b 赋值 8，正确的输入形式是 (　　)。

A. 6，8　　　　　　　　　　　　B. 6　8

C. a=6，b=8　　　　　　　　　　D. a=6　b=8

10. C 语言程序是从 main 函数开始执行的，这个函数写在 (　　)。

A. 程序文件的开始　　　　　　　B. 程序文件的任何位置

C. 它所调用的函数的前面　　　　D. 程序文件的最后

11. 若有语句 "x=4;y=2;z=6;"，则表达式 x<y?x++：y++ 的值是 (　　)。

A. 2　　　　　　　　　　　　　　B. 3

C. 4　　　　　　　　　　　　　　D. 5

12. 有以下程序，当输入大写字母 B 后，程序的运行结果是 (　　)。

```
1.    #include<stdio.h>
2.    void main()
3.    {
4.        char c;
5.        c=getchar();
6.            printf("%c",c+32);
7.    }
```

A. B　　　　　　　　　　　　　　B. b

C. 32　　　　　　　　　　　　　D. 98

13. 以下选项中属于 C 语言的数据类型是 (　　)。

A. 复数型　　　　　　　　　　　B. 双精度型

C. 逻辑型　　　　　　　　　　　D. 集合型

14. printf() 函数的格式说明符中，要输出单个字符，应使用的说明符是 (　　)。

A. %d　　　　　　　　　　　　　B. %s

C. %c　　　　　　　　　　　　　D. %f

15. 一个完整的 C 源程序是 (　　)。

A. 由一个且仅由一个主函数和零个以上 (含零) 非主函数构成

B. 要由一个主函数或一个以上非主函数构成

C. 要由一个主函数和一个以上非主函数构成

D. 由一个且只有一个主函数或多个非主函数构成

16. 设 a、b、c、d、m、n 均为 int 型变量，且 a＝5，b＝6，c＝7，d＝8，m＝2，n＝2，则逻辑表达式 (m=a>b)&&(n=c>d) 运算后，n 的值为 (　　)。

A. 0　　　　　　　　　　　B. 1

C. 3　　　　　　　　　　　D. 2

17. 以下叙述中不正确的是 (　　)。

A. C 语言程序执行总是从 main 函数开始到 main 函数结束

B. 一个 C 语言程序可以由一个或多个函数组成

C. 一个 C 源程序 main 函数必须放在程序的开头

D. C 语言的基本单位是函数

18. 以下 (　　) 常量属于字符型常量。

A. 1　　　　　　　　　　　B. '0'

C. "A"　　　　　　　　　　D. 0.25

19. 设 int a＝3，b＝4，c＝5，则表达式 "(a<b)+c" 的值是 (　　)。

A. 1　　　　　　　　　　　B. 0

C. 6　　　　　　　　　　　D. 5

20. 设 int a＝3，b＝4，c＝5，则表达式 "! (a>b)&&c||1,2" 的值是 (　　)。

A. 0　　　　　　　　　　　B. 1

C. 2　　　　　　　　　　　D. 无法确定

二、填空题

1. '8' 在内存中占 _____ 个字节，"8" 在内存中占 _____ 个字节。

2. C 语言规定，标识符只能由字母、_____、_____ 3 种字符组成。

3. 请将代数式 $\dfrac{a^2+3b}{c+d}$ 改写成 C 语言的表达式 _____。

4. scanf( ) 是 _____ 函数，printf( ) 是 _____ 函数。

5. 若 int k=10;，则运算 ++k 后表达式的值为 _____，变量 k 的值为 _____。

6. 输出一个小数形式的单精度实数，用格式说明符 _____。

7. 在 C 语言中，真用 _____ 表示，假用 _____ 表示。

8. C 语言源程序文件的后缀是 _____，经过编译后，所生成文件的后缀是 _____，经过连接后，生成的文件后缀是 _____。

9. Visual C++ 6.0 编译系统中，int 类型数据占 _____ 个字节，long 类型数据占 _____ 个字节，float 类型数据占 _____ 个字节。

10. C 语言的基本数据类型是 _____、_____、_____ 和 _____。

11. 设有定义 int x=2;，用 _____ 表达式可将 x 强制转换成双精度。

三、用 C 语言表达式描述下列条件：

1. a,b 两数同号；

2. a,b,c 三数不全为零；

3. x 是字母；

4. y 是闰年；

5. b 的值大于 a，小于 c。

四、编程题

1. 编写程序输出自己的姓名、性别、年龄及学号。

2. 编写程序，输出一个四位数 (如 1234) 的逆数 (如 4321)。

3. 求任意两整数之和。

习题答案

第2单元 C语言程序设计的基本结构

单元概述

从程序流程的角度来看，程序可以分成三种基本结构，即顺序结构、分支结构和循环结构。这三种基本结构可以组成所有复杂的程序。C语言是结构化程序设计语言，结构化程序设计的思想要求程序只能用顺序结构、分支结构和循环结构三种基本结构来描述。无论多么复杂的问题，都可以用这三种基本结构来表示，这三种基本结构的共同特点是只允许有一个流动入口和一个出口。

本单元主要介绍C语言程序设计的基本方法和基本结构，掌握顺序结构、分支结构和循环结构程序的设计方法与特点，学会基本C语言程序的编写，掌握一些基本算法的应用。

本单元结合学习任务，在Visual C++ 6.0开发环境下完成任务：求一个数的绝对值；设计个人所得税计算器；设计一个简单数学计算器；设计一个猜数游戏。

科普与思政

在C语言程序设计中，顺序结构、分支结构和循环结构是构成程序的基本框架。这些结构不仅是编程的基础，更是锻炼逻辑思维和解决问题的关键。通过学习这些结构，学生可以编写出各种复杂的程序，实现各种功能；通过学习这些结构，学生可以更好地理解计算机程序的运行原理和过程，提高自己的编程能力和水平。同时，在团队合作中，逻辑思维清晰、条理分明的程序员往往能够更好地与团队成员沟通和协作，共同完成任务。因此，学生应当在学习C语言的过程中，不断培养自己的逻辑思维能力和团队合作精神，为未来的职业发展打下坚实的基础。

2.1 /// 任务2-1 求一个数的绝对值

任务2-1 求一个数的绝对值

2.1.1 任务要求

本任务通过编程实现求输入数的绝对值，使用Visual C++ 6.0编译调试，具体要求如下：
(1) 分析任务，绘制流程图。
(2) 了解常用的数学函数，输入一个实数，输出其绝对值。

(3) 按要求编写程序，输入 / 输出有合适的提示信息。

(4) 在 VC 环境下进行编译及调试。

(5) 观察输出结果，了解顺序结构 C 程序的设计方法。

2.1.2　知识链接

　　顺序结构是程序中最简单的一种结构，用来描述依次执行的操作。在顺序结构程序中，各语句按照位置的先后次序顺序地执行，且每个语句都会被执行，如图 2-1 所示。在实际程序设计中，顺序结构单独出现比较少，一般和分支结构、循环结构一起使用。

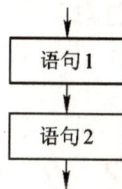

图 2-1　顺序结构流程图

2.1.3　任务实施

1. 绘制流程图

　　求一个数的绝对值，需先进行变量的定义、赋值，赋值采用键盘输入的方式，然后调用求绝对值的函数，并将返回值赋值给变量，最后输出变量。根据任务分析，绘制如图 2-2 所示的流程图。

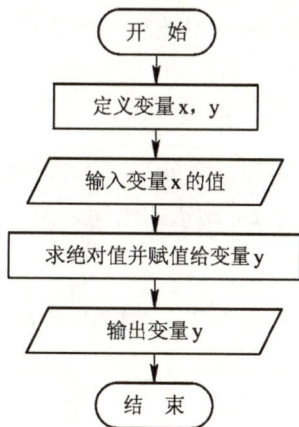

图 2-2　任务 2-1 的流程图

　　【说明】　通常简单的问题不画流程图，直接编写程序代码；而稍复杂的问题需先画流程图，再根据流程图编写程序代码。

2. 编写源程序

　　按照流程图编写源程序。

```
1.      #include<stdio.h>
2.      #include<math.h>
3.      void main( )
4.      {
5.          double x,y;
6.          printf(" 输入任意实数：");
7.          scanf("%lf",&x);                // 输入 x 的值
8.          y=fabs(x);                      // 调用求实数绝对值函数
9.          printf("%lf 的绝对值是：%lf\n",x,y);  // 输出结果
10.     }
```

3. 上机调试

　　按照任务 1-1 的方法，在 VC++ 6.0 环境下调试源程序，输出结果如图 2-3 所示。

图 2-3 任务 2-1 的输出结果

【注意】 求实数绝对值时，需要调用数学函数 fabs( )，因此程序中必须加此头文件 #include <math.h>(常用库函数参见附录 D；对于 double 型的变量，输入的格式必须是 "%lf"。

2.2 /// 任务 2-2 设计个人所得税计算器

任务 2-2 设计个人所得税计算器

2.2.1 任务要求

本任务设计个人所得税计算器，使用 Visual C++ 6.0 编译调试，具体要求如下：

(1) 分析任务，用 if 语句编写程序，输入月收入，输出个人所得税 (输出结果小数点后保留 2 位)。

(2) 在 VC 环境下进行编译及调试。

(3) 观察输出结果，掌握用 if 语句实现分支结构的方法。

2.2.2 知识链接

分支结构有三种形式：单分支结构、双分支结构和多分支结构。C 语言分别为这三种结构提供了相应的语句，if 语句是实现分支结构的语句之一。

1. 不带 else 的 if 语句

不带 else 的 if 语句是一种简单的 if 形式，其格式如下：

```
if( 条件成立 )
{
    语句；
}
```

如果 if 括号内的条件成立，则执行语句块，否则跳过该 if 语句，直接执行下一条语句。if 关键字后括号内的表达式通常是逻辑表达式或关系表达式，但也可以是其他表达式，如赋值表达式，甚至也可以是一个变量，此时只要表达式或变量的值为非 0，即为 "真"。if 语句是指 if(条件) 及大括号内的全部语句块，其构成的单分支结构流程图如图 2-4 所示。

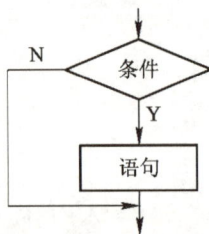

图 2-4 单分支 if 语句流程图

【例 2-1】 用 if 语句实现分段函数。

$$y = \begin{cases} \sqrt{x} & (x \geq 0) \\ |x| & (x < 0) \end{cases}$$

```
1.    #include<stdio.h>
2.    #include<math.h>
3.    void main( )
4.    {
5.        float x, y;
6.        printf("Please input x: ");        // 输入提示语句
7.        scanf("%f", &x);                   // 输入 x 的值
8.        if ( x>= 0 )
9.        y = sqrt(x);                       // 调用求平方根函数
10.       if ( x< 0 )
11.       y = fabs(x);                       // 调用求绝对值函数
12.       printf("y=%f\n",y);
13.   }
```

输入为 5 时，取 5 的平方根；输入为 −3 时，输出为 −3 的绝对值，调试输出结果如图 2-5 所示。

```
Please input x: 5
y=2.236068
Press any key to continue
```
(a) "x=5" 时的输出结果

```
Please input x: -3
y=3.000000
Press any key to continue
```
(b) "x=−3" 时的输出结果

图 2-5　例 2-1 的输出结果

【注意】

(1) if 的条件必须放于紧靠其后的圆括号内，且右圆括号外不要有分号。

(2) 当语句块只有一条语句时，花括号 {} 可省略不写。

(3) 语句块内可以含任意合法的 C 语句，包括 if 语句本身。

(4) if 语句书写格式灵活，可写于一行，也可写于多行，但最好保持锯齿形式。

2. if-else 语句

if-else 语句的应用最广泛，其格式如下：

```
if ( 条件成立 )
  {
     语句 1;
  }
else
  {
     语句 2;
  }
```

如果 if 括号内的条件成立，即表达式的值为 "1" (非零)，则执行语句 1，否则执行语句 2。双分支 if-else 语句相当于我们常说的 "如果……就……否则……"，其流程如图 2-6 所示。

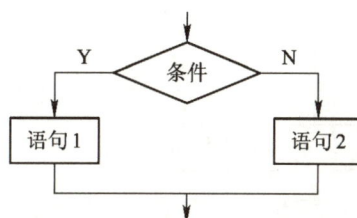

图 2-6　双分支 if-else 语句流程图

【例 2-2】　求两数中的大数 (用双分支 if-else 语句编程)。

```
1.    #include<stdio.h>
2.    #include<math.h>
3.    void main( )
4.    {
5.        int a,b,max;
6.        scanf("%d%d",&a,&b);
7.        if (a>b)  max=a;
8.        else  max=b;
9.        printf(" 两数中的大数是 :%d\n",max);
10.   }
```

输出结果如图 2-7 所示。

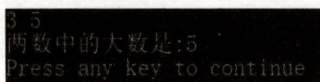

图 2-7　例 2-2 的输出结果

【注意】　else 是 if 的子句，不能单独使用，只能和 if 配对使用；if-else 语句是一条双分支语句，虽然看起来有两个 ";"，但是同一时刻只能执行其中一个 ";" 的语句，语法上是一条语句。

3. 多分支 if-else-if 语句

多分支 if-else-if 语句的一般形式如下：

　　if(表达式 1) 语句 1;
　　else if(表达式 2) 语句 2;
　　　else if(表达式 3) 语句 3;
　　　　else if(表达式 4) 语句 4;
　　　　　　…
　　　　　　else if(表达式 n) 语句 n;
　　　　　　else　语句 n+1;

如果表达式 1 的值为 "1" (非零)，则执行语句 1；否则如果表达式 2 的值为 "1" (非零)，则执行语句 2……否则如果表达式 n 的值为 "1" (非零)，则执行语句 n；否则执行语句 n+1。多分支 if-else-if 语句的流程如图 2-8 所示。

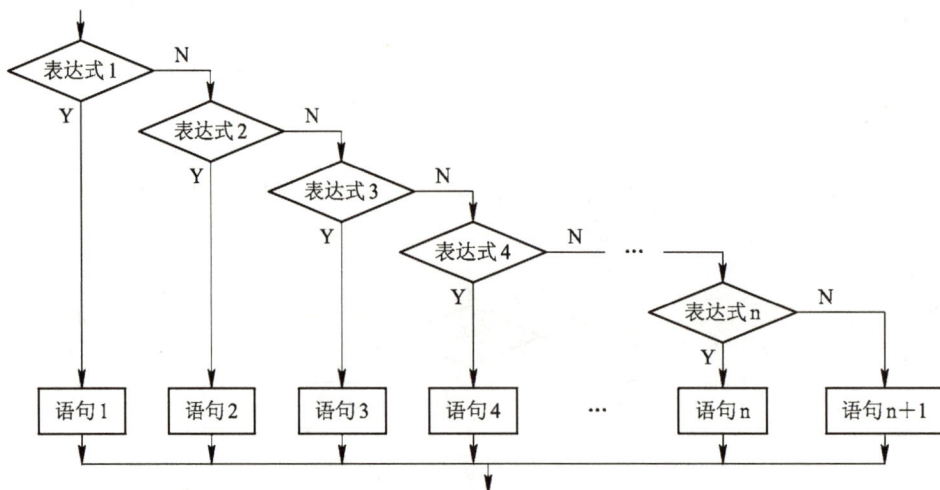

图 2-8　多分支 if-else-if 语句的流程图

【例 2-3】　判断输入字符的类别。

```
1.    #include<stdio.h>
2.    void main( )
3.    {
4.        char c;
5.        printf(" 请输入一个字符： ");
6.        c=getchar();
7.        if (c<32)
8.                printf(" 这是一个控制字符。\n");
9.        else if(c>='0'&&c<='9')
10.           printf(" 这是一个数字。\n");
11.              else if(c>='A'&&c<='Z')
12.               printf(" 这是一个大写字母。\n");
13.                   else if(c>='a'&&c<='z')
14.               printf(" 这是一个小写字母。\n");
15.                       else
16.                       printf(" 这是其他字符。\n");
17.    }
```

输出结果如图 2-9 所示。

图 2-9　例 2-3 的输出结果

【注意】　对于选择结构，所有的分支都要验证，且要注意边际值的验证。常用缩进的方式书写多分支语句，使语句的结构更加清晰，以便阅读。

4. if 语句的嵌套

在 if 语句中又包含一个或多个 if 语句，称为 if 语句的嵌套。if 语句的嵌套一般形式如下：

　　if（表达式 1）

　　　　if（表达式 2）语句 1；

　　　　else　语句 2；

【拓展练习 2-1】　分析下面程序的输出结果，调试验证，理解 if 语句的嵌套。

```
1.    #include<stdio.h>
2.    void main( )
3.    {
4.        int a=1,b=2,c=3,d=4,x;
5.        if(a<b)
6.        if(d<c) x=1;
7.        else
8.        if (b<c)
9.        if (d<a)x=2;
10.       else x=3;
11.       else x=4;
12.       else x=5;
13.       printf("%d\n",x);
14.    }
```

【注意】　if 与 else 的配对原则是：else 子句总是和它上面最近且尚未配对的那个 if 配对。

2.2.3 任务实施

1. 查找最新个人所得税速算表

2019 年个人所得税进行了改革，使用了新的个人所得税税率计算表。表 2-1 所示为个人所得税税率表。

表 2-1 个人所得税税率表

级数	工资范围 / 元	税率 / %	速算扣除数 / 元
0	1～5000	0	0
1	5001～8000	3	0
2	8001～17 000	10	210
3	17 001～30 000	20	1410
4	30 001～40 000	25	2660
5	40 001～60 000	30	4410
6	60 001～85 000	35	7160
7	≥85 001	45	15 160

2. 编写源程序

此任务相对比较简单，可以不画流程图，直接根据税率表编写程序代码。

```
1.     #include<stdio.h>
2.     void main( )
3.     {
4.         floatincome,tax;
5.         printf(" 请输入月工资额（元）：");
6.         scanf("%f",&income);
7.         if (income <=0)
8.             printf(" 输入错误！\n");
9.         else
10.            {
11.                if(income <=5000)
12.                    tax=0;
13.                else if(income <=8000)
14.                  tax=( income-5000)*0.03;
15.                  else if(income <=17000)
16.                    tax= (income-5000)*0.1-210;
17.                    else if(income <=30000)
18.                      tax= (income-5000)*0.2-1410;
19.                      else if(income <=40000)
20.                        tax= (income-5000)*0.25-2660;
21.                        else if(income <=60000)
22.                          tax= (income-5000)*0.3-4410;
23.                          else if(income <=85000)
24.                            tax= (income-5000)*0.35-7160;
25.                            else
26.                              tax= (income-5000)*0.45-15160;
27.         printf(" 月个人所得税为：%.2f 元 \n",tax);
```

```
28.              }
29.          }
```

3. 上机调试

在 VC++ 6.0 环境下调试源程序，输出结果如图 2-10 所示。

```
请输入月工资额（元）：-2
输入错误！
Press any key to continue
```
```
请输入月工资额（元）：9214
月个人所得税为：211.40元
Press any key to continue
```

(a) 错误输入时的输出结果　　　　　　(b) 正确输入时的输出结果

图 2-10　任务 2-2 的输出结果

【说明】　任务 2-2 源程序中的 11 行～26 行为一个多分支 if-else 语句，虽然有多个分号，但语法上相当于一个语句，和"printf(" 月个人所得税为：%.2f 元 \n",tax);"组成了一个复合语句，作为第一个 if-else 语句中 else 语句的执行语句。

【拓展练习 2-2】　① 不使用速算扣除数，程序该如何修改？② 能否只使用 if 语句 (不用 if-else 语句) 完成任务 2-2？③ 对比改革前后税率的变化 (如提高起征点、增加专项附加扣除)，并计算不同收入水平 (如月薪 5000 元、1 万元、5 万元) 应纳的税额。通过数据说明税收改革如何减轻中低收入群体的负担，体现"以人民为中心"的发展理念，感受税改对个人和家庭的实际影响，理解政策的惠民本质。

2.3 /// 任务 2-3　设计一个简单数学计算器

任务 2-3　设计一个简单数学计算器

2.3.1　任务要求

本任务设计一个简单数学计算器，使用 Visual C++ 6.0 编译调试，具体要求如下：
(1) 分析任务，用 switch 语句编写程序，输入算术表达式，运算结果。
(2) 在 VC 环境下进行编译及调试。
(3) 观察输出结果，掌握用 switch 语句实现分支结构的方法。

2.3.2　知识链接

switch 语句又称为开关语句，该语句用于多分支选择的一种特殊情况的处理，即每个分支、每种情况通过一个表达式取不同的值 (一般为整型、字符型或枚举类型) 来描述。虽然 if 语句的嵌套能够实现多分支选择，但这样做的结果使得 if 语句的嵌套层次太多，降低了程序的可读性。C 语言中的 switch 语句，提供了更方便、更清晰的多分支选择功能。switch 语句的一般形式如下：

```
switch ( 选择表达式 )
{
        case 常量 1: 语句 1；[break;]
        case 常量 2: 语句 2；[break;]
        …
        case 常量 n: 语句 n；[break;]
        default: 语句 n+1；
}
```

switch 语句的功能是：计算选择表达式的值，当表达式的值与某一个 case 后面的常量相等、相匹配时，就执行此 case 后面的处理语句。若所有 case 中的常量都不与选择表达式的值相匹配，则执行 default 后面的语句。Switch 语句流程图如图 2-11 所示。

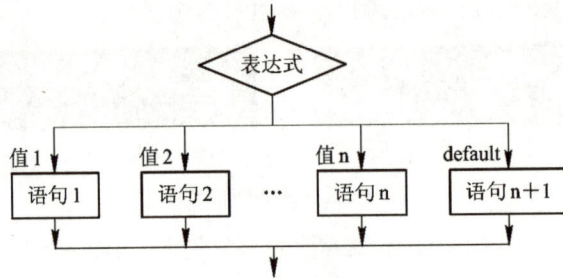

图 2-11　switch 语句流程图

在 switch 语句中，"case 常量表达式"只相当于一个语句标号，若表达式的值和某标号相等则转向该标号执行，但不能在执行完该标号的语句后自动跳出整个 switch 语句，所以将出现继续执行后面 case 语句的情况。使用 break 语句，会跳出 switch 语句，break 语句只有关键字 break，没有参数。一种情况处理完后，一般应借助 break 语句使程序的执行流程跳出 switch 结构，终止 switch 语句的执行。

【拓展练习 2-3】 输入不同的值，分析输出结果。

```
1.    #include<stdio.h>
2.    void main( )
3.    {
4.        int a,b = 0;
5.        printf(" 请输入一个整数 ");
6.        scanf("%d", &a);
7.        switch ( a )
8.        {
9.            case 1: b = 10;
10.           case 2: b = 20;
11.           case 3:
12.           case 4: b = 40; break;
13.           case 5: b = 50;
14.           default: b = 100;
15.       }
16.       printf("b=%d\n", b);
17.   }
```

【注意】

(1) case 与后面的常量或常量表达式一定要用空格间隔，常量后要加冒号 "："。

(2) 每一个 case 后的值必须互不相同，否则会出现二义性。

(3) 常量表达式必须与表达式的类型一致。

(4) 多个 case 语句可以共用一组语句。

(5) case 后的多个语句，可以不用 {} 括起。

(6) switch 语句可以没有 default 语句。

(7) 在每个 case 语句都有 "break;" 语句的情况下，case 出现的次序不影响执行结果。

(8) switch 语句描述的是多分支选择的一种特殊情况，可用 if 语句等价实现。

2.3.3　任务实施

1. 绘制流程图

设计一个简单数学计算器，先从键盘输入算术表达式（按照第一操作数、运算符、第二操作数的顺序），然后通过 switch 语句判别运算符进行运算，绘制如图 2-12 所示的流程图。

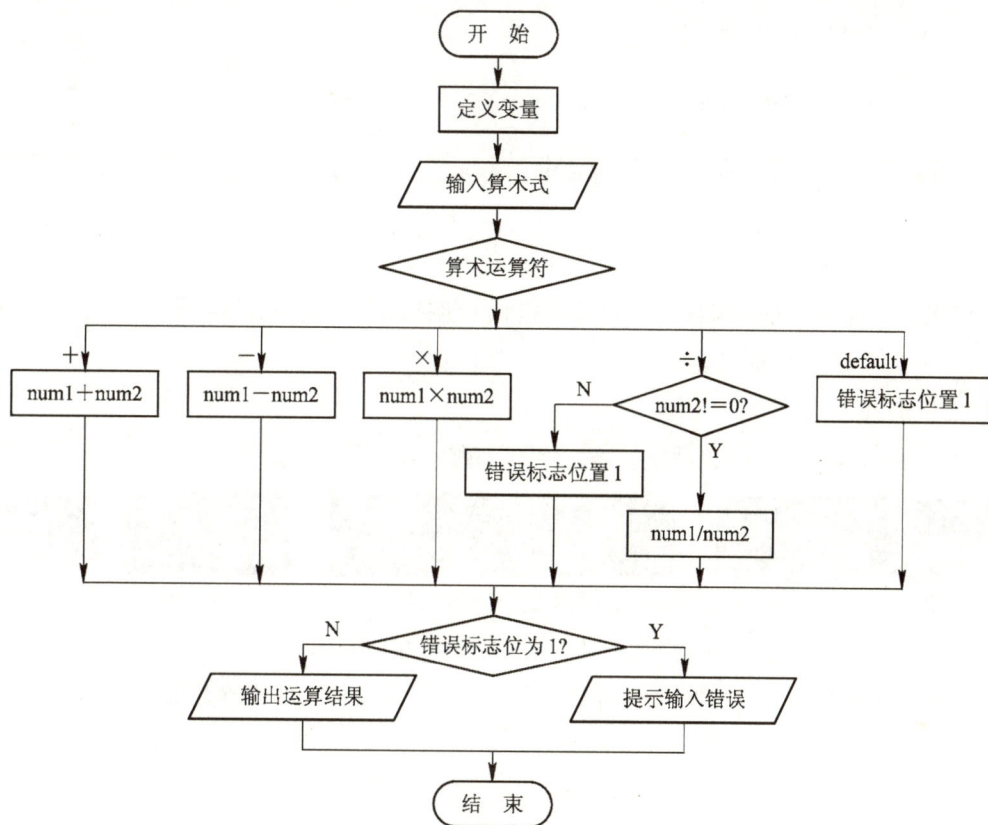

图 2-12　任务 2-3 的程序流程图

【注意】　在程序设计过程中应尽可能考虑到一些特殊情况，减少程序缺陷 (bug)，例如，此任务需考虑除数为 0 及运算符非法等输入错误的情况。

2. 编写源程序

根据流程图编写源程序。

```
1.    #include<stdio.h>
2.    void main( )
3.    {
4.        float num1,num2,result,flag=0;
5.        char op;
6.    /****flag 为输入错误标志位，需赋初始值 0****/
7.        printf(" 请输入算术式 :");
8.        scanf("%f%c%f",&num1,&op,&num2);
9.        switch(op)
10.       {
11.           case '+': result=num1+num2;break;
12.           case '-': result=num1-num2;break;
13.           case '*': result=num1*num2;break;
```

```
14.           case '/': if(num2)result=num1/num2;
15.               else flag=1;                    // 输入除数为 0
16.                   break;
17.           default:flag=1;                      // 输入运算符错误
18.       }
19.       if(flag)                                 // 此句相当于 if(flag==1)
20.           printf(" 输入错误！\n");
21.       else
22.           printf("%.2f%c%.2f=%.2f\n",num1,op,num2,result);
23.   }
```

【说明】 程序设计中可用标志变量来表示事物的状态。先假设事物为某个初态，然后对事物状态进行测试，当事物状态与初态不符时，则改变标志变量的值。最后通过判断标志变量的取值而确定出事物的真实状态。当事物仅为几种状态时，该算法特别适用。本程序中使用了输入错误标志位 (flag) 来标志是否输入错误 (包括除数为 0 和运算符非法两种)，在程序中应用好标志位可以使程序更简洁。

3. 上机调试

在 VC++ 6.0 环境下调试源程序，输出结果如图 2-13 所示。

(a) 运算符错误输入时的输出结果　　　(b) 除数为 0 时的输出结果　　　(c) 正确输入时的输出结果

图 2-13　任务 2-3 的输出结果

【拓展练习 2-4】 修改程序，使输入错误提示信息更具体，即当除数输入为 0，输出提示信息 "除数不能为 0！"；当数学运算符输入非法时，输出提示信息 "输入运算符错误！"。

2.4 /// 任务 2-4　设计一个猜数游戏

任务 2-4　设计一个猜数游戏

2.4.1　任务要求

本任务设置任意一个整数，请用户从键盘输入数据，猜想设置的数是什么，告诉用户大了还是小了。10 次内猜对，用户获胜，否则，告诉用户设置的数据是什么。具体要求如下：

(1) 分析任务，绘制流程图。

(2) 用 srand() 函数设置真正的随机数。

(3) 有良好的人机交互界面，在每次输入 / 输出时，给出合理的提示信息。

(4) 观察输出结果，掌握循环语句的使用方法。

2.4.2　知识链接

循环结构是程序中一种很重要的结构，是对有规律的重复性的事务的处理。循环是许多问题解决方案的基本组成部分，特别是那些涉及大量数据的问题。一般来说，解决这类问题的程序需要对每个数据执行同样的操作。循环的本质是在循环条件为 "真" 时反复执行一组指令。C 提供了三种语句 (for、while、do-while) 以构造循环结构，同时还提供了结束本层循环的语句 break 和结束本次循环的语句 continue。

1. while 循环语句

对于循环次数事先能确定的问题，一般使用 for 循环来解决。对于只知道控制条件、不能预先确定循环次数的情况，可以用 while 循环。其一般形式如下：

    while(表达式)
    {
        语句 ;
    }

其中，表达式是循环条件，语句为循环体。执行过程是：先计算表达式的值，当值为真 (非 0) 时，执行循环体语句；当值为假 (0) 时，退出循环。while 语句的流程图如图 2-14 所示。

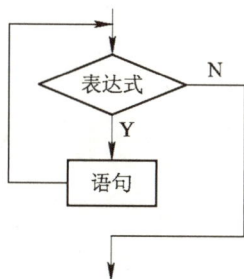

图 2-14　while 语句的流程图

【说明】

(1) 表达式可以是 C 语言中的任意的合法表达式，一般是关系表达式或逻辑表达式，只要表达式结果为非 0，就继续执行循环体语句。

(2) 循环语句只能为一条语句，如果要执行多条语句，则必须用 { } 括起来构成复合语句。

(3) while 循环的特点是先判断循环条件，后执行循环语句，即有可能循环体一次也不被执行。

(4) 为避免死循环，循环体内必须有改变循环控制变量值的语句 (使循环趋向结束的语句)，或用 if…goto、if…break 语句判断后转出。

(5) 循环前必须给循环变量赋初值。

(6) 循环体可以为空语句。

【例 2-4】　用 while 语句求 $1+2+3+\cdots+100$。

计算 1 到 100 的和，是重复做 100 次加法，定义变量 sum 和循环变量 i，每循环一次，做一次 sum=sum+i 运算，且循环变量 i 自增 1，当 i 增加到 101 时，循环结束。

```
1.      #include<stdio.h>
2.      void main( )
3.      {
4.          int i=1,sum=0;
5.          while(i<=100)
6.          {
7.              sum=sum+i;
8.              i++;
9.          }
10.         printf("1+2+3+…+100=%d\n",sum);
11.     }
```

例 2-4

【注意】　必须给 i、sum 等变量赋正确的初始值。i 用于计循环次数，初始值为 1，每次加 1 使循环趋向结束；sum 为每次运算的和，初始值为 0。

输出结果如图 2-15 所示。

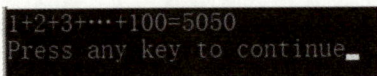

1+2+3+…+100=5050
Press any key to continue_

图 2-15　例 2-4 的输出结果

【拓展练习 2-5】 按下面要求修改例 2-4 的程序，观察运行结果，分析原因。

(1) 省略例 2-4 中循环体的大括号 {}(第 6 行和第 9 行)。

(2) while(i<=100) 语句 (第 5 行) 后加上分号 "；"。

【拓展练习 2-6】 按每 5 个一组输出从 m 到 n 之间的偶数，m、n 从键盘输入。

2. do-while 循环语句

do-while 循环语句一般形式如下：

```
    do
    {
        语句；
    }
    while( 表达式 );
```

do-while 循环与 while 循环语句的不同在于：do-while 循环先执行循环中的语句，然后判断表达式是否为真。如果为真，则继续循环；如果为假，则终止循环。因此，do-while 循环至少要执行一次循环语句。其执行过程如图 2-16 所示。

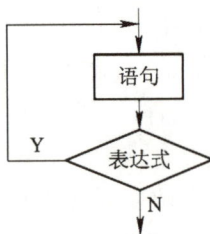

图 2-16　do-while 语句流程图

【注意】 "while()" 后的 "；" 不能省略。

【例 2-5】 用 do-while 语句求 5!(5! = 5×4×3×2×1)。

计算 5×4×3×2×1 的积，是重复做 5 次乘法，定义乘积 f 和循环变量 i，每循环一次，做一次 f=f*i 运算，且循环变量 i 自增 1，当 i 增加到 6 时，循环结束。

```
1.    #include<stdio.h>
2.        void main( )
3.        {
4.            int i=1,f=1;
5.            while(i<=5)                 // 等价于 while(i<6)
6.            {
7.                f *=i;                  // 等价于 f=f*i；
8.                i++;
9.            }
10.           printf("5!=%d\n",f);
11.       }
```

【注意】 例 2-5 中变量 f 为乘积，也是参与运算的被乘数，初始值一定要设为 1。

输出结果如图 2-17 所示。

```
5!=120
Press any key to continue
```

图 2-17 例 2-5 的输出结果

【拓展练习 2-7】 用 VC++ 6.0 调试下面两个程序，分别输入 4 和 6 两个值，观察输出结果，比较异同并分析原因。

1.	#include<stdio.h>	#include<stdio.h>
2.	void main( )	void main( )
3.	{	{
4.	int i,sum=0;	int i,sum=0;
5.	scanf("%d",&i);	scanf("%d",&i);
6.	while(i<=5)	do
7.	{	{
8.	sum=sum+i;	sum=sum+i;
9.	i++;	i++;
10.	}	} while(i<=5);
11.	printf("sum =%d\n",sum);	printf("sum =%d\n",sum);
12.	}	}

【注意】 while 语句是先判断循环条件，后执行循环语句；do-while 语句是先执行循环语句，后判断循环条件。

3. for 循环语句

在 C 语言中，for 循环语句的使用最为灵活和广泛，它的一般形式如下：

    for(表达式 1; 表达式 2; 表达式 3)

        {

            语句；

        }

for 语句执行过程如下：

(1) 计算表达式 1；

(2) 计算表达式 2，若其值为真 (非 0)，则执行第 (3) 步，否则执行第 (5) 步；

(3) 执行循环体语句；

(4) 求解表达式 3，转回上面第 (2) 步继续执行；

(5) 结束循环，执行循环体外语句。

for 语句的执行过程如图 2-18 所示。

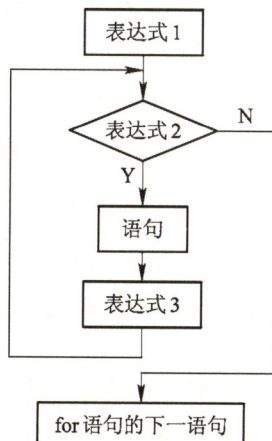

图 2-18 for 语句的流程图

【说明】

(1) for 语句一般的应用形式可理解为：

　　for(循环变量赋初值；循环条件；循环变量增量)

表达式 1 一般是一个赋值表达式，它用来给循环控制变量赋初值；表达式 2 一般是一个关系表达式或逻辑表达式，它决定什么时候退出循环；表达式 3 一般是个算术表达式，它定义循环控制变量每循环一次后按什么方式变化。这三个部分之间用 ";" 分开，它们都是选择项，都可以缺省，但是分号 ";" 一个都不能缺省。

(2) 表达式 1 和表达式 3 可以是一个简单表达式，也可以是逗号表达式。

例如，for(i=1,sum=0;i<=100;i++) sum=sum+i; 或 for(i=1;i<100;sum=sum+i,i++)。

(3) 表达式 2 一般是关系表达式或逻辑表达式，但也可以是数值表达式或字符表达式，只要其值非零，就执行循环体。

(4) 省略表达式 1，需在循环前进行初始化；省略表达式 2，循环中需要有循环停止语句；省略表达式 3，在循环中需有修改循环控制变量的语句。

【例 2-6】 求 1 到 100 中 3 的整数倍的数值之和。

```
1.      #include<stdio.h>
2.      void main( )
3.      {
4.          int i,sum=0;
5.          for(i=1;i<=100;i++)
6.          {
7.              if(!(i%3))                // 等价于 if(i%3==0)
8.              sum=sum+i;
9.          }
10.         printf("sum=%d\n",sum);
11.     }
```

输出结果如图 2-19 所示。

```
sum=1683
Press any key to continue
```

图 2-19　例 2-6 的输出结果

【拓展练习 2-8】 修改例 2-6 的程序，将 for(i=1;i<=100;i++) 中表达式 1 或表达式 3 省略，功能保持不变。

4. 循环嵌套

一个循环体内又包含另一个完整的循环结构，称为循环的嵌套。循环嵌套的执行过程是外循环执行一次，内循环从头到尾全部执行完，在内循环结束后，再进行下一次外循环，如此反复，直到外循环结束。三种循环 (for 循环、while 循环、do while 循环) 可以互相嵌套。

【说明】

(1) 外循环必须完全包含内循环，不能交叉。

(2) 在多重循环中，各层循环的循环控制变量不能同名。

(3) 在多重循环中，并列循环的循环控制变量可以相同，也可以不同。

【例 2-7】 输出九九乘法表。

```
1.      #include<stdio.h>
2.      void main( )
3.      {
```

```
4.     int i,j;                        //i 为外层循环变量控制行数，j 为内层循环变量控制每行个数
5.     for(i=1;i<=9;i++)
6.     {
7.         for(j=1;j<=i;j++)
8.             printf("%d*%d=%2d ",i,j,i*j);
9.         printf("\n");               // 每行的列数输出完后换行
10.    }
11. }
```

【说明】 第 8 行语句为内循环体，7-9 行为外循环体。

输出结果如图 2-20 所示。

```
1*1= 1
2*1= 2  2*2= 4
3*1= 3  3*2= 6  3*3= 9
4*1= 4  4*2= 8  4*3=12  4*4=16
5*1= 5  5*2=10  5*3=15  5*4=20  5*5=25
6*1= 6  6*2=12  6*3=18  6*4=24  6*5=30  6*6=36
7*1= 7  7*2=14  7*3=21  7*4=28  7*5=35  7*6=42  7*7=49
8*1= 8  8*2=16  8*3=24  8*4=32  8*5=40  8*6=48  8*7=56  8*8=64
9*1= 9  9*2=18  9*3=27  9*4=36  9*5=45  9*6=54  9*7=63  9*8=72  9*9=81
Press any key to continue
```

图 2-20 例 2-7 的输出结果

【例 2-8】 36 人 36 砖：设有 36 个人搬 36 块砖，男人搬四块，女人搬三块，小孩两个人搬一块，男人、女人、小孩各多少人？

通过逐个考察某类事件的所有可能情况，从而得出一般结论，那么这个结论是可靠的，这种归纳方法叫作枚举法，也称为列举法或穷举法。枚举法是通过牺牲时间来换取答案的全面性。此算法在计算机编程中用得非常普遍，常用多重循环实现，将各个变量的取值进行各种组合，对每种组合都测试是否满足给定的条件，若是则找到了问题的一个解。这种算法简单易行，但只能用于解决变量个数有限的场合。对于 36 人 36 砖的问题，通过枚举法分析每一种可能性，从而找出符合条件的答案。

```
#include<stdio.h>
void main( )
{
    int m,w;
    for(m=0;m<9;m++)
        for(w=0;w<12;w++)
            if(m*4+w*3+(36-m-w)/2.0==36)
        printf(" 男人 :%d 人，女人 :%d 人，小孩 %d 人 \n",m,w,36-m-w);
}
```

【注意】

(1) 小孩人数必须为整数，所以“m*4+w*3+(36−m−w)/2.0==36”的表达式中，除数要写成 2.0，而不能写成 2。

(2) 在 if、for 等语句的条件表达式中，务必注意“==”与“=”的区别。“==”为关系运算符，左右表达式相等时条件成立，而“=”为赋值运算符，只要所赋值“非 0”条件就成立。

输出结果如图 2-21 所示。

```
男人:3人，女人:3人，小孩30人
Press any key to continue
```

图 2-21 例 2-8 的输出结果

5. break 语句和 continue 语句

1) break 语句

break 语句可用于循环语句和 switch 语句中。在循环语句中，如果执行到 break 语句，则终止 break 语句所在循环的执行，break 语句之后的循环语句也不再执行。在多层循环中，一个 break 语句只能向外跳一层，即只能结束本层循环。其一般形式如下：

> break;

通常 break 语句总是与 if 条件语句联用，当满足条件时便跳出循环。

【例 2-9】 阅读下面的程序，分析输出结果。

```
1.    #include<stdio.h>
2.    void main( )
3.    {
4.        int i,s=0;
5.        for(i=1;i<10;i++)
6.        {
7.            if(i>5) break;              // 等价于 if(i>=6) break;
8.            s=s+i;
9.        }
10.       printf("%d\n",s);
11.   }
```

【说明】 前 5 次执行循环体时，if 条件不成立，s 依次累加 1、2、3、4、5，当循环体执行到第 6 次时，if 条件成立，执行 break 语句，所以运行结果为 15。

输出结果如图 2-22 所示。

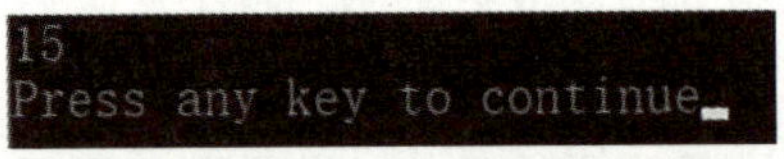

```
15
Press any key to continue_
```

图 2-22　例 2-9 的输出结果

【拓展练习 2-9】 将例 2-9 的源程序按下面要求修改，分析输出结果。

(1) 将第 7 行与第 8 行语句互换位置。

(2) 将第 10 行语句放入循环体，即第 9 行与第 10 行互换。

2) continue 语句

continue 语句的作用是结束本次循环（而不是终止整个循环的执行），系统将跳过循环体中剩余的语句而强制执行下一次循环。其一般形式如下：

> continue;

与 break 语句的用法相似，continue 语句常与 if 条件语句一起使用。

【例 2-10】 阅读下面的程序，分析输出结果。

```
1.    #include<stdio.h>
2.    void main( )
3.    {
4.        int i;
5.        for(i=1;i<5;i++)
6.        {
7.            if(i==3) continue;
8.            printf("%d\n",i);
9.        }
10.   }
```

当 i=1，i=2 时执行循环体，输出 i 的值；当 i=3 时，执行 continue 语句，跳过第 8 行语句，即不输出此时的 i 值，转到下次循环，执行 i=4 时的循环体；当 i=5 时，结束循环，输出结果如图 2-23 所示。

图 2-23　例 2-10 的输出结果

【例 2-11】　每行 5 个数，输出 100～200 之间不能被 3 整除的数。

```
1.    #include<stdio.h>
2.    void main( )
3.    {
4.            int i=99,j=0;
5.            while(i<=200)
6.        {
7.            i++;
8.            if(i%3==0) continue;
9.            printf("%5d",i);
10.           j++;
11.           if(j%5==0) printf("\n");        // 每输出 5 个数换行
12.        }
13.    }
```

当 i 的值不是 3 的倍数时，执行循环体，输出 i 的值，每输出五个值便输出一个换行符（\n）；当 i 的值是 3 的倍数时，执行 continue 语句，跳过第 9～11 行语句，即不输出此时的 i 值，转到下次循环，输出结果如图 2-24 所示。

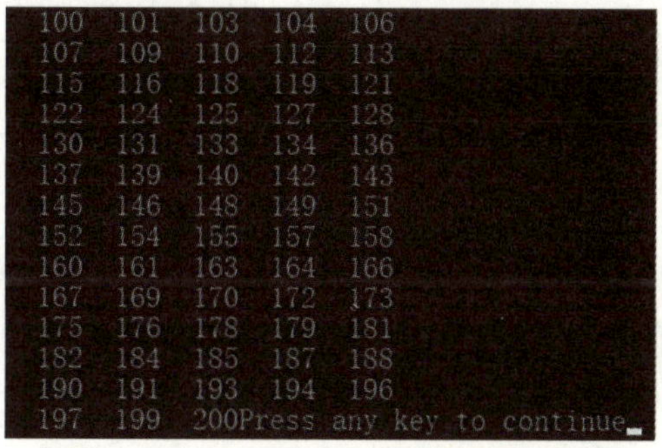

图 2-24　例 2-11 的输出结果

【拓展练习 2-10】　请用其他方式编程实现例 2-11 的功能。

6. goto 语句

goto 语句是一种无条件转移语句，一般形式如下：

goto 语句标号；

其中，语句标号是一个有效的标识符，放在某一语句行的前面，标号后加冒号“:”。goto 语句使程序的执行流程跳转到语句标号所指定的语句。标号应当与 goto 语句同处于一个函数中。通常 goto 语句与 if 条件语句配合使用，当满足某一条件时，程序跳转到标号处运行。

可以使用 if/goto 语句构成循环结构。

【例 2-12】　用 if/goto 语句编程求 1+2+3+…+100。

```
1.    #include<stdio.h>
2.    void main( )
```

```
3.      {
4.          int i=1, sum=0;
5.          loop: sum=sum+i;
6.              i++;
7.              if(i<=100) goto loop;
8.          printf("%d\n",sum);
9.      }
```

输出结果如图 2-25 所示。

【注意】　虽然 goto 语句可以构成循环结构，但在结构化程序设计中，不提倡使用 goto 语句，它使得程序层次不清且不易读，因此，在编写程序时应尽量避免使用 goto 语句。

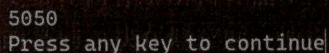

```
5050
Press any key to continue
```

图 2-25　例 2-12 的输出结果

2.4.3　任务实施

1. 绘制流程图

设计一个猜数小游戏，根据任务要求首先设置随机数，判断用户输入的数据是否正确并给出提示，十次内猜对则提示正确，否则提示错误。绘制如图 2-26 所示的流程图。

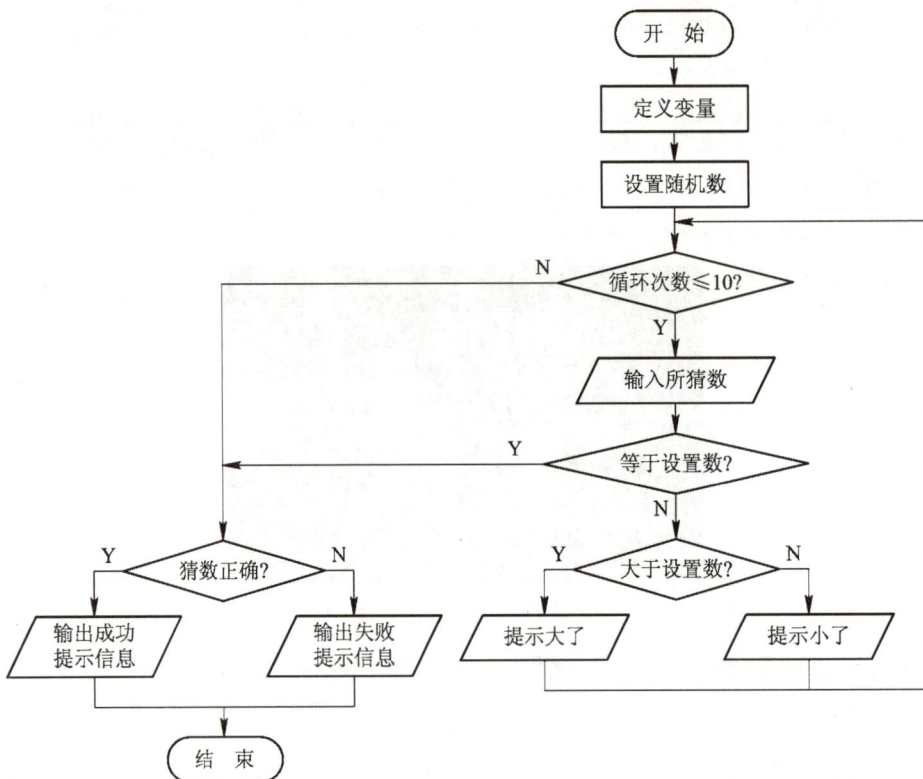

图 2-26　任务 2-4 的流程图

2. 编写源程序

根据流程图编写源程序。

```
1.      #include<stdio.h>
2.      #include<conio.h>
3.      #include<time.h>
4.      #include<stdlib.h>
5.      void main( )
```

```
6.      {
7.          int num,x,n;
8.          srand(time(0));
9.          num=rand()%1000;
10.         printf("Hint:0<=num<1000\n");
11.         for(n=1;n<=10;n++)
12.         {
13.             printf("NO.%dGuess:",n);
14.             scanf("%d",&x);
15.             if(x==num) break;
16.             else if(x>num) printf("Bigger!\n");
17.             else printf("Smaller!\n");
18.         }
19.         if(x!=num)
20.             printf("Lost!The number is %d\n",num);
21.         else
22.             printf("Win!\n");
23.         getch();
24.     }
```

【说明】

(1) "conio.h""time.h""stdlib.h"分别是"getch()""time()""srand()"和"rand()"函数的头文件。

(2) 各种编程语言返回的随机数 (确切地说是伪随机数) 实际上都是根据递推公式计算的一组数值，当序列足够长，这组数值近似满足均匀分布。如果计算伪随机序列的初始数值 (称为种子) 相同，则计算出来的伪随机序列就是完全相同的。由于 rand() 函数产生的是伪随机数，所以每次运行的结果都是一样的。要解决这个问题，需要在每次产生随机序列前先指定不同的种子，这样计算出来的随机序列就不会完全相同了。例如，在调用 rand() 函数之前调用 srand((unsigned)time(NULL))，这样以 time 函数值 (即当前时间) 作为种子数 (因为两次调用 rand 函数的时间通常是不同的)，就可以保证随机性了。

3. 上机调试

在 VC++ 6.0 环境下调试源程序，输出结果如图 2-27 所示。

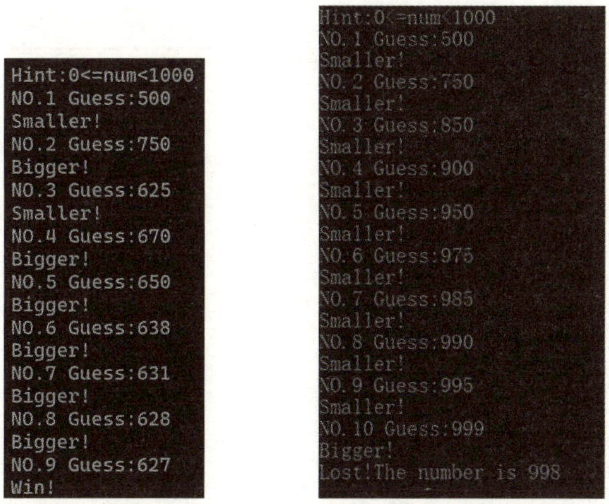

(a) 成功时的输出结果　　　　(b) 失败时的输出结果

图 2-27　任务 2-4 的输出结果

【拓展练习 2-11】 按照下面要求修改任务 2-4 的源程序，并观察运行结果。

(1) 猜数范围为任意 3 位数 (即 100～999)。

(2) 猜数机会为 8 次。

(3) 循环体内 if-else 语句，改为 if 语句。

单 元 小 结

本单元介绍了 C 语言三种基本结构程序的设计方法与使用，通过任务"求一个数的绝对值"掌握顺序结构程序的设计方法；通过任务"设计个人所得税计算器"教我们使用 if 语句实现功能选择，并掌握条件语句嵌套的使用方法；通过"设计一个简单数学计算器"学习任务学会使用 switch 语句实现分支结构；通过任务"设计一个猜数游戏"掌握循环结构的设计方法，并学会有条件跳出循环的方法。

单 元 练 习

一、单选题

1. 以下程序运行了 (   ) 次循环。

```
1.    #include<stdio.h>
2.    void main()
3.    {
4.        int i;
5.        for( i = 3; i ==1; i-- )
6.            printf( "%d\n", i );
7.    }
```

A. 0   B. 1

C. 2   D. 3

2. 在 C 语言中，if 语句嵌套时，if 与 else 的配对关系是 (   )。

A. 每个 else 总是与它下面的 if 配对

B. 每个 else 总是与最外层的 if 配对

C. 每个 else 与 if 配对关系是任意的

D. 每个 else 总是与它上面最近的且尚未配对的 if 配对

3. 有以下程序：

```
    i= - 4;
    do
    {
        i=0;
        i++;
    }
    while(i<0);
```

循环一共进行了 (   ) 次。

A. 4   B. 0

C. 1   D. 5

4. 若执行下面的程序时从键盘上输入 5，则输出是 (   )。

```
1.    #include<stdio.h>
2.    main( )
```

```
3.      {
4.          int x; scanf("%d",&x);
5.          if(x++>5) printf("%d\n",x);
6.          else printf("%d\n",x--);
7.      }
```

A. 6　　　　　　　　　　　　B. 7

C. 5　　　　　　　　　　　　D. 4

5. 以下程序段的执行后，b = (　　　)。

```
int a=1,b;
switch(a)
{
    case 1: a=a+1,b=a;
    case 2: a=a+2,b=a;
    case 3: a=a+3,b=a;break;
    case 4: a=a+4,b=a;
}
```

A. 11　　　　　　　　　　　B. 7

C. 4　　　　　　　　　　　D. 2

6. 以下程序运行结果是 (　　　)。

```
for( i = 1;i<=10; i++ )
    if(i%6= =0)break;
printf( "%d\n", i );
```

A. 1　　　　　　　　　　　B. 6

C. 10　　　　　　　　　　　D. 11

7. 有以下程序：

```
for(i=1;i<5;i++)
    i=2*i;
```

循环执行次数和 i 的值分别是 (　　　)。

A. 2，4　　　　　　　　　　B. 2，7

C. 3，6　　　　　　　　　　D. 3，7

二、填空题

1. 若用以下形式表示 for 循环语句：for (表达式 1；表达式 2；表达式 3) 循环体语句，则执行语句 for (i=0; i<3; i++) printf("*"); 时，表达式 1 执行 ＿＿＿＿ 次，表达式 3 执行 ＿＿＿＿ 次，循环结束时 i 的值是 ＿＿＿＿。

2. C 语言中的三种基本程序结构是 ＿＿＿＿、＿＿＿＿、＿＿＿＿。

3. 循环语句中，break 语句的作用是 ＿＿＿＿＿＿，continue 语句的作用是 ＿＿＿＿＿＿。

4. for(i=10;i<18;i ＋＋); 的循环次数是 ＿＿＿＿ 次。

5. 以下程序的运行结果是 ＿＿＿＿。

```
1.    #include<stdio.h>
2.    main()
3.    {
4.        int a=1,b=1,x=3,y=5;
5.        if(x>0)a=a+1;
6.        if(x>y)b=b+1;
7.        else if(x==y)b=5;
```

```
8.          else b=2*x;
9.          printf("a=%d,b=%d\n",a,b);
10.    }
```

6. 以下程序的运行结果是 _____。

```
1.    #include<stdio.h>
2.    void main( )
3.    {
4.        int s=1,i;
5.        for(i=2;i<5;i++)
6.            s=s+i;
7.        printf("%d\n",s);
8.    }
```

7. 以下程序的运行后的输出结果是 _____。

```
1.    #include<stdio.h>
2.    main()
3.    {
4.        int a=3,b=5,c=7;
5.        if(a>b)
6.            {
7.                a=b;
8.                c=a;
9.            }
10.       if(c!=a) c=b;
11.       printf("%d,%d,%d\n",a,b,c);
12.    }
```

三、编程题

1. 编写一个体重测量仪，要求从键盘输入身高和体重后，能够计算出体重指数，输入、输出要有提示。

$$体重指数 = \frac{体重(kg)}{身高(cm)^2}$$

2. 有一个分段函数：

$$y = \begin{cases} 2\sin x & (x \leq 5) \\ x^2 - 3 & (5 \leq x < 10) \\ x/3 & (x \geq 10) \end{cases}$$

编写程序，输入 x 后输出 y 的值。

3. 鸡兔同笼是中国古代的数学名题之一。大约在 1500 年前，《孙子算经》中就记载了这个有趣的问题。书中是这样叙述的：今有雉兔同笼，上有三十五头，下有九十四足，雉兔各几何？

4. 一张 100 元钞票换成面值分别为 5 元、1 元、0.5 元的三种钞票共 100 张，每种钞票至少 1 张，则每种面值的钞票各多少张？编写程序输出每种兑换方案及可能的兑换方案总数。

5. 打印出所有的"水仙花数"。所谓"水仙花数"，是指一个 3 位数，其各位数字立方和等于该数本身。例如，153 是一个水仙花数，因为 $153 = 1^3 + 5^3 + 3^3$。

6. 中国古代数学家张丘建提出的"百鸡问题"：一只大公鸡值 5 个钱，一只母鸡值 3 个钱，三只小鸡值 1 个钱，现有 100 个钱，要买 100 只鸡，请编程输出各种可能的换法，并统计共有几种换法。

7. 韩信点兵，共有士兵近千人，每行 3 人余 2 人，每行 5 人余 3 人，每行 7 人余 5 人，编程求共多少人。

习题答案

第3单元 数组与函数

单元概述

前面使用的数据类型都属于基本类型（整型、实型、字符型）。基本类型的每个变量单独存储，无任何联系。计算机处理数据时，经常会出现一些按有序规律组织起来、在内存中连续存放的相同类型的数据，例如，按学号排列的成绩、随时间变化的温度。这些数据在 C 语言中都可以用数组来描述。

在 C 语言中，函数是程序的基本组成单位。当面对一个功能复杂的大型程序时，需要先将大程序按照功能分成若干功能模块，每个模块也可以由更小的若干模块所组成，这样细化过的每个模块只实现一个特定的功能。然后逐个模块地编写。这种自顶向下、逐步细化的程序设计方法又称为模块化程序设计。

本单元主要在 Visual C++ 6.0 开发环境下学习一维数组的定义及引用，函数的定义及调用方法，掌握 C 语言的一般编程方法和常用算法。

本单元结合例程，学习数组和函数的基础知识，完成任务：使用冒泡法和选择法实现成绩排序；使用快速排序法实现成绩排序。

科普与思政

学习 C 语言不仅可以帮助我们掌握编程基础，还能培养我们严谨的逻辑思维和对底层硬件的理解。C 语言的高效性和灵活性使其在多个领域都有广泛应用，例如，从操作系统开发到嵌入式系统设计，再到音视频处理。掌握 C 语言的应用，将为学生打开编程世界的大门。学生应当根据自己的兴趣和专业方向，选择合适的编程领域和职业发展路径。同时，在编写程序时，学生也要时刻关注其社会影响和法律责任，确保自己的代码不仅符合技术标准和规范，更能够为社会带来积极的影响和贡献。只有这样，学生才能在实现个人价值的同时，履行好自己的社会责任。

3.1 /// 数 组

一个数组可以分解为多个数组元素，这些数组元素可以是基本数据类型或构造类型。因此按数组元素的不同类型，数组又可分为数值数组、字符数组、指针数组、结构数组等类别。

数组是有序数据的集合，简单地说就是一组数，常用的数组有一维数组和二维数组。本单元主要介绍一维数组的定义与使用。

3.1.1　一维数组的定义和引用

1. 数组定义

当数组中的每个元素只带有一个下标时，称为一维数组。其定义形式如下：

类型说明符 数组名 [常量表达式];

类型说明符是指数组元素的数据类型，它们可以是基本类型，如 int、float 等，也可以是构造类型。数组名是数组的标识符，其命名遵循标识符的命名规则。常量表达式表示该数组中元素的个数，即数组容量或数组长度，它们可以是整型常量、字符常量以及有确定值的常量表达式，其值必须是正整数。

例如：

int temp[5];	// 定义一个名为 temp 的一维数组，数组中有 5 个整型元素
float num[2*5];	// 定义一个名为 num 的一维数组，数组中有 10 个实型元素
char ch1[AD],ch2;	// AD 为一符号常量
int a=5;char ch[a];	// 错误

【说明】

(1) 数组必须先定义，后使用。如果类型相同，则可同时定义多个数组。

(2) 数组名命名规则和变量名相同，遵循标识符的命名规则，并且不得与其他变量同名。

(3) 数组名后面用方括号括起来，不能用圆括号。

(4) 数组长度可以是常量和符号常量，不能是变量，即使是已被赋值的变量也不可以。因为数组分配存储单元是在编译阶段，而变量是在运行时才有值，故需用常量表达式的值表示数组元素的个数。

2. 一维数组的初始化

数组的初始化实质上就是在定义数组时为每一个数组元素赋初值。数组的初始化是在编译阶段完成的，不占用运行时间。这样可以使数组元素在程序开始运行前就得到初值，从而节约了运行时间，提高了执行速度。一维数组的初始化可分为以下几种情况：

(1) 给全部数组元素赋初值。例如：

int a[5]={1,2,3,4,0};	// 等价于 int a[ ]= {1,2,3,4,0};

在给全部数组元素赋初值时，系统会根据 { } 中的 5 个数据自动定义数组 a 的长度为 5，此时可以省略方括号中的常量表达式。

(2) 给部分元素赋值。在定义一个数组时，可以只给部分元素赋初值，但不能越过前面的元素给后面的元素赋值，后面未被赋值的元素根据其数据类型自动取为 0、'\0' 等。例如：

int a[5]={1,2,3,4,0};	// 等价于 int a[5]= {1,2,3,4};
char c[4]={'a','b'};	// 等价于 char c[4]={'a','b','\0','\0'};

(3) 引用一维数组元素。对数组进行操作实际上是对其中的数组元素进行操作。定义一个数组，就是定义一批同类型的变量，数组元素实质上就是一个普通的变量，通过数组名加下标来表示。一维数组元素的引用方式如下：

数组名 [下标表达式]

下标表达式即为该数组元素在数组中的位置。

一维数组在内存中顺序存放，占用内存中的一段连续空间，数组名代表这一段连续空间的首地址。各数组元素用 [下标] 进行区分，下标为它在数组中的排序号 (序号从 0 开始)。这些数组元素在内存中的地址连续。例如，定义"int a[5]={1,2,3,4,0};"时，系统为数组 a 开辟了 5 个连续的存储单元，定义了 5 个变量，这一批变量的名字分别为 a[0]，a[1]，a[2]，a[3]，a[4]。数组名代表的是整个存储单元的首地址，即 a 与数组元素 a[0] 的地址值相同。数组元素在内存中的存储情况如表 3-1 所示 (数值在存储单元内以补码形式存储)。

一维数组的
定义和引用

表 3-1　数组元素在内存中的存储情况

数组元素	a[0]	a[1]	a[2]	a[3]	a[4]
值	1	2	3	4	0

【说明】

(1) 数组元素的引用方式与数组说明符的形式非常相近，都是"数组名 [表达式]"形式，但两者的意义完全不同。

① 出现的位置不同。定义数组时，"数组名 [表达式]"出现在定义语句中，表示的是定义了一个名为"数组名"的数组，表达式的值表示该数组中所包含元素的个数。当采用数组元素的引用方式时，"数组名 [表达式]"出现在其他执行语句中，表示是数组中下标为"表达式"值的那个元素。

② 表达式的格式不同。定义数组时，"表达式"必须为常量表达式。当采用数组元素的引用方式时，表达式可以是变量、常量或函数构成的合法 C 表达式。

(2) 在 C 语言中，起始下标规定为 0，最大值为数组长度 −1。如果发生了下标越界的现象，则可能破坏其他存储单元的数据，甚至会破坏程序代码。

(3) 下标必须是整型表达式，若为小数，则自动取整。

3. 一维数组的输入与输出

一个数组中往往包含较多数组元素，相同的赋值或输出操作将被重复多次进行，所以，一维数组元素的输入与输出一般通过一重循环来实现。

【例 3-1】 定义一个有 12 个元素的整型数组，数组的第一个数为 5，以后每个元素依次加 2，并按每行 4 个数据逆序输出各数组元素。

该数组元素的值是有规律的序列，第 i(i 从 0 开始算起) 个元素的值为 5+2*i。

```
1.    #include<stdio.h>
2.    void main( )
3.    {
4.        int i,arr[12];
5.        for(i=0;i<12;i++)          // 为数组赋值
6.            arr[i]=5+2*i;
7.        for(i=11;i>=0;i--)          // 输出数组
8.        {
9.            printf("%-4d", arr[i]);
10.           if(i%4==0)printf("\n");  // 每行输出 4 个数据
11.       }
12.   }
```

输出结果如图 3-1 所示。

3.1.2　字符数组

用来存放字符的数组是字符数组。字符数组中一个元素只能存放一个字符。

图 3-1　例 3-1 的输出结果

1. 字符数组的定义

字符数组的定义格式与数值型数组类似，只不过类型为 char，其一般格式如下：

　　　char 数组名 [长度];

其中，长度是字符串中字符的个数。实际定义时，要求数组的长度不少于字符串中字符的个数。如果字符数组在定义的同时赋值，其长度也可以省略不写。

例如：char s[] = { "Hello!" },x[5];

在 C 语言中没有专门的字符串变量，其通常用一个字符数组来存放一个字符串。字符串总是自动加一个字符 '\0' 作为串的结束符，但数组长度不包括它。上面的数组 s 在内存中的实际存放情况如表 3-2 所示。

表 3-2　字符数组在内存中的存储情况

数组元素	x[0]	x[1]	x[2]	x[3]	x[4]	x[5]	x[6]
值	H	e	l	l	o	!	\0

【说明】

(1) 字符数组默认的结束符为 '\0'，它是字符串结束的标志，当把一个字符串存入数组时，也把结束符 '\0' 存入数组，有了它字符数组才能准确输出。

(2) 结束符的另一个用途是在字符串操作时作为循环条件的判断依据，特别是对字符个数不定的字符串。

2. 字符数组的初始化

字符数组可以通过逐个字符给数组元素赋值的方式进行初始化。

例如：

```
char s[] = { "Hello!" };                 // 等价于 char s[] = "Hello!";
char s[7] = { "Hello!" };                // 等价于 char s[7] = "Hello!";
char s[7] = { 'H', 'e', 'l', 'l', 'o', '!', '\0' };   // 等价于 char s[7] = { 'H', 'e', 'l', 'l', 'o', '!' };
```

【说明】　如果大括号中提供的字符个数大于数组长度，则按语法错误处理；如果字符个数小于数组长度，则只将这些字符赋给数组中前面的那些元素，其余的元素自动定为空字符 (即 '\0')。

【例 3-2】　调试程序，分析输出结果。

```
1.    #include<stdio.h>
2.    void main( )
3.    {
4.        char s[ ] = "Hello!";              // 替换其他等价语句
5.        printf("%s\n", s);
6.        s[3] = '\0';
7.        printf("%s\n", s);
8.    }
```

首先，s 字符数组赋值"Hello!"字符串并输出，然后将 s[3] 数组元素赋值为"\0"，程序在输出时遇到"\0"视为字符串结束，故输出"Hel"，输出结果如图 3-2 所示。

【拓展练习 3-1】　分析比较下面几种字符数组定义语句的异同。

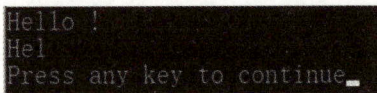

图 3-2　例 3-2 的输出结果

(1) char a[4] = { 'a', 'b', 'c', 'd' };　　　(2) char a[] = { 'a', 'b', 'c', 'd', '\0' };

(3) chara[] = "abcd";　　　　　　　　(4) char a[10] = "abcd";

(5) chara[5] = { 'a', 'b', 'c', 'd', '\0' };　(6) chara[5] = { 'a', 'b', 'c', 'd'};

(7) char a[10] = { 'a', 'b', 'c', 'd', '\0' };　(8) char a[10] = { 'a', 'b', 'c', 'd'};

3.2 /// 任务 3-1　成绩排序 1

3.2.1　任务要求

本任务对输入的 8 个成绩，分别用冒泡法和选择法按从大到小排序，具体要求如下：

(1) 分析任务，绘制流程图。
(2) 分别用冒泡法和选择法编写程序，实现降序排序。
(3) 在 VC 环境下进行编译及调试。
(4) 观察输出结果，熟悉数组数据的排序算法。

3.2.2　知识链接

数组排序可以通过冒泡法、选择法、插入法和快速排序法等方法实现。这里主要介绍冒泡法和选择法。

1. 冒泡法

冒泡法是使较大（较小）的值像水中的空气泡一样逐渐"上浮"到数组的顶部，而较小（较大）的值则逐渐"下沉"到数组的底部。这种算法要排序好几轮，每轮都要将两个连续的数组元素比较大小，根据要求升序或是降序排列。其算法决定着相邻数值是保持原样还是相互交换，每一轮都将一个较大（较小）的数通过两两比较移动到数组末尾（开始）。图 3-3 演示了 8 个数据的数组采用冒泡法升序排序的过程：每轮只将方括号中的数据从左向右两两比较，让较大者不断"下沉"到方括号外。

```
原始数据    【80   75   96   62   74   86   92   55】
第一轮排序  【75   80   62   74   86   92   55】 96
第二轮排序  【75   62   74   80   86   55】 92   96
第三轮排序  【62   74   75   80   55】 86   92   96
第四轮排序  【62   74   75   55】 80   86   92   96
第五轮排序  【62   74   55】 75   80   86   92   96
第六轮排序  【62   55】 74   75   80   86   92   96
第七轮排序   55   62   74   75   80   86   92   96
```

图 3-3　冒泡法排序过程示例

任务 3-1　成绩排序 1- 冒泡法

2. 选择法

选择法首先找出最小（最大）的元素，将这个元素与第一个元素互换，第一个元素就是最小（最大）值；然后从剩下的元素中找出最小（最大）的元素，将这个元素与第二个元素互换，第二个元素就是第二小（大）的值，以此类推，直到把所有的值由小到大（由大到小）排列为止。图 3-4 演示了 8 个数据的数组采用选择法升序排序的过程：每轮找出方括号中的最小数据，并将其与方括号中的第一个数互换位置。

```
原始数据   【80   75   96   62   74   86   92   55】
第一轮排序  55  【75   96   62   74   86   92   80】
第二轮排序  55   62  【96   75   74   86   92   80】
第三轮排序  55   62   74  【75   96   86   92   80】
第四轮排序  55   62   74   75  【96   86   92   80】
第五轮排序  55   62   74   75   80  【86   92   96】
第六轮排序  55   62   74   75   80   86  【92   96】
第七轮排序  55   62   74   75   80   86   92   96
```

图 3-4　选择法排序过程示例

任务 3-1　成绩排序 1- 选择法

3.2.3　任务实施

1. 冒泡法

1) 绘制流程图

根据冒泡法排序原理可以绘制出流程图，如图 3-5 所示。要排序的成绩必须放入数组中，采

用双层循环，外层循环控制比较轮数 (数据个数减 1)，内层循环控制每轮比较次数，每轮将 a[0] 与 a[N－i] 之间相邻的两数比较，若前者数据小，则两数互换位置，一轮结束将最小的数沉到 a[N－i]。

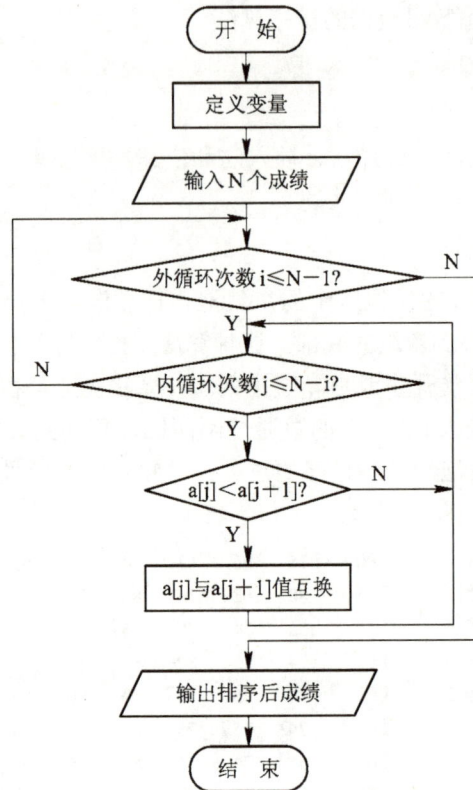

图 3-5　任务 3-1 冒泡法排序流程图

2) 编写源程序

根据流程图编写源程序。

```
1.    #include<stdio.h>
2.    #define N 8
3.    void main( )
4.    {
5.        int i,j,temp,a[N];
6.        printf(" 请输入 %d 个成绩 :",N);
7.        for(i=0;i<N;i++)
8.            scanf("%d",&a[i]);
9.        for(i=0;i<N-1;i++)
10.   {
11.       for(j=0;j<=N-i; j++)
12.           if(a[j]<a[j+1])
13.           {
14.               temp=a[j];
15.               a[j]=a[j+1];
16.               a[j+1]=temp;
17.           }
18.       }
19.       printf(" 成绩由高到低 :");
20.       for(i=0;i<N;i++)
```

```
21.         printf("%-4d",a[i]);
22.         printf("\n");
23.     }
```

3) 上机调试

在 VC++ 6.0 环境下调试源程序，输出结果如图 3-6 所示。

```
请输入8个成绩:86 77 93 64 89 66 69 53
成绩由高到低: 93  89  86  77  69  66  64  53
Press any key to continue
```

图 3-6　任务 3-1 冒泡法排序的输出结果

2. 选择法

1) 绘制流程图

根据选择法排序原理可以绘制出流程图，如图 3-7 所示。其采用双层循环，外层循环控制比较轮数，内层循环控制每轮比较次数，每轮将 a[i] 与 a[N－1] 之间最大数的位置记作 p，a[i] 与 a[p] 互换位置。

2) 编写源程序

根据流程图编写源程序。

```
1.   #include<stdio.h>
2.   #define N 8
3.   void main( )
4.   {
5.       int i,j,p,temp,a[N];
6.       printf(" 请输入 %d 个成绩 :",N);
7.       for(i=0;i<N;i++)
8.           scanf("%d",&a[i]);
9.       for(i=0;i<N-1;i++)
10.      {
11.          p=i;
12.          for(j=i+1;j<N; j++)
13.              if(a[p]<a[j])
14.                  p=j;
15.          if(i!=p)
16.          {
17.              temp=a[i];
18.              a[i]=a[p];
19.              a[p]=temp;
20.          }
21.      }
22.      printf(" 成绩由高到低 : ");
23.      for(i=0;i<N;i++)
24.          printf("%-4d",a[i]);
25.      printf("\n");
26.  }
```

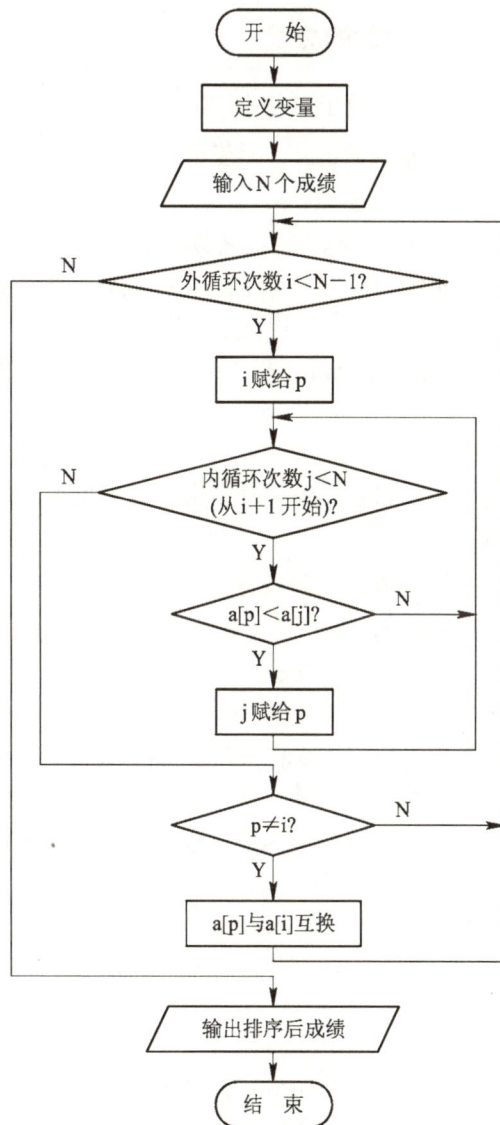

图 3-7　任务 3-1 选择法排序流程图

3) 上机调试

在 VC++ 6.0 环境下调试源程序，输出结果如图 3-8 所示。

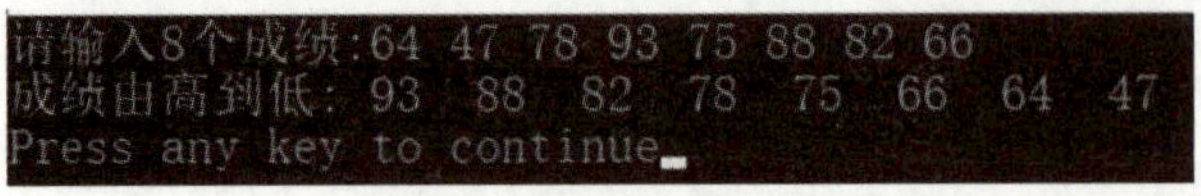

图 3-8　任务 3-1 选择法排序的输出结果

【拓展练习 3-2】 任务 3-1 若由小到大排列，程序将如何改动？

3.3 /// 函　数

函数是构成 C 程序必不可少的基本元素，是 C 语言的基本构件。在结构化程序设计中，通常将复杂的程序分解成若干相对简单的子程序。在 C 语言中，模块是由函数来实现的。C 语言中的函数相当于其他高级语言的子程序。通过对函数模块的调用可以实现特定的功能。

3.3.1　函数的分类

在 C 语言中可从不同的角度对函数进行分类。

1. 从函数定义的角度分类

1) 库函数

库函数又称为标准函数，是由 C 系统提供的，用户不必自己定义这些函数，也不必在程序中作类型声明，只需在程序前包含一个头文件 (该头文件中有对该库函数的声明及定义)，即可在程序中直接调用。

【说明】 printf 和 scanf 函数都是最常用的库函数，这两个函数在使用时可以不用写预处理命令"#include <stdio.h>"。

2) 用户自定义函数

用户自定义函数是由用户按需要编写的函数。该函数需要在程序中定义，在被调用前进行声明。

2. 按有无返回值分类

函数的返回值是指函数被调用后，执行函数体中的程序段所取得的并返回给主调函数的值。

1) 无返回值函数

无返回值函数用于完成某项特定的处理任务，执行完成后不用向主调函数返回函数值。此类函数类型为空类型，声明符为"void"。空类型函数不能在主调函数中使用被调函数的函数值。

2) 有返回值函数

有返回值函数执行完成后将向主调函数返回一个执行结果，此类函数在定义和声明时必须明确返回值类型。

函数值只能通过 return 语句返回主调函数，其一般形式如下：

　　return 表达式 ;

或者如下：

　　return (表达式);

该语句的功能是计算表达式的值并返回给主调函数。

【说明】

(1) 在函数中允许有多个 return 语句，但每次调用只有一个 return 语句被执行，因此只能返回一个函数值。

(2) 函数返回值的类型应和函数定义中的函数类型一致。若两者不一致，则以函数类型为准，自动进行类型转换。

(3) 当函数返回值为整型时，在定义时可以省去类型声明。

3. 按有无参数分类

函数的参数分为形参和实参两种。函数定义、声明时的参数称为形式参数 (简称形参)，函数调用时的参数称为实际参数 (简称实参)。形参出现在函数定义中，离开函数体不能使用；实参出现在主调函数中。在进行函数调用时，主调函数把实参的值传递给被调函数的形参，供被调函数使用，从而实现主调函数向被调函数的数据传送。

1) 无参函数

函数的定义、声明、调用中均不带参数。主调函数和被调函数间不进行参数传递。无参函数一般用来完成一组指定的功能，可以有函数返回值，也可以没有返回值。

2) 有参函数

在函数定义、声明、调用时均有参数，也称带参函数。

【说明】

(1) 形参只在该函数内部有效，且只能是变量，不能是表达式或常量。

(2) 实参可以是常量、变量、函数或任何有确定值的表达式，甚至是数组名、指针、结构体变量等，无论为何种类型，在进行函数调用时都必须有确定的值，以便把这些参数传递给形参，各实参之间用逗号间隔。

(3) 实参和形参的关系，一般遵守"类型匹配、个数相同、按位置一一对应"的原则，且是"单向值传递"，即只能由实参传给形参，而不能由形参传回来给实参，形参的值发生变化时，实参的值不会改变。在内存中，实参单元与形参单元是不同的单元。

(4) 形参和实参可以是一个或者多个，当有多个参数时，各参数间用逗号隔开。

(5) 形参和实参二者可以同名 (即使同名也互不影响)，也可以不同名。

3.3.2 函数的定义

函数定义的一般形式分为两种：一种是无参函数的定义，另一种是有参函数的定义。

1. 无参函数的一般形式

无参函数的一般形式如下：

```
类型说明符 函数名 ()
{
    说明语句；
    执行语句；
}
```

其中，类型说明符和函数名 ( ) 称为函数头。类型说明符指明了本函数的类型，函数的类型实际上是函数返回值的类型。函数名是由用户定义的标识符，函数名后有一个空括号，其中无参数，但括号不可少。{ } 中的内容称为函数体。在函数体中也有类型说明，这是对函数体内部所用到的变量的类型说明。在很多情况下都不要求无参函数有返回值，此时函数类型符可以写为 void。

例如：

```
1.    void welcome()
2.    {
3.        printf ("Welcome to here! \n");
4.    }
```

welcome() 函数是一个无参无返回值的函数，当它被其他函数调用时，输出"Welcome to here!"字符串。

2. 有参函数的一般形式

有参函数的一般形式如下：

> 类型说明符 函数名 (参数类型 1 参数名 1, 参数类型 2 参数名 2,…, 参数类型 n 参数名 n);
>
> {
>
> 　说明语句；
>
> 　执行语句；
>
> }

有参函数比无参函数多了形式参数类型说明和形式参数两部分。形参可以是各种类型的变量，在形式参数列表中须对每个变量独立进行类型说明，各参数之间用逗号间隔。在进行函数调用时，主调函数将赋予这些形式参数实际的值。

【例 3-3】 调试程序，分析程序功能。

```
1.    #include<stdio.h>
2.    void main( )
3.    {
4.        int max(int x,int y);            // 函数声明
5.        int a,b,c;
6.        scanf("%d,%d",&a,&b);
7.        c=max(a,b);                      // 主调函数，实参
8.        printf(" 最大值是 %d\n",c);
9.    }
10.   int max(int x,inty)                  // 被调函数，形参
11.   {
12.       if(x>y) return x;                // 返回值
13.       else return y;                   // 返回值
14.   }
```

输出结果如图 3-9 所示。

【说明】

(1) 在 C 程序中，一个函数的定义可以放在任意位置，既可放在主函数 main 之前，也可放在 main 之后。

图 3-9　例 3-3 的输出结果

(2) 在主调函数 max(a,b) 中，a、b 是实参；在被调函数 max(int x,int y) 中，x、y 是形参。

(3) max() 函数中有两个 return 语句，在"x>y"时执行前一句，返回 x，否则返回 y。

3.3.3　函数的声明

在主调函数中，调用某函数之前应对该被调函数进行说明，这与使用变量之前要先进行变量说明是一样的。在主调函数中对被调函数作说明的目的是使编译系统知道被调函数返回值的类型，以便在主调函数中按此类型对返回值作相应的处理。

函数声明一般有两种形式：

> 类型说明符 函数名 (参数类型 1 参数名 1, 参数类型 2 参数名 2,…, 参数类型 n 参数名 n);
>
> 类型说明符 函数名 (参数类型 1, 参数类型 2,…, 参数类型 n);

在被调函数名后的 () 中需正确写清参数的类型、个数、顺序，变量名无关紧要。

C 语言规定存在以下情况时可以省去主调函数中对被调函数的函数说明。

函数的声明

　　(1) 如果被调函数的返回值是整型或字符型时，可以不对被调函数作说明，而直接调用。这时系统将自动对被调函数的返回值按整型处理。

　　(2) 当被调函数的函数定义出现在主调函数之前时，在主调函数中也可以不对被调函数作说明而直接调用。

　　(3) 如果在所有函数定义之前，在函数外预先说明了各个函数的类型，则在以后的各主调函数中，可不再对被调函数作说明。

　　(4) 对库函数的调用不需要再作说明，但必须把该函数的头文件用 include 命令包含在源文件前部。例如，使用数学库中的函数，应该用 # include <math.h>。

【拓展练习3-3】　以下对于自定义函数 "float area(float x,float y)" 的声明，正确的有哪些？

　　(1) float area(float x,float y);

　　(2) float area(float,float);

　　(3) float area(float a,float b);

　　(4) float area(float x,y);

　　(5) area(float x,float y);

　　(6) float area(x,y);

　　(7) int area(float x,float y);

　　(8) float area(float x,float y, float z);

　　(9) float area(float y,float x);

　　(10) float area_1(float x,float y);

【注意】

　　(1) 函数的声明和函数的定义是完全不同的两回事。函数的定义是指对函数功能的确立，包括指定函数名、函数值类型、形参及其类型以及函数体等，它是一个完整的、独立的函数单位；而函数的声明是把函数的名字、函数类型以及形参的类型、个数和顺序通知编译系统，以便在调用该函数时系统按此进行对照检查，它不包含函数体。

　　(2) 函数的声明后面必须有分号。

3.3.4　函数的调用

　　在程序中通过对函数的调用来执行函数体，函数只定义不调用是不会执行的。C语言中，函数调用的一般形式如下：

　　　　函数名（实际参数表）

　　对无参函数调用时无实际参数表，但 () 不可省略。实际参数表中的参数可以是常数、变量或其他构造类型的数据及表达式，各实参之间用逗号分隔。实参与形参的个数应相等，类型一致，按顺序对应，一一传递数据。数据传递方式主要分为"值传递"和"地址传递"两种。

1. 值传递

　　值传递是指在函数调用时，主调函数将各实参 (常量、变量、数组元素、计算表达式等) 的值一一对应地传递给被调函数的各形参。

　　可以用以下几种方式调用函数：

　　1) 函数语句

　　函数调用的一般形式加上分号即构成函数语句。

　　例如：

```
scanf ("%d",&x);
```

　　2) 函数表达式

　　函数作为表达式中的一项，以函数返回值参与表达式的运算。这种方式要求被调函数必须是有返回值的。

例如：

```
a=sqrt(x);
```

3) 函数实参

函数作为另一个函数调用的实际参数。此时也要求被调函数必须是有返回值的。

例如：

```
printf("%d",fabs(a));
```

2. 地址传递

地址传递是指在函数调用时，实参传递给形参的是实参变量在内存中所占存储空间的首地址。由于地址的唯一性，因此这时实参和形参实际上使用的是同一块存储空间，所以当形参的值在函数体内被改变时，能反传给实参，从而实现从被调函数返回多个值。在采用地址传递时，实参和形参都必须是地址类型的变量，如数组名或指针变量。

【注意】

(1) 形参如果是一维数组，则可以不指定数组的长度。

(2) 形参数组中某一元素的值改变，也会改变实参数组中的相应元素的值。

(3) 函数调用时，实参数组和形参数组可以同名也可以不同名。

【例 3-4】 求矩形面积。

分别用有参有返回值和无参无返回值两种方式实现。

```
1.    /* 方式一：有参有返回值 */        /* 方式二：无参无返回值 */
2.    #include<stdio.h>              #include<stdio.h>
3.    float area(float x,float y)     void area( )
4.    {                              {
5.        float z;                       float x,y,s;
6.        z=x*y;                         printf(" 请输入矩形的长和宽：");
7.        return z;                      scanf("%f%f",&x,&y);
8.    }                                  s=x*y;
9.    void main( )                       printf(" 矩形面积是 %.2f\n",s);
10.   {                              }
11.       float len,w,s;             void main( )
12.       printf(" 请输入矩形的长和宽：");   {
13.       scanf("%f%f",&len,&w);         area();
14.       s=area(len,w);             }
15.       printf(" 矩形面积是 %.2f\n",s);
16.   }
```

输出结果如图 3-10 所示。

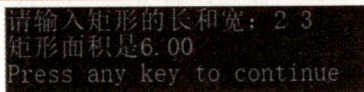

【拓展练习 3-4】 请用无参有返回值和有参无返回值两种方式实现例 3-4。

图 3-10 例 3-4 的输出结果

3.3.5 函数的嵌套调用和递归调用

1. 函数的嵌套调用

在 C 语言中，函数是一个个并列的、独立的模块，通过调用与被调用相关联。在一个函数定义中不可以定义另一个函数，但是允许在一个函数中调用另一个函数，这就是所谓的函数不可以嵌套定义，但允许嵌套调用。函数嵌套调用的一般模型如下：

```
#include<stdio.h>

f1 函数的声明；
```

```
    f2 函数的声明；
    void main( )
    {
        ...
        f1();
        ...
    }
    f1( )
    {
        ...
        f2 ();
        ...
    }
    f2 ( )
    {
        ...
    }
```

在该模型中，f1 函数和 f2 函数的定义是互相并列、独立的。在程序运行过程中，主函数 main 调用了 f1 函数，而 f1 函数又调用了 f2 函数，这就是函数的嵌套调用，其执行过程如图 3-11 所示。整个程序从 main 主函数开始，最终在 main 主函数中结束。

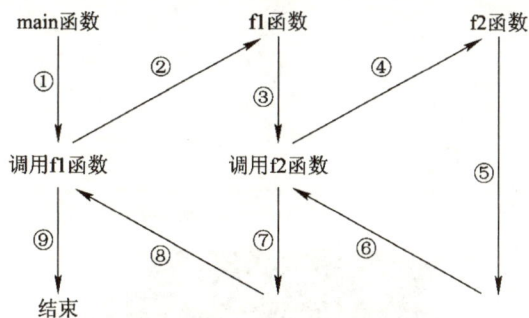

图 3-11 函数嵌套调用执行过程的示意图

【例 3-5】 调试下面程序，分析嵌套调用的执行过程。

```
1.    #include "stdio.h"
2.    void print();                    // 函数说明
3.    void prnstar();                  // 函数说明
4.    void main()
5.    {   int i,j;
6.        putchar('\n');
7.        for (i=0;i<3;i++)
8.        { for (j=0;j<4;j++)
9.            print();                  // 函数调用
10.           putchar('\n');
11.       }
12.   }
13.   void print()                      // 函数定义
14.   {
15.       putchar('#');
```

```
16.         prnstar();                     // 函数嵌套调用
17.     }
18.     void prnstar()                     // 函数定义
19.     {    putchar('*');
20.     }
```

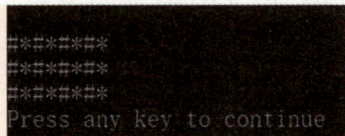

图 3-12　例 3-5 的输出结果

输出结果如图 3-12 所示。

2. 函数的递归调用

一个函数在它的函数体内调用它自身称为递归调用。这种函数称为递归函数。C 语言允许函数的递归调用。在递归调用中，主调函数又是被调函数。执行递归函数将反复调用其自身，每调用一次就进入新的一层。

在调用时需添加停止调用的语句，以防止递归调用无终止地进行。递归调用常用的办法是加条件判断，满足某种条件后就不再作递归调用，然后逐层返回。

【例 3-6】　调试下面程序，分析递归调用的执行过程。

```
1.      #include "stdio.h"
2.      void f(int n)                      // 函数定义
3.          { if (n!=0)                    // 当 n=0 时停止递归调用
4.              { printf("*");
5.                  f(n-1);                // 函数递归调用
6.              }
7.      }
8.      void main()
9.      { int n;
10.         scanf("%d",&n);
11.         f(n);                          // 函数调用
12.     }
```

程序的功能是：用递归方法输出 N 个"*"号。输出结果如图 3-13 所示。

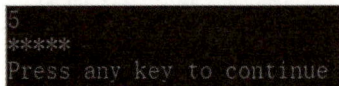

图 3-13　例 3-6 的输出结果

3.3.6　变量的作用域和存储类别

1. 变量的作用域

变量有效性的范围称为变量的作用域。C 语言中的变量，按作用域范围可分为两种，即局部变量和全局变量。

1) 局部变量

局部变量也称为内部变量。局部变量是在函数或复合语句内作定义说明的。其作用域仅限于函数或复合语句内，离开该函数后再使用这种变量是非法的。形参属于局部变量。

【说明】

(1) 主函数中定义的变量也只能在主函数中使用，不能在其他函数中使用。同时，主函数中也不能使用其他函数中定义的变量，因为主函数也是一个函数，它与其他函数是平行关系。

(2) 形参变量属于被调函数的局部变量，实参变量属于主调函数的局部变量。

(3) 允许在不同的函数中使用相同的变量名，它们代表不同的对象，分配不同的单元，互不干扰，也不会发生混淆。

(4) 在复合语句中也可定义变量，其作用域只在复合语句范围内。

2) 全局变量

全局变量也称为外部变量，是在函数外部定义的变量。它不属于哪一个函数，而是属于一个源程序文件。其作用域是整个源程序。在函数中使用全局变量，一般应作全局变量说明。只有在函数内经过说明的全局变量才能使用。全局变量的说明符为 extern。但在一个函数之前定义的全局变量，在该函数内使用可不再加以说明。

全局变量的定义和全局变量的说明并不是一回事。全局变量定义必须在所有的函数之外，且只能定义一次。其一般形式如下：

> [extern] 类型说明符 变量名 1，变量名 2…

其中，方括号内的 extern 可以省去不写。

例如：

int a,b;	// 等效于 extern int a,b;

全局变量说明出现在要使用该全局变量的各个函数内，在整个程序内，可能出现多次。外部变量说明的一般形式如下：

> extern 类型说明符 变量名，变量名，…;

全局变量在定义时就已分配了内存单元。全局变量定义时可赋初始值，但全局变量说明不能再赋初始值，只是表明在函数内要使用某全局变量。

全局变量可加强函数模块之间的数据联系，但是又使函数依赖这些变量，因而使得函数的独立性降低。在不必要时尽量不要使用全局变量。

【说明】 在同一源文件中，允许全局变量和局部变量同名。在局部变量的作用域内，全局变量不起作用。

【例 3-7】 调试下面程序，分析程序的输出结果。

```
1.    #include "stdio.h"
2.    int x=1,y=5;                       // 定义全局变量 x,y
3.    int f(int a)
4.    { int b,x=4;                       // 定义局部变量 b,x
5.    b=a+x;
6.    y=a-x;                             // 此处 y 为全局变量，x 为局部变量
7.    return b;
8.    }
9.    void main()
10.   {   int c=3,x=5,b;                 // 定义局部变量 c,x,b
11.       b=f(c);
12.       printf("%d,%d,%d",x,b,y);      // 输出主函数的局部变量 x,b 及全局变量 y
13.   }
```

在例 3-7 中定义了 3 个变量 x，第一个 x 为全局变量，但是因为函数 f 和 main 内部均定义了局部变量 x，所以全局变量 x 在这两个函数内不起作用。三个变量 x 的存储空间不同，作用域不同，因此互不干涉，输出结果如图 3-14 所示。

```
5,7,-1
Press any key to continue
```

图 3-14 例 3-7 的输出结果

2. 变量的存储类别

变量从作用域（空间）角度分为全局变量和局部变量。从变量值存在的时间（即生存期）角度来分，可以分为动态存储变量和静态存储变量。静态存储变量通常是在变量定义时就分

配存储单元并一直保持不变，直至整个程序结束；动态存储变量是在程序执行过程中使用它时才分配存储单元，使用完毕立即释放。

在 C 语言中，对变量的存储类型说明有自动变量 (auto)、寄存器变量 (register)、外部变量 (extern) 和静态变量 (static) 四种。自动变量和寄存器变量属于动态存储方式，外部变量和静态变量属于静态存储方式。对一个变量的说明不仅应说明其数据类型，还应说明其存储类型。变量说明的完整形式如下：

存储类型说明符 数据类型说明符 变量名 1，变量名 2，…；

例如：

static double a,b;	// 说明 a,b 为静态变量
auto char c1,c2;	// 说明 c1,c2 为自动字符变量
extern int x,y;	// 声明外部整型变量 x,y
register int m;	// 说明 m 为寄存器变量

1) auto 变量

函数中的局部变量，如不专门声明为 static 存储类别，都是动态地分配存储空间的，数据存储在动态存储区中。函数中的形参和在函数中定义的变量 (包括在复合语句中定义的变量) 都属于此类，在调用该函数时系统会给它们分配存储空间，调用结束时就自动释放这些存储空间。因此这类局部变量称为自动变量。自动变量用关键字 auto 作存储类别的声明。

【注意】 auto 不写则隐含是"自动存储类别"，属动态存储方式。程序中大多数变量属于自动变量。

2) static 变量

静态变量用关键字 static 进行声明。其在函数调用结束后不消失而保留原值，即其占用的存储单元不释放。

【例 3-8】 调试下面程序，分析程序的输出结果，理解静态变量的使用。

```
1.    #include<stdio.h>
2.    int fun()
3.    {
4.        auto int x=1;              // x=1
5.        static int y=2;            // y=2，3，4
6.        x=x+1;                     // x=2
7.        y=y+1;                     // y=3，4，5
8.        return x+y;                // 5，6，7
9.    }
10.   void main( )
11.   {
12.       int a,b,c;
13.       a=fun();
14.       b=fun();
15.       c=fun();
16.       printf("%d,%d,%d\n",a,b,c);
17.   }
```

y 定义为静态变量，只初始化一次，即第一次运行时取初始化的值 2，第二次调用时取第一次运行后的值 3，依次类推，输出结果如图 3-15 所示。

```
5,6,7
Press any key to continue_
```

图 3-15　例 3-8 的输出结果

【说明】

(1) 静态局部变量属于静态存储方式，在静态存储区内分配存储单元。在程序整个运行期间变量都不释放。而自动变量 (即动态局部变量) 属于动态存储方式，占动态存储区空间而不占静态存储区空间，函数调用结束后即释放。

(2) 对静态局部变量赋初值是在编译时进行的，只初始化一次，因此在程序运行时它已有初值。以后每次调用函数时不再重新赋初值，只是保留上次函数调用结束时的值。而对自动变量赋初值，不是在编译时而是在函数调用时进行，每调用一次函数重新给一次初值，相当于执行一次赋值语句。

(3) 如果在定义局部变量时不赋初值，则对静态局部变量来说，编译时自动赋初值 0 (对数值型变量) 或空字符 (对字符变量)。而对自动变量来说，如果不赋初值则它的值是一个不确定的值。这是由于每次函数调用结束后存储单元已释放，下次调用时又重新分配存储单元，而所分配的单元中的值是不确定的。

(4) 虽然静态局部变量在函数调用结束后仍然存在，但其他函数不能引用它，只能在定义它的函数体中使用。

3) register 变量

一般情况下，变量 (包括静态存储方式和动态存储方式) 的值是存放在内存中的。当程序中用到哪一个变量的值时，由控制器发出指令将内存中该变量的值送到运算器中，经过运算器运算，如果需要存数，再从运算器将数据送到内存中存放。如果有一些变量使用频繁，则存取变量的值要花不少时间。为提高执行效率，C 语言允许将局部变量的值放在 CPU 中的寄存器中，需要用时直接从寄存器取出参加运算，不必再到内存中去存取。由于对寄存器的存取速度远高于对内存的存取速度，因此这样做可以提高执行效率。这种变量叫作寄存器变量，用关键字 register 作声明。

【说明】 因 CPU 中寄存器的个数是有限的，所以使用寄存器变量的个数也是有限的。

4) 用 extern 声明外部变量

外部变量 (即全局变量) 是在函数的外部定义的，它的作用域从变量的定义处开始，到本程序文件的末尾结束。在此作用域内，外部变量可以为程序中各个函数所引用。编译时将外部变量分配在静态存储区。有时需要用 extern 来声明外部变量，以扩展外部变量的作用域。

一个 C 程序可以由一个或多个源程序文件组成。如果一个程序包含两个文件，在两个文件中都要用到同一个外部变量 a，则不能在两个文件中各自定义一个外部变量 a，否则在进行程序的连接时会出现"重复定义"的错误。而应该在任一个文件中定义外部变量 a，在另一文件中用 extern 对 a 作外部变量声明，即"extern int a; "就可以了。在编译和连接时，系统会由此知道 a 是一个已在别处定义的外部变量，并将在另一文件中定义的外部变量的作用域扩展到本文件，在本文件中可以合法地引用外部变量 a。

3. 内部函数和外部函数

函数一旦定义后就可被其他函数调用，其本质上是外部的。根据函数能否被其他源文件调用，C 语言又把函数分为内部函数和外部函数。

1) 内部函数

如果在一个源文件中定义的函数只能被本文件中的函数调用，而不能被同一源程序其他文件中的函数调用，则这种函数称为内部函数。定义内部函数的一般形式如下：

static 类型说明符 函数名 (形参表)

例如，static int f (int a,int b)。内部函数也称为静态函数。但此处静态 static 的含义已不是指存储方式，而是指对函数的调用范围只局限于本文件。因此，在不同的源文件中定义同名的静态函数不会引起混淆。

2) 外部函数

外部函数在整个源程序中都有效，其定义的一般形式如下：

> **extern 类型说明符 函数名 (形参表)**

如在函数定义中没有说明 extern 或 static，则隐含为 extern。在一个源文件的函数中调用其他源文件中定义的外部函数时，应用 extern 说明被调函数为外部函数。

3.4 /// 任务 3-2　成绩排序 2

任务 3-2　成绩
排序 2

3.4.1　任务要求

本任务对输入的 8 个成绩用快速排序法从大到小排序，具体要求如下：

(1) 分析任务，绘制流程图。

(2) 用快速排序法编写程序实现降序排序。

(3) 在 VC 环境下进行编译及调试。

(4) 观察输出结果，熟悉函数的调用和数据的地址传递。

3.4.2　知识链接

1. 指针变量

在计算机中，所有的数据都存储在存储器中，一般把一个字节称为一个内存单元，每个内存单元都有一个唯一的标号，称为地址，通常把这个地址称为指针。

系统存取变量时通常有两种方式：直接访问和间接访问。直接访问就是我们前面一直使用的直接利用变量的地址进行存取；间接访问是通过另一特殊变量 (指针变量) 访问该变量的值。

1) 指针变量的定义

专门存放其他变量地址的变量称为指针变量。定义指针变量的一般形式如下：

> **类型声明符 * 指针变量名 ;**

其中，类型声明符用来指定该指针变量指向的变量的数据类型。

例如：

```
int *p1,*p2;          // 定义了 p1、p2 两个指针变量，且只能指向 int 型变量
float *p3;            // 定义了 p3 指针变量，且只能指向 float 型变量
char *p;             // 定义了 p 指针变量，且只能指向 char 型变量
```

2) 指针运算符

指针变量只能进行赋值运算和部分算术运算及关系运算。取地址运算符 (&)、取内容运算符 (*) 都是单目运算符，优先级为 2 级。取地址运算符 (&) 用于取变量的地址；取内容运算符 (*) 用来表示指针变量所指的变量。

例如：

```
int i,
int *p1=&i;          // 定义时赋值，p1 指向 i，存放变量 i 的地址
char a,*p2,p3;
p2=&a;               // p2 指向 a，存放变量 a 的地址
```

```
p3=p2;                          // a 的地址赋值给 p3
*p1=5;                          // 等价于 i=5;
*p2='D';                        // 等价于 a='D';
```

【注意】

(1) 指针变量必须赋值，未指向某个具体变量的指针称为悬空指针，使用悬空指针很容易破坏系统，造成系统崩溃。

(2) 不允许把一个数赋予指针变量，必须是一个变量的地址。例如，int*p=1000; 是错误的。

(3) 指针变量赋值时，不能加 "*" 声明符。例如，*p=&a; 是错误的。

(4) 指针变量的类型必须与指向的变量类型一致。

3) 数组指针变量

指向数组的指针变量称为数组指针变量。数组指针变量声明的一般形式如下：

　　　类型声明符 * 数组指针变量名 ;

其中，类型声明符表示所指数组的类型。

例如：

```
int a[5], *pa;
pa=a;                           // 数组名 a 为数组首地址
```

【说明】

(1) 数组的指针就是数组的起始地址。

(2) 数组元素的指针是指数组中各元素的地址。

(3) 如果指针变量 p 已指向数组中的一个元素，则 p+1 指向同一数组中的下一个元素。若 p=&a[0];，则 p+i 或 a+i 就是 a[i] 的地址；*(p+i) 或 *(a+i) 就是 p+i 或 a+i 所指向的数组元素，即 a[i]。

2. 快速排序法

快速排序法是目前最优秀的算法之一，是对冒泡排序的一种改进。其实现思路是选择一个基准元素，通过一趟排序将要排序的数组分为两部分，一部分的元素都比基准小，另一部分的元素都比基准大，然后对这两部分分别进行快速排序。以 8 个数据降序排列为例，第一轮排序过程如图 3-16 所示。

原始数据	80	75	96	62	74	86	92	55
(key=80)	low							high
high向左扫描	80	75	96	62	74	86	92	55
arr[high]<= key	low						high	
第1次移动后	92	75	96	62	74	86	92	55
arr[high]> key		low					high	
第2次移动后	92	75	96	62	74	86	75	55
arr[low]< key		low				high		
第3次移动后	92	86	96	62	74	86	75	55
arr[high]> key			low			high		
low向右扫描	92	86	96	62	74	86	75	55
arr[low]>=key					low	high		
第4次移动后	92	86	96	62	74	62	75	55
arr[low]< key					low	high		
high向左扫描	92	86	96	62	74	62	75	55
arr[high]<= key				low、high				
第一轮划分结束	92	86	96	80	74	62	75	55

　　　　大数部分数组　　pos　　小数部分数组

图 3-16　快速排序法第一轮排序过程示意图

3.4.3 任务实施

1. 绘制流程图

根据快速排序法排序原理，可以绘制出第一轮排序过程的流程图，如图 3-17 所示。

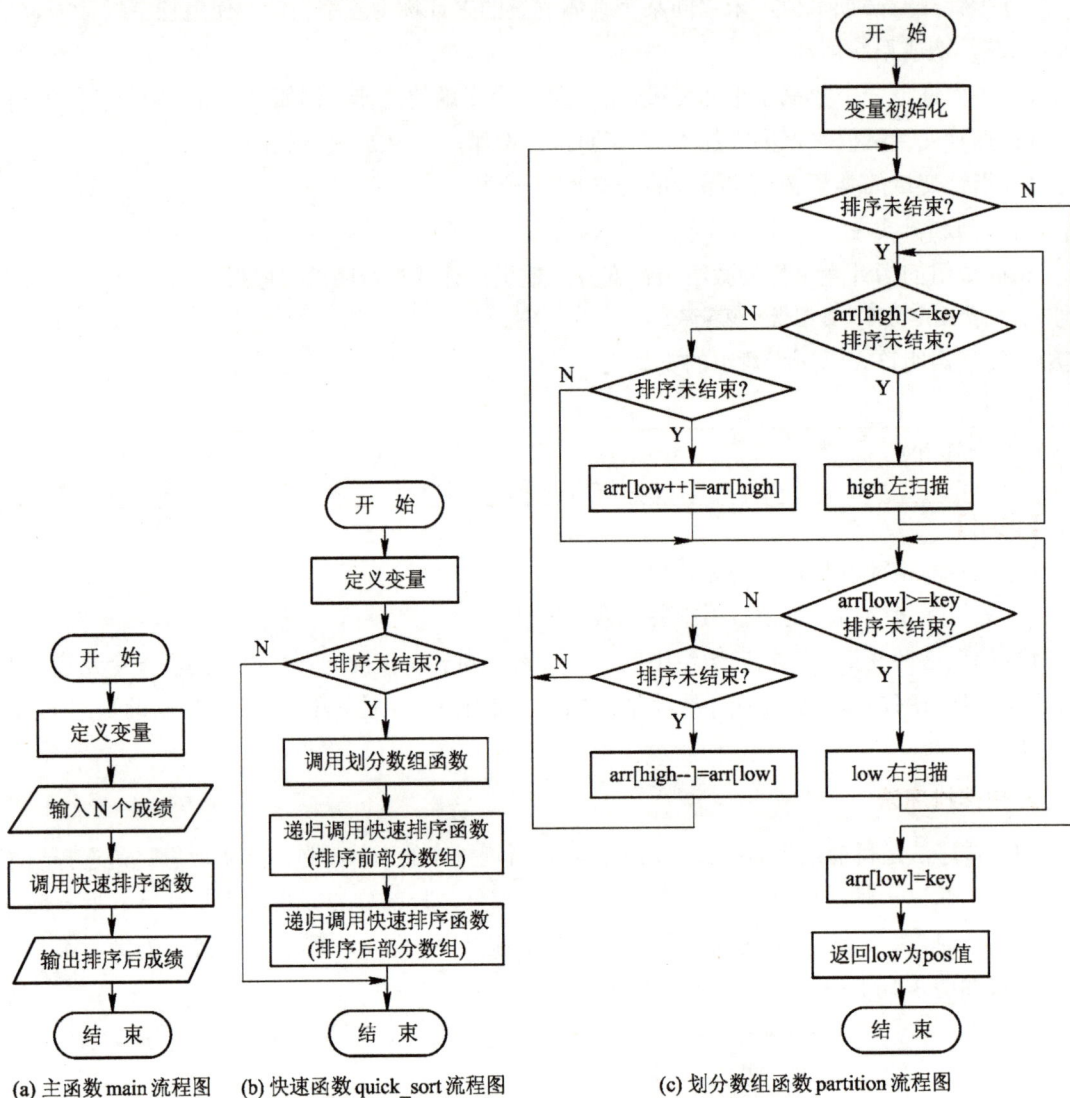

(a) 主函数 main 流程图　(b) 快速函数 quick_sort 流程图　(c) 划分数组函数 partition 流程图

图 3-17　快速排序法第一轮排序过程流程图

2. 编写源程序

根据流程图编写源程序。

```
1.    #include<stdio.h>
2.    #define N 8
3.    int partition(int arr[], int low, int high)        // 将数组以 key 为基准划分成两部分
4.    {
5.        int key;
6.        key = arr[low];
7.        while(low<high)
8.        {
9.            while(low <high &&arr[high]<= key )
```

```
10.             high--;
11.         if(low<high)
12.             arr[low++] = arr[high];
13.         while( low<high &&arr[low]>=key )
14.             low++;
15.         if(low<high)
16.             arr[high--] = arr[low];
17.     }
18.     arr[low] = key;
19.     return low;
20. }
21. void quick_sort(int arr[], int start, int end)
22. {
23.     int pos;
24.     if (start<end)
25.     {
26.         pos = partition(arr, start, end);        // 调用函数，将数组分为前大后小两部分
27.         quick_sort(arr,start,pos-1);             // 递归调用，排序前部分
28.         quick_sort(arr,pos+1,end);               // 递归调用，排序后部分
29.     }
30. }
31. void main(void)
32. {
33.     int i, arr[N];
34.     printf(" 请输入 %d 个成绩 :",N);
35.     for(i=0;i<N;i++)                             // 输入成绩
36.         scanf("%d",&arr[i]);
37.     quick_sort(arr,0,N-1);                       // 调用函数排序
38.     printf(" 成绩由高到低 : ");
39.     for(i=0;i<N;i++)                             // 降序输出成绩
40.         printf("%-4d",arr[i]);
41.     printf("\n");
42. }
```

3. 上机调试

在 VC++ 6.0 环境下调试源程序，输出结果如图 3-18 所示。

图 3-18　任务 3-2 的输出结果

单 元 小 结

本单元介绍了数组函数的定义与使用方法。采用冒泡法、选择法和快速排序法完成了成绩排序任务，使学生掌握了一维数组的定义与使用，掌握了函数调用、嵌套调用与递归调用的应用，能应用常用算法解决实际问题；通过例程理解字符数组的定义与初始化，了解变量的作用域和存储类别。

单 元 练 习

一、单选题

1. 已知 int arr[10] = { 2, 4, 6, 8, 10 };，则 arr[5] 的值为 (　　)。

A. 10　　　　　　　　　　　　B. 0

C. 8　　　　　　　　　　　　 D. 不确定

2. 已定义 int a[10];，以下表示的各数组元素中不正确的是 (　　)。

A. a[0]　　　　　　　　　　　B. a[3]

C. a[10]　　　　　　　　　　 D. a[9]

3. 已知 float a,*p;，以下可以正确实现赋值的是 (　　)。

A. p=a;　　　　　　　　　　　B. a=p;

C. p=&a;　　　　　　　　　　 D. a=&p;

4. 在 C 语言中，未指定存储类别的变量，其隐含的存储类别为 (　　)。

A. extern　　　　　　　　　　B. register

C. static　　　　　　　　　　 D. auto

5. 如有定义语句 float *p,a;，则表达式正确的是 (　　)。

A. scanf("%f",a);*p=&a;　　　　B. scanf("%f",&p);*p=&a;

C. scanf("%f",p); a =& p;　　　 D. scanf("%f",&a);p=&a;

6. 已知 char a [ ] = "china";，则 [ ] 省略的数字是 (　　)。

A. 0　　　　　　　　　　　　 B. 5

C. 6　　　　　　　　　　　　 D. 不确定

7. 以下说法正确的是 (　　)。

A. 定义函数时，形参的类型说明可以放在函数体内

B. return 后边的值不能为表达式

C. 如果函数的类型与返回值类型不一致，则以函数的类型为准

D. 实参可以是变量，但必须和对应形参变量名一致

8. 如有定义语句 float *p,a[10];，则表达式正确的是 (　　)。

A. *p=&a;　　　　　　　　　　B. *p=a;

C. p =a;　　　　　　　　　　　D. p=&a;

9. 若有定义 "char str1[ ]= "apple";"，则下面和其不等价的语句是 (　　)。

A. char str1[6]= "apple";

B. char str1[ ]={ "apple" };

C. char str1[5]={'a', 'p', 'p', 'l', 'e'};

D. char str1[ ]={'a', 'p', 'p', 'l', 'e'};

10. C 语言中函数返回值的类型是由 ( ) 决定的。

A. 函数定义时指定的类型

B. return 语句中的表达式类型

C. 调用该函数时的实参的数据类型

D. 形参的数据类型

11. 使用 sqrt() 函数之前必须包含头文件 ( )。

A. stdio.h   B. string.h

C. math.h   D. conio.h

12. 以下为 C 语言函数 "void fun(int a,int b)" 的声明语句，表示不正确的是 ( )。

A. void fun(int x,int y);   B. void fun(int a);

C. void fun(int ,int);   D. void fun(int a,int b);

13. 已知 char a [ ] = "china";，则 a[5] 存放的是 ( )。

A. '/0'   B. 'a'

C. a   D. 不确定

二、填空题

1. 若有定义 char str1[ ]="apple";，则执行 printf("%d", strlen(str1)); 后输出的结果是 _____。

2. 若在调用一个函数的过程中，又出现直接或间接地调用该函数本身，称为 _____；若在调用一个函数的过程中，又调用另一个函数，称为 _____。

3. 在自定义函数声明 int fun1(int x,int y); 中，x，y 被称为函数的 _____，当 fun1 被调用时，如 fun1(9，10) 中，9，10 被称为函数的 _____。

4. int c[4]={3,4,0,11};，则 c[1]=_____。

5. 已知 char a[]={"abcdergh"};，则 sizeof(a) 的值为 _____。

6. 在 C 语言中，标准输入 / 输出函数原型在头文件 _____ 中，数学函数在 _____ 中，字符串函数在头文件 _____ 中。

7. int a[5]={5,6,7,8,9};，则 a[2]=_____。

8. 已知 char a[]={"abcdergh"};，则 strlen(a) 的值为 _____。

9. C 语言中的单目运算符 * 是 _____ 运算符。

10. 在数组 int score[10]={1,2,3,4,5,6} 中，元素定义的个数有 _____ 个。

11. 以下程序运行后，输出结果是 _____。

```
1.    #include<stdio.h>
2.    int fun(int n)
3.    {
4.        static int a=1;
5.        a+=n;
6.        return a;
7.    }
8.    void main()
9.    {
10.        printf("%d",fun(1)+fun(3));
11.    }
```

12. 以下程序运行后，输出结果是 _____。

```
1.    #include<stdio.h>
2.    int fun( )
3.    {
```

```
4.        static int x=10;
5.        x+=20;
6.        return x;
7.     }
8.     void main()
9.     {
10.       int a,b;
11.       a=fun( );
12.       b=fun( );
13.       printf("%d,%d",a,b);
14.    }
```

13. 以下程序运行后，输出结果是 _____。

```
1.    #include<stdio.h>
2.    int fun(int a)
3.    {
4.        int b;
5.        static int c=4;
6.          c+=2;
7.          b=a+c;
8.          return b;
9.    }
10.   main()
11.   {
12.       inti=0;
13.       for(;i<5;i++)
14.       printf("%d\t",fun(i));
15.   }
```

三、编程题

1. 编程输出斐氏数列前 20 项。

斐氏数列是公元 13 世纪数学家斐波那契发明的，即 1，2，3，5，8，13，21，34，55，89，…。它的规律是数列前两项是 1 和 2，以后每项均为前相邻两项之和，用数学语言描述是：

$$F(0) = 1;$$
$$F(1) = 2;$$
$$F(n) = F(n-1) + F(n-2) \quad (当 n \geqslant 2 时)$$

2. 用递归方法调用函数 fun(int n)，计算 $1 + 2 + 3 + \cdots + n$(n 的值从键盘输入)。

习题答案

单片机部分

第4单元　单片机及其开发环境

单元概述

单片机是什么？我们为何要学习单片机？如何学习单片机？从本单元开始我们将带大家一起探究单片机的奥秘。

本单元主要通过单片机的应用来认识单片机，了解单片机的发展、特点、分类等，学习单片机的开发环境 Keil μVision 软件和 Proteus 软件的简单使用。

本单元结合单片机的应用实例学习单片机的基础知识，通过 LED 灯的控制实验实现 Keil μVision 软件的编程和 Proteus 软件的仿真。

科普与思政

单片机作为微型计算机的杰出代表，自诞生以来便以其独特的集成处理器、存储器和 I/O 接口等功能在电子设备中发挥着举足轻重的作用。随着物联网、人工智能等新兴技术的快速发展，单片机行业迎来了新的增长点，市场规模逐年攀升。单片机在我们的生活中几乎无处不在，从智能手机、智能家居到工业自动化控制系统，再到汽车电子控制系统，单片机都扮演着核心控制部件的角色。通过学习单片机的发展历程，学生可以深刻体会到科技进步对国家发展的重要性，从而激发爱国情怀。同时，单片机课程的实践性强，要求学生具备扎实的专业知识和严谨的工作态度，这有助于培养学生的工匠精神和创新意识。

4.1 /// 单片机的基础知识

大家都知道电脑是什么，能做什么。但是你知道什么是微电脑吗？当今很多设备总会冠以"微电脑控制"一词，那么这个微电脑是什么呢？它与电脑有什么关系和区别呢？

微电脑实际上是商家为了便于大众理解而给单片机起的别名。微电脑实际上就是单片机 (Single Chip Microcomputer)，目前国际上统称为微控制器 (Micro Controller Unit，MCU)。

单片机是一种集成电路芯片，它是采用超大规模集成电路技术把具有数据处理能力的中央处理器 CPU、随机存储器 RAM、只读存储器 ROM、多种 I/O 口和中断系统、定时器/计数器等 (可能还包括显示驱动电路、脉宽调制电路、A/D 转换器等) 集成到一块硅片上构成的一个小而完善的计算机系统。

4.1.1　单片机的历史

在计算机的发展史上，运算和控制一直是计算机的两个主要功能。运算功能主要体现在巨型机、大型机、服务器和个人电脑上，承担高速、海量技术数据的处理和分析，一般以计算能力（即运算速度）为重要标志。而控制功能则主要体现在单片机中，主要与控制对象耦合，能与控制对象互动和实时控制。单片机以低成本、小体积、高可靠、功能强等优点脱颖而出，极大地丰富了该项研究领域新的内涵。自从美国英特尔公司推出 4 位逻辑控制器 4004 以后，各大半导体公司纷纷投入对单片机的研发，各类单片机如雨后春笋般相继出现，其功能不断改善，以适应不同的应用领域。一般而言，人们将其发展史分为以下四个阶段。

第一阶段：20 世纪 70 年代后期，4 位逻辑控制器发展到 8 位，使用 NMOS 工艺（速度低，功耗大，集成度低）。代表产品有摩托罗拉公司的 MC6800、Intel 公司的 Intel 8048、Zilog 公司的 Z80。

第二阶段：20 世纪 80 年代初，单片机采用 CMOS 工艺制成，后逐渐被高速低功耗的 HMOS 工艺代替。代表产品有摩托罗拉公司的 MC146805、Intel 公司的 Intel8051。

第三阶段：20 世纪 90 年代初，单片机由可扩展总线型向纯单片型发展，通过内置存储器使外围电路更加简洁，即只工作在单片方式。单片机的扩展方式从并行总线型发展到各种串行总线，其外部表现形式与个人计算机的差别越来越大。单片机的功耗越来越低，其工作电压已降至 3.3 V。代表产品有德州仪器 (TI) 公司的 MSP430。

第四阶段：Flash 的使用使 MCU 技术进入了第四阶段。代表产品有微芯公司的 PIC16F877、Atmel 公司的 AT89C52。

4.1.2　单片机的发展现状

单片机的飞速发展和其性能的日益完善，实际上是对传统控制技术的一场革命，其开创了微控制技术的新天地。现代控制理念的核心内涵就是嵌入式计算机应用系统。通过不断提高控制功能和拓展外围接口功能，单片机成为最典型、最广泛、最普及的嵌入式微控制系统。单片机拥有计算机的基本核心部件，将其嵌入电子系统中，可以满足控制对象要求，实现嵌入非计算机产品中应用的计算机系统，从而为电子系统高级智能化奠定基础。它的实现方式要比模拟控制思想简洁和方便得多。同时，单片机可以跨越式地实现对外部模拟量的高速采集、逻辑分析处理和对目标对象的智能控制。

近二十多年来，计算机得到了前所未有的发展，从航空、航天军事专用到走入千家万户，已成为人们生活的必需品。而同样具有计算机的一般功能，价格低廉的单片机应运而生，并且正在不断改变人们的生活方式。嵌入式系统源于计算机的嵌入应用。早期的嵌入式系统的概念就是将通用计算机经适应性配置后嵌入各种实际的应用系统中，如轮船的自动驾驶仪和飞机的导航仪等系统。

与计算机相比，单片机的优势是显而易见的，尤其是现在单片机应用已渗入各个领域，完全不能按照原有的嵌入式的思路去理解和应用。例如，要控制一个家用电子产品（智能电饭煲、模糊智能洗衣机和手机等），利用计算机几乎是不可能的。单片机是芯片级的小型计算机系统，可以被嵌入任何应用对象的系统中，实现以智能化为主要的控制目的。

单片机的应用领域随着其功能化外延的不断拓展而日益广泛，已渗入现场控制、电信手机、家用电器、仪表仪器、汽车电气和电子玩具等领域的智能化控制和管理方面。

目前，各个单片机生产厂家还是立足于 8 位单片机的竞争，因为从其降临以来，这类单片机一直为应用最广泛的器件。在这场持久的"战争"中，近年来，美国的 Microchip 和 Motorola 两家公司成为世界上 8 位单片机产量最高的芯片制造商。Motorola 公司的单片机主要是自产

单片机概述

自销，其产品的可靠性高，但开发成本也很高，其他厂家使用的并不多。Microchip 公司的 PIC 系列单片机以其物美价廉的优点而被广泛应用。

4.1.3 单片机的特点

单片机主要是用来嵌入具体设备中的计算机，所以其特点与个人计算机截然不同。单片机的主要特点表现在以下几个方面：

(1) 集成度高，体积小，可靠性高。单片机将各功能部件集成在一块晶体芯片上，集成度很高，体积自然也是最小的。芯片本身是按工业测控环境要求设计的，内部布线很短，其抗工业噪声性能优于一般通用的 CPU。单片机程序指令、常数及表格等固化在 ROM 中，不易被破坏，许多信号通道均在一个芯片内，故可靠性高。

(2) 控制功能强。单片机内部往往有专用的数字 I/O 口，通过指令可以进行丰富的逻辑操作和位处理，非常适用于专门的控制功能。单片机还集成了各种接口，这样便于与各种设备通信，达到控制目的。

(3) 低电压，低功耗，便于生产便携式产品。为了满足广泛应用于便携式系统，许多单片机内的工作电压为 1.8～3.6 V，而工作电流为数百微安甚至更低。合理的设计使其在某些应用下待机时间为几年。

(4) 性能价格比优异。为了提高执行速度和运行效率，单片机已开始使用 RISC 流水线和 DSP 等技术。单片机的寻址能力也已突破 64 KB 的限制，有的可达到 4 GB，片内的 ROM 容量可达 62 MB，RAM 的容量则可达 64 MB。由于单片机的广泛使用，其销量极大，各大公司的商业竞争更使其价格十分低廉，因此其性能价格比极高。

4.1.4 单片机的应用领域

单片机以性能好、速度高、体积小、价格低廉、可重复编程和功能扩展方便等优点，获得了广泛的应用。其主要应用于如下领域：

(1) 家用电器及玩具。由于单片机价格低，体积小，控制能力强，功能扩展方便，因此其广泛应用于电视、冰箱、洗衣机、玩具、家用防盗报警器等。

(2) 智能测量设备。以前的测量仪表体积大，功能单一，限制了测量仪表的发展。选用单片机改造各种测量控制仪表，可以使其体积减小，功能扩展，从而生产出新一代智能化仪表，如各种数字万用表、示波器等。

(3) 机电一体化产品。机电一体化产品是指将机械技术、微电子技术和计算机技术综合在一起而形成的具有智能化特性的产品，它是机械工业的主要发展方向。单片机可以作为机电一体化产品的控制器，简化原机械产品的结构，扩展其功能。

(4) 自动测控系统。使用单片机可以设计各种数据集成系统、自适应控制系统等，如温度的自动控制系统、电压电流的数据采集系统。

(5) 计算机控制及通信技术。51 系列单片机都集成有串行通信接口，可以通过该接口和计算机的串行接口进行通信，实现计算机的程序控制和通信等。

4.2 /// Keil μVision 软件

4.2.1 Keil μVision 软件简介

Keil C51 是美国 Keil Software 公司出品的 51 系列兼容单片机的 C 语言软件开发系统。与汇编语言相比，C 语言在功能、结构性、可读性、可维护性上有明显的优势，因而易学易用。Keil 提供了包括 C 编译器、宏汇编器、链接器、库管理器和一个功能强大的仿真调试器等在内的完整开发方案，通过一个集成开发环境 (μVision) 将这些部分组合在一起。如果用户使用 C 语言编程，那么 Keil 几乎是不二之选，即使不使用 C 语言而仅用汇编语言编程，其方便易用的集成环境、强大的软件仿真调试工具也会令用户事半功倍。

2013 年 10 月，Keil 正式发布了 Keil μVision5 IDE，它是目前的最新版本。Keil μVision5 是一款专门用于 C 语言开发软件的工具，它为用户提供了 C 语言专用的编辑器、编译器、安装包和调试跟踪这一系列开发流程方案，它在灵活度和自由度方面都给予用户更多发挥灵感的空间，只是在管理的层面上给用户更多更好整洁且清爽的环境。该软件具有如下特点：

(1) 完美支持 Cortex-M、Cortex-R4、ARM7 和 ARM9 系列器件。

(2) 具有行业领先的 ARM C/C++ 编译工具链。

(3) 具有确定的 Keil RTX 实时操作系统 (带源码)。

(4) 提供 μVision5 IDE 集成开发环境、调试器和仿真环境。

(5) TCP/IP 网络套件提供多种协议和各种应用。

(6) 提供带标准驱动类的 USB 设备和 USB 主机栈。

(7) 为带图形用户接口的嵌入式系统提供了完善的 GUI 库支持。

(8) ULINKpro 可实时分析运行中的应用程序，且能记录 Cortex-M 指令的每一次执行。

(9) 提供程序运行的完整的代码覆盖率信息。

(10) 执行分析工具和性能分析器可使程序最优化。

(11) 大量项目例程可帮助用户快速熟悉 MDK-ARM 强大的内置特征。

(12) 符合 CMSIS(Cortex 微控制器软件接口标准)。

4.2.2　Keil μVision 软件的使用

双击桌面上的 Keil μVision5 图标，启动软件，如图 4-1 所示。

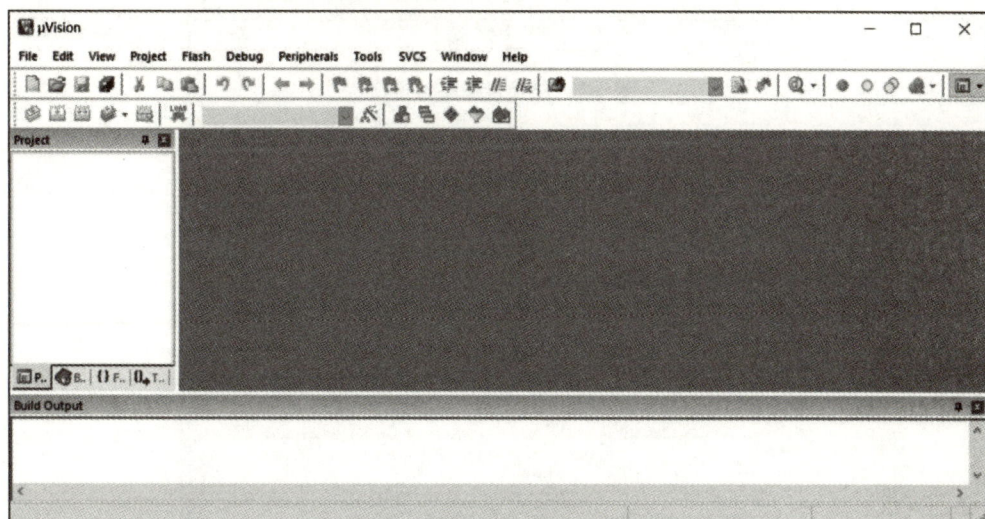

Keil 软件的使用

图 4-1　Keil μVision5 启动窗口

1. 建立一个新的工程文件

单击菜单 "Project" → "New μVision Project"，出现 "Create New Project" 对话框，选择工程文件保存目录 (如 F:\ 单片机 \LED\，也可以新建一个专用的独立文件夹)，在 "文件名" 文本框中输入工程文件名 (如 LED)，如图 4-2 所示，单击 "保存" 按钮，出现如图 4-3 所示的 "Select Device for Target" (选择目标器件) 对话框。

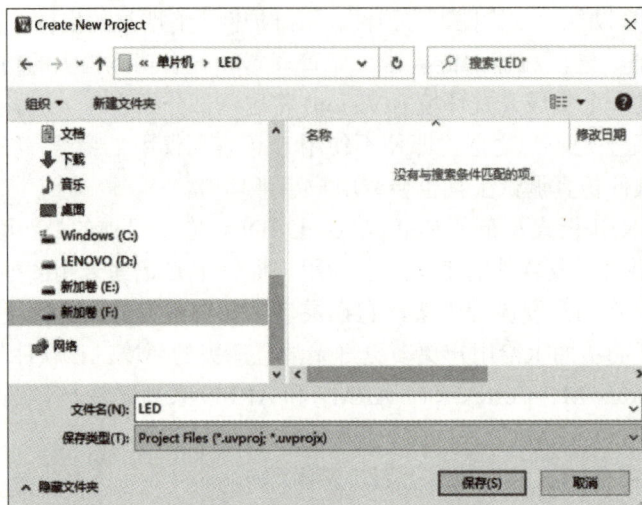

图 4-2　建立工程文件

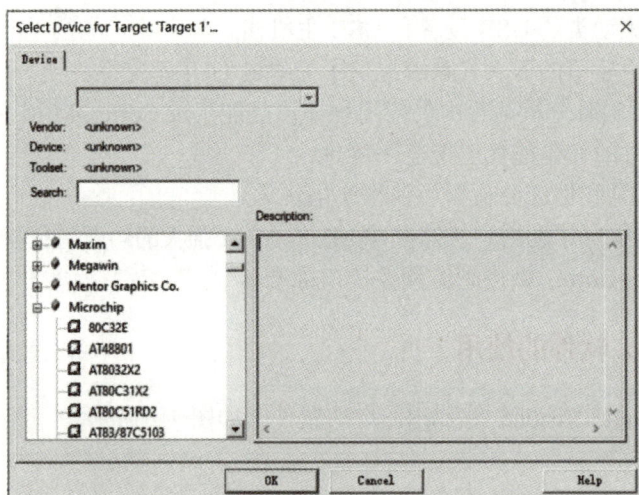

图 4-3　选择目标器件窗口

在图 4-3 中，单击"Microchip"前面的"+"，选择"AT89C51"（或者"AT89C52"），如图 4-4 所示，然后单击"OK"，出现如图 4-5 所示的"复制启动代码"对话框，对于初学者一般选择"否"，出现建立工程文件后的主界面，如图 4-6 所示。

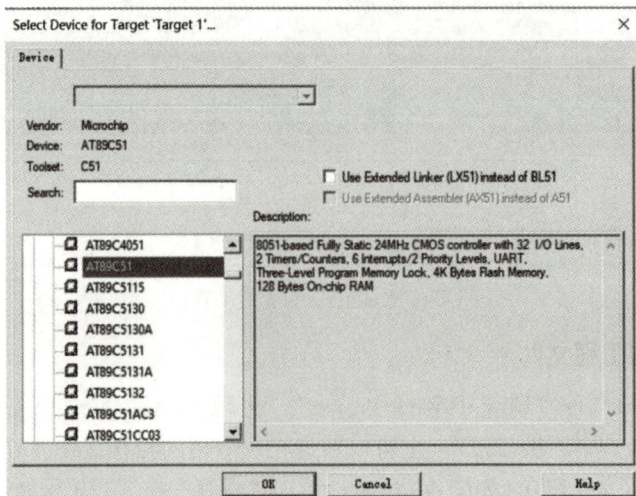

图 4-4　选择目标器件

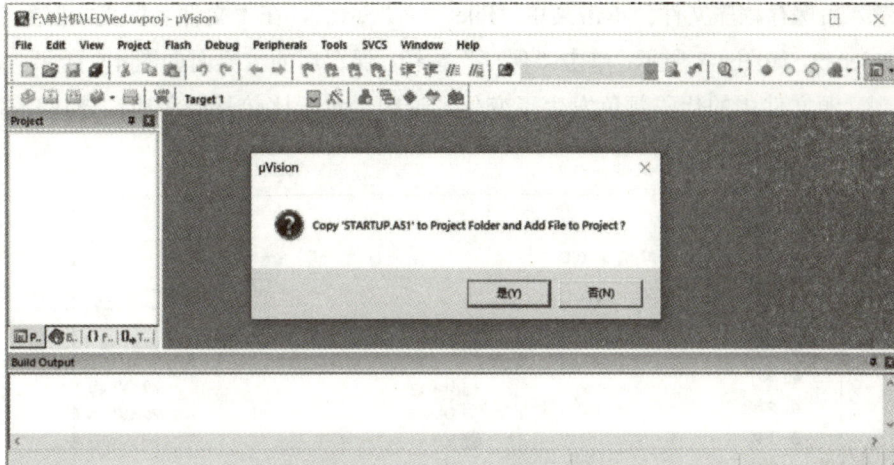

图 4-5　"复制启动代码"对话框

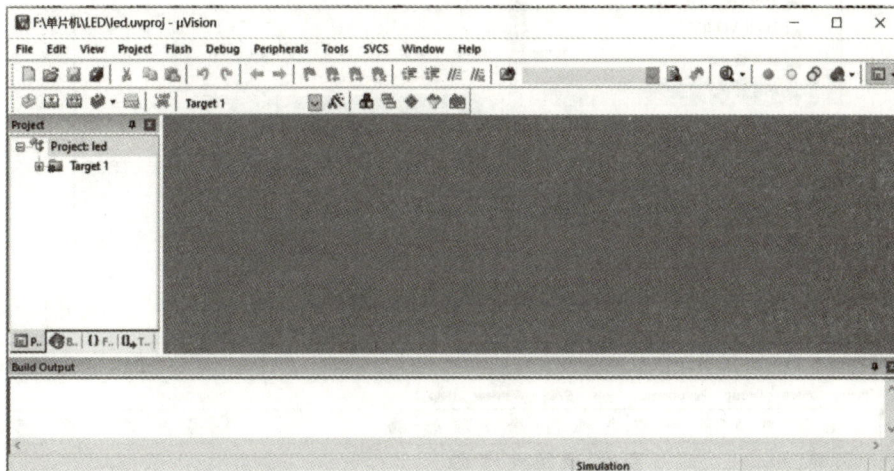

图 4-6　建立工程后的主界面

2. 创建源程序文件

在主界面里单击菜单 "File" → "New"，在文本编辑区录入程序文件，如图 4-7 所示。

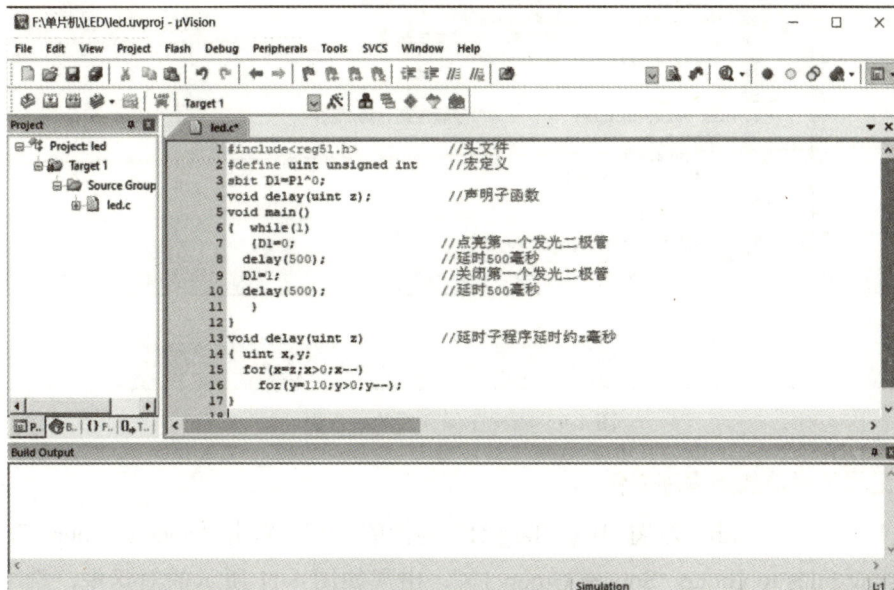

图 4-7　程序编辑界面

程序录入后保存程序文件。单击菜单"File"→"Save",在"文件名"文本框中输入程序文件名(如 led.c),如图 4-8 所示,单击"保存"按钮,保存后的主界面如图 4-9 所示。从图 4-9 中可以看到,源文件中的代码颜色发生了变化。说明:对于比较长的程序,建议新建源程序文件后先保存再录入程序。

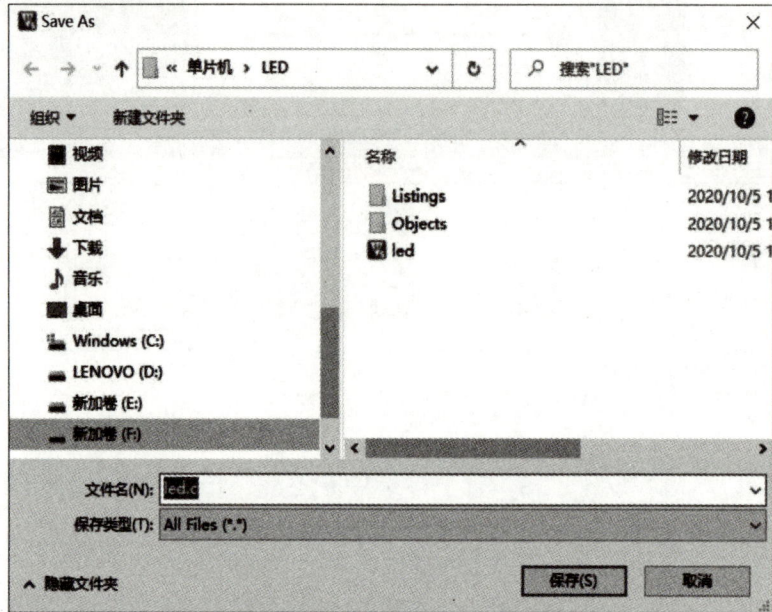

图 4-8 源程序文件的保存界面

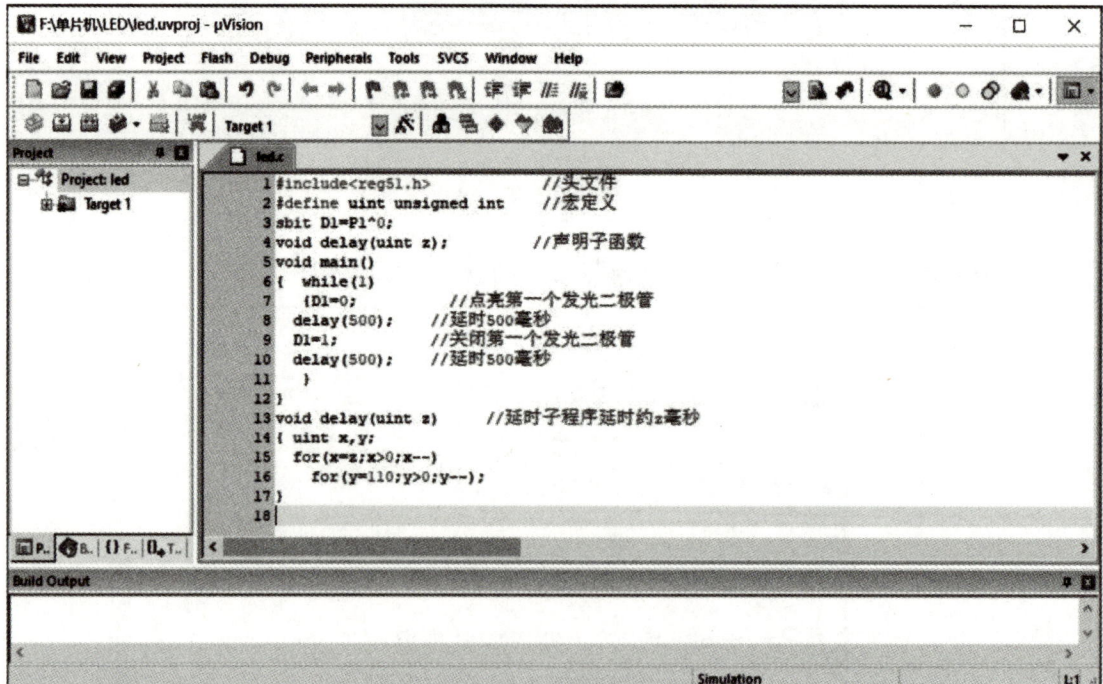

图 4-9 源程序保存后的主界面

3. 为工程项目添加源程序文件

如图 4-10 所示,单击工程窗口中"Target1"前面的"+",右击"Source Group 1",再单击"Add Existing Files to Group 'Source Group 1'",出现如图 4-11 所示的对话框,选中新建的led.c 文件后,单击"Add"按钮,将其加入工程。再单击"Close"按钮,关闭对话框。

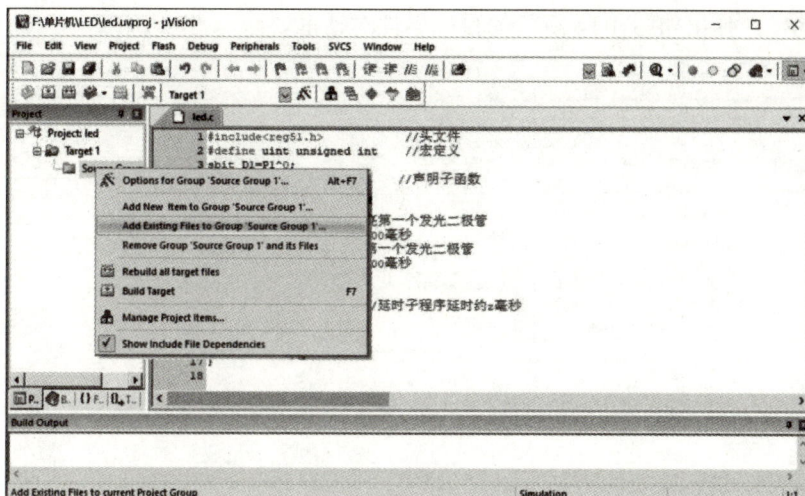

图 4-10　添加源文件

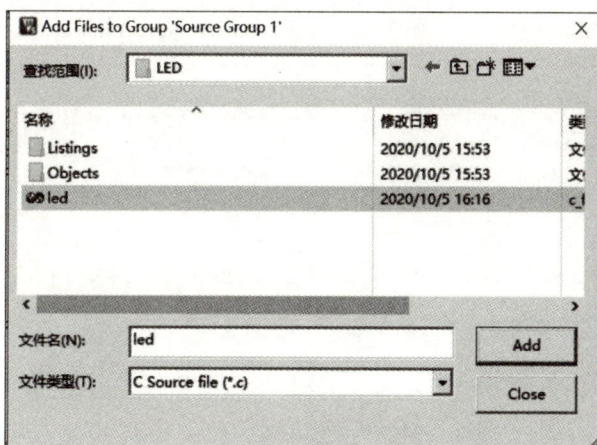

图 4-11　选择添加的源程序文件

这时，在工程窗口"Source Group 1"中出现了文件 led.c，说明源程序文件添加已完成，如图 4-12 所示。

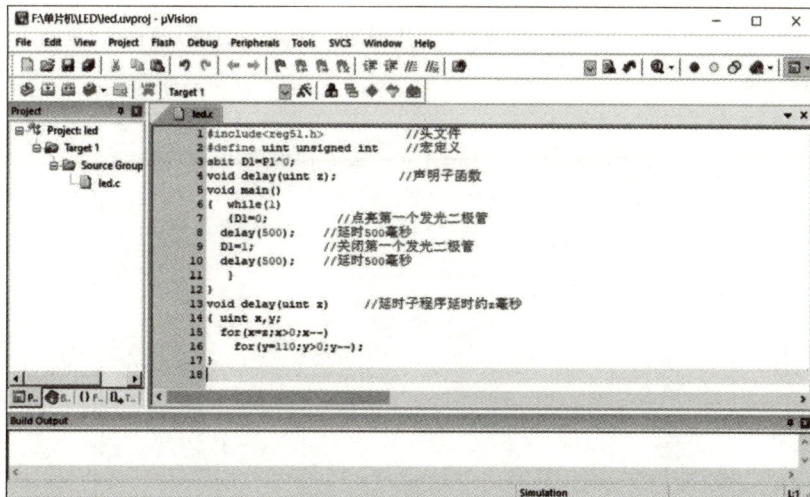

图 4-12　添加源文件后的主界面

4. 设置工程属性

如图 4-13 所示，在设置工程属性界面右击工程窗口中的"Target 1"，单击"Options for

Target 'Target 1'",弹出如图 4-14 所示的目标属性对话框。

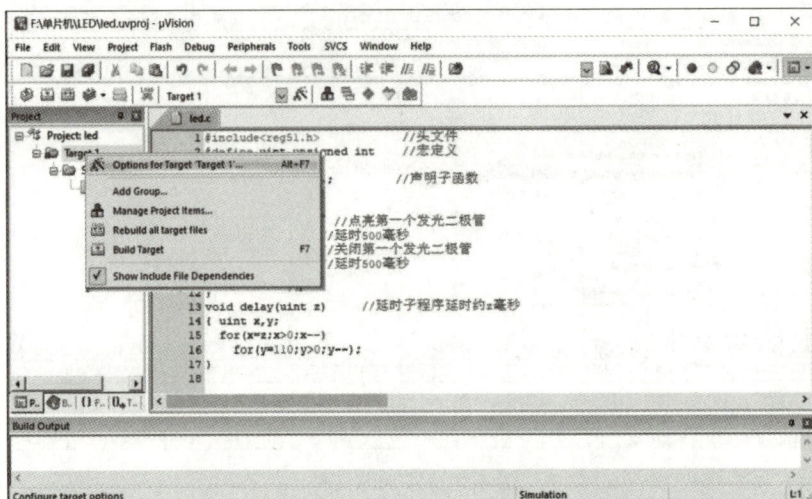

图 4-13　设置工程属性

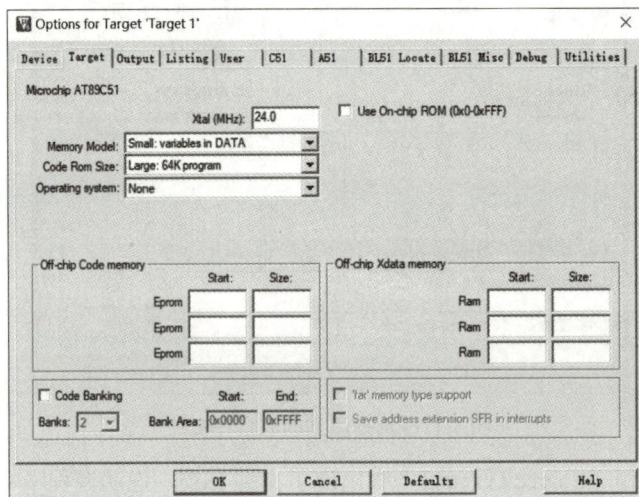

图 4-14　目标属性对话框

　　在图 4-14 所示对话框的"Output"选项卡中选中"Create HEX File"复选项,如图 4-15 所示,再单击"OK"按钮。

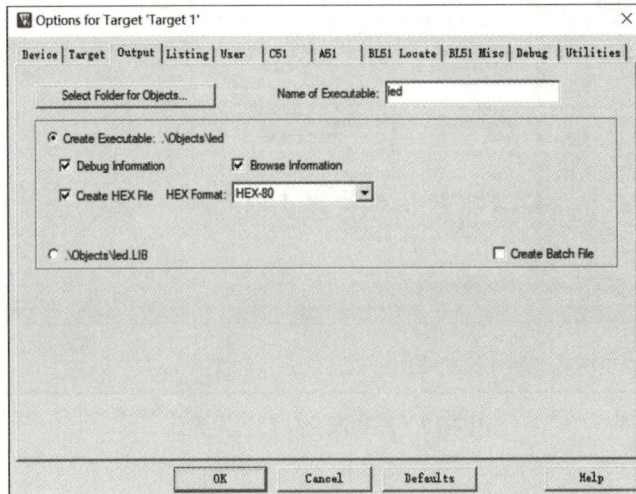

图 4-15　Output 选项卡设置

5. 编译工程

单击菜单"Project"→"Build Target"进行编译。编译完成后，在输出窗口中出现编译结果信息，如图 4-16 所示。图中有 0 个错误、0 个警告，同时生成了".hex"文件。当源程序有语法错误时，编译不会成功，输出窗口会输出错误信息，此时应根据错误信息在源程序中修改错误，再次编译，直至编译成功。

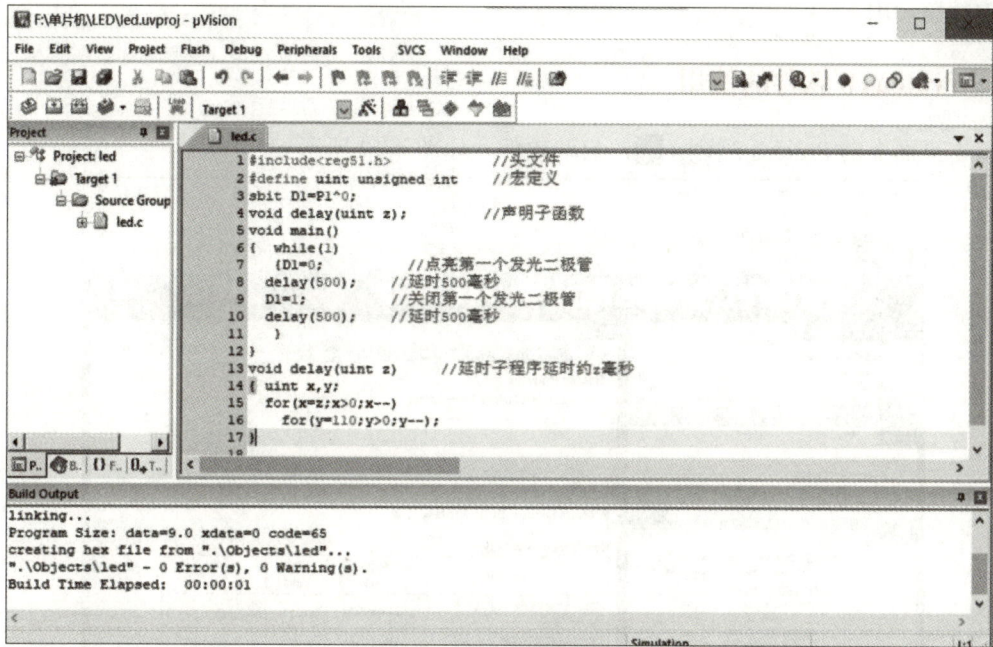

图 4-16　编译工程

4.3 /// Proteus 8 软件

4.3.1　Proteus 8 软件简介

Proteus 是世界上著名的 EDA 工具 (仿真软件)，从原理图布图、代码调试到单片机与外围电路协同仿真，均可一键切换到 PCB 设计，真正实现了从概念到产品的完整设计。Proteus 是迄今为止世界上唯一将电路仿真软件、PCB 设计软件和虚拟模型仿真软件三合一的设计平台，其处理器模型支持 8051、HC11、PIC10/12/16/18/24/30/DsPIC33、AVR、ARM、8086 和 MSP430 等，2010 年增加了 Cortex 和 DSP 系列处理器，并持续增加了其他系列处理器。在编译方面，它支持 IAR、Keil 和 MATLAB 等多种编译。

1. 特点

Proteus 支持当前的主流单片机，如 51 系列、AVR 系列、PIC12 系列、PIC16 系列、PIC18 系列、Z80 系列、HC11 系列、68000 系列等。它具有以下特点：

(1) 提供软件调试功能。

(2) 提供丰富的外围接口器件 (如 RAM、ROM、键盘、马达、LED、LCD、ADC/DAC、部分 SPI 器件和部分 IIC 器件) 及其仿真。

(3) 提供丰富的虚拟仪器。利用这些虚拟仪器，在仿真过程中可以测量外围电路的特性，培养学生对实际硬件的调试能力。

(4) 具有强大的原理图绘制功能。

2. 可模拟的元器件和仪器

(1) 可模拟的元器件：可模拟仿真数字和模拟、交流和直流等数千种元器件，有 30 多个元件库。

(2) 可模拟的仪表：可模拟示波器、逻辑分析仪、虚拟终端、SPI 调试器、I²C 调试器、信号发生器、模式发生器、交直流电压表、交直流电流表。理论上，同一种仪器可以在一个电路中随意调用。

4.3.2　Proteus 8 软件的使用

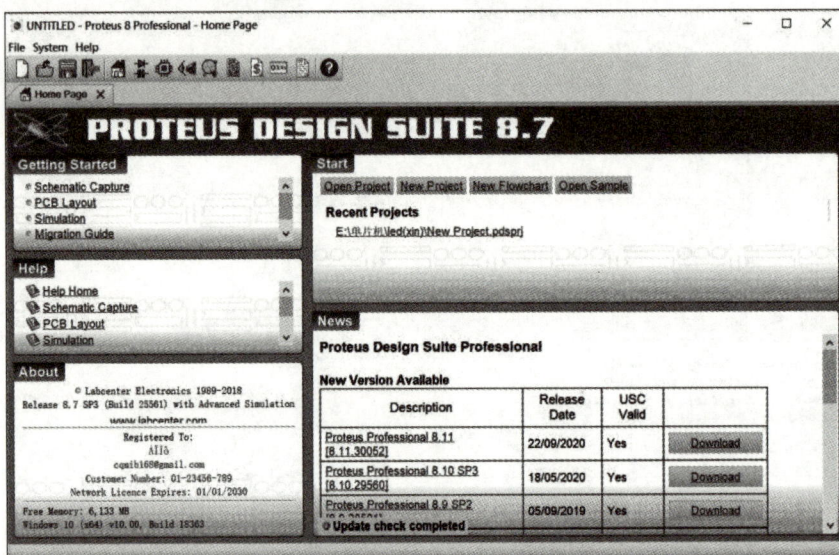

双击桌面上的 Proteus 8 图标 ，启动软件，如图 4-17 所示。

图 4-17　Proteus 8 启动窗口

1. Proteus 电路设计

1) 新建工程文件

单击菜单"File"→"New Project"，进入"New Project Wizard:Start"对话框，设置项目名称和保存目录，如图 4-18 所示。

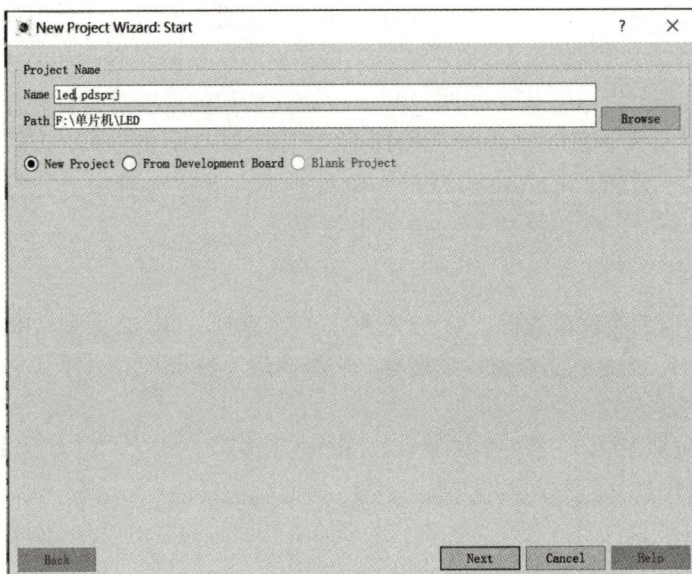

图 4-18　新建工程

单击"Next"，进入"New Project Wizard:Schematic Design"对话框，选择"Create a schematic from the selected template"选项，单击"DEFAULT"模板，如图 4-19 所示。

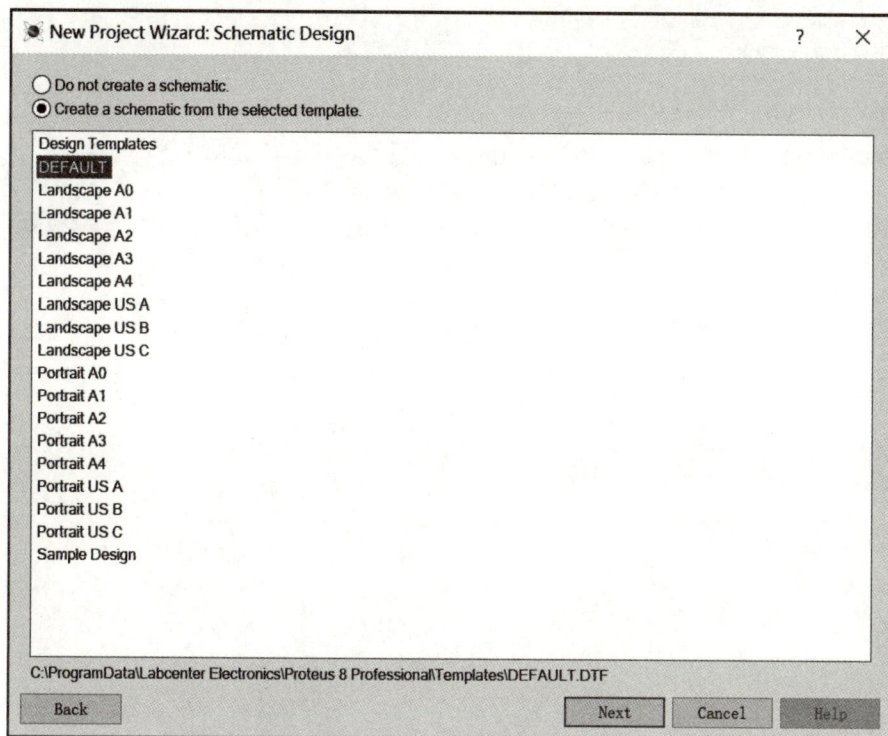

图 4-19　选择创建原理图使用的模板

单击"Next"，进入"New Project Wizard:PCB Layout"对话框，选择"Do not create a PCB layout"选项，如图 4-20 所示。

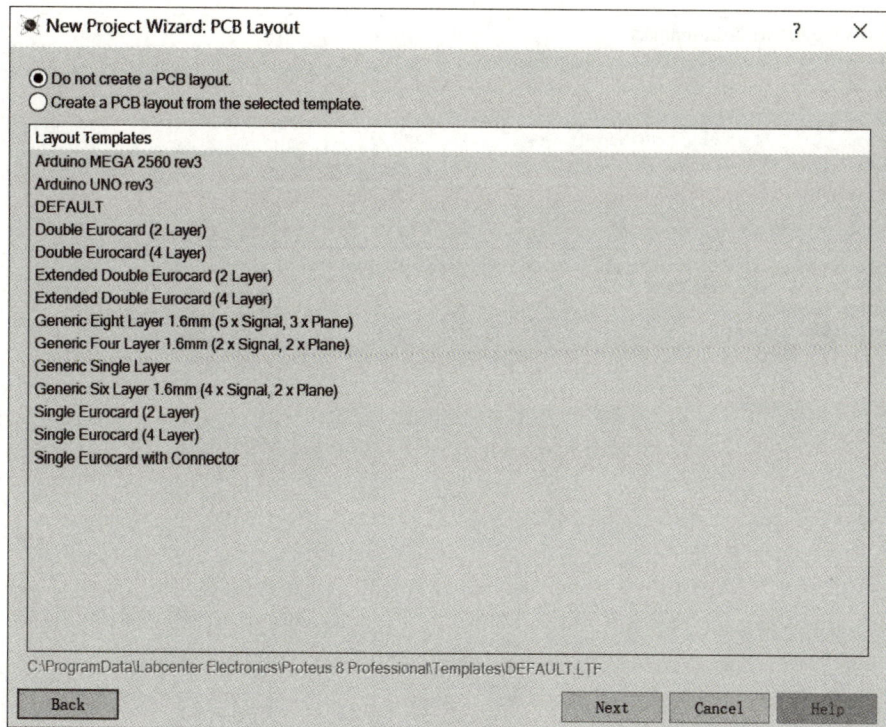

图 4-20　选择 PCB 布版

单击"Next"，进入"New Project Wizard:Firmware"对话框，选择"No Firmware Project"

选项，如图 4-21 所示。

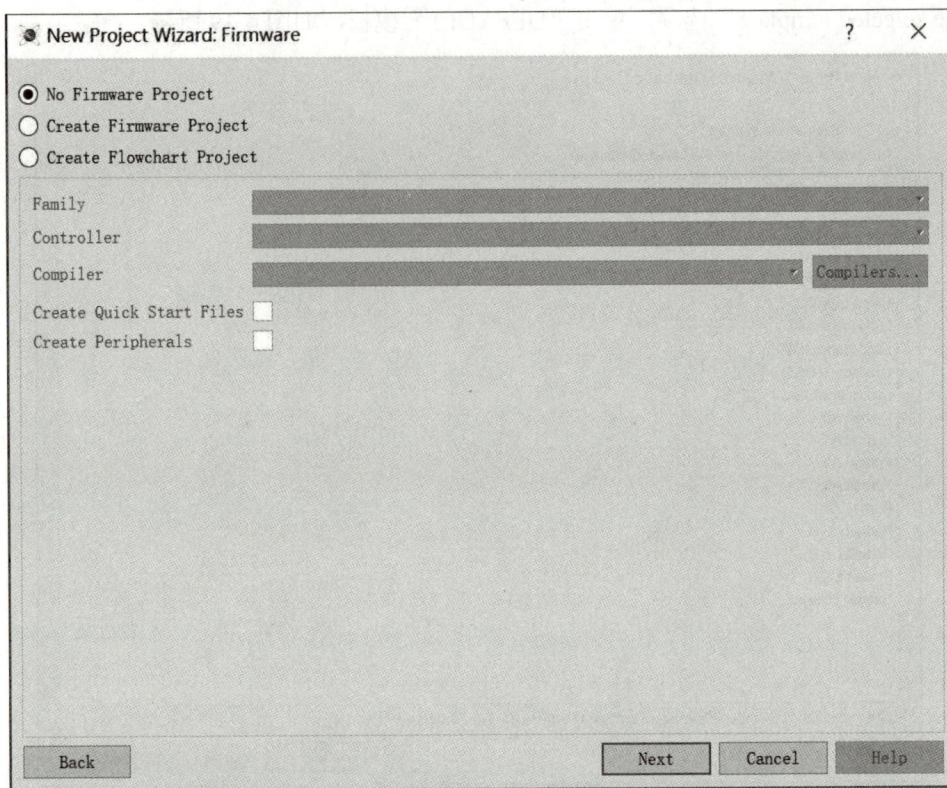

图 4-21　选择需要使用的固件

单击"Next"，进入"New Project Wizard:Summary"对话框，确认新工程的各项设置，如图 4-22 所示。若全部无误，则单击"Finish"按钮。建立工程后的主界面如图 4-23 所示。

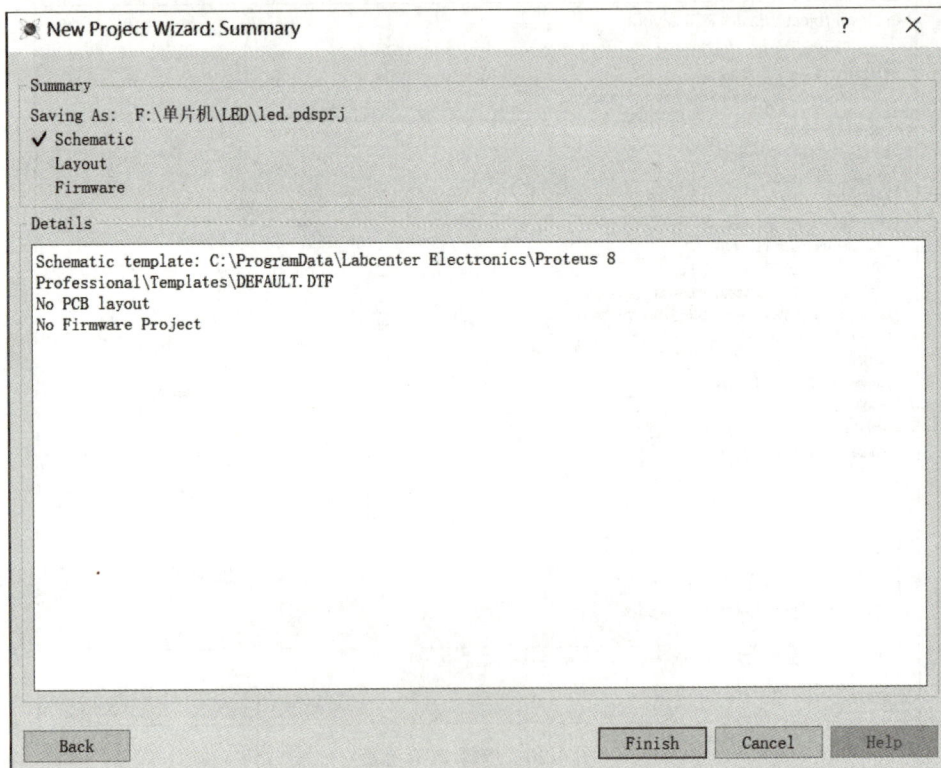

图 4-22　新建工程总结

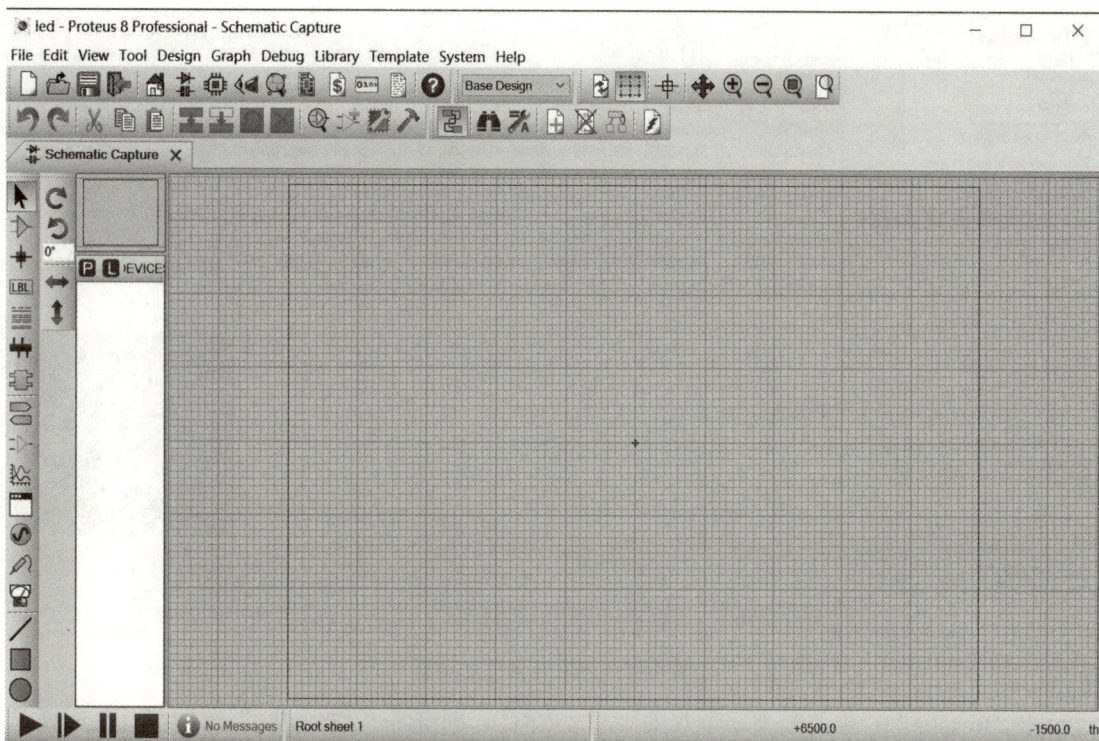

图 4-23 新建工程后的主界面

2) 选取元器件

Proteus 中元器件的选取如图 4-24 所示。

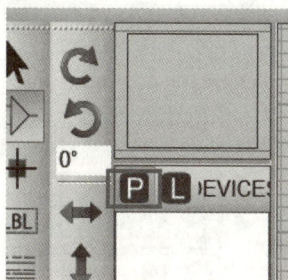

图 4-24 单击"P"按钮选取元器件

此任务所需器件如表 4-1 所示。单击图 4-24 中的按钮 **P**，弹出如图 4-25 所示的选取元器件对话框，在此对话框左上角"Keywords"（关键词）一栏中输入元器件的名称，如"AT89C51"，系统在对象库中进行搜索查找，并将与关键词匹配的元器件显示在"Results"中。

表 4-1 元器件列表

序号	器件名称	Keywords
1	单片机	AT89C51
2	发光二极管	LED-RED
3	瓷片电容	CAP*
4	电阻	RES*
5	晶振	CRYSTAL
6	按钮	BUTTON

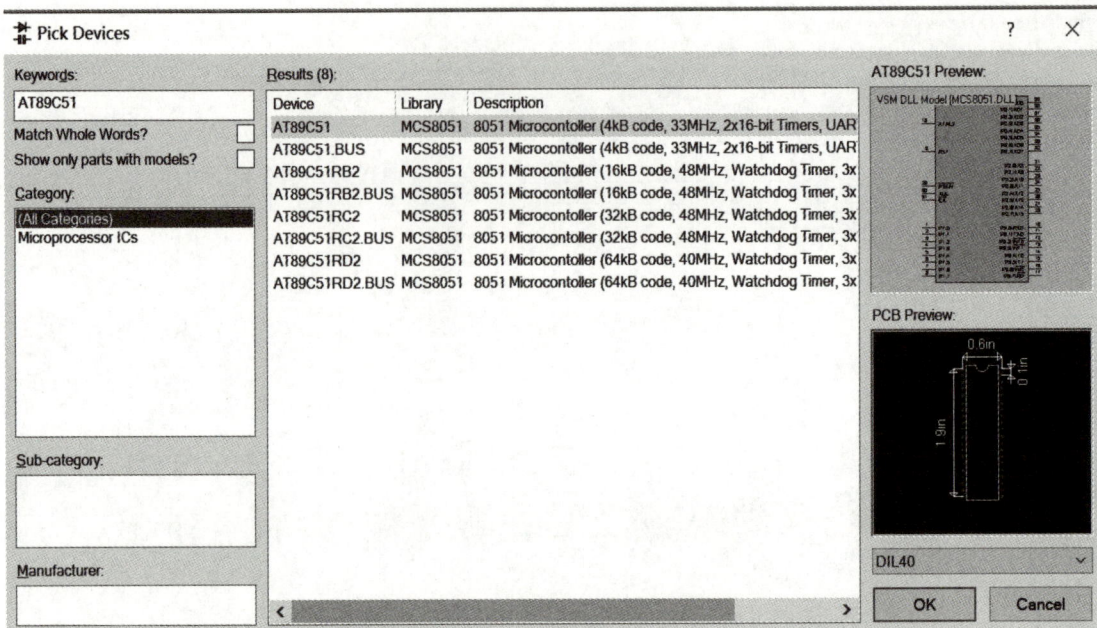

图 4-25　选取元器件对话框

在"Results"栏中的列表项中双击"AT89C51"，则可将"AT89C51"添加至对象选择器窗口。按照此方法完成其他元器件的选取。如果忘记关键词的完整写法，则可以用"*"代替，如利用"CRY*"可以找到晶振。被选取的元器件都加入对象选择器中，如图 4-26 所示。

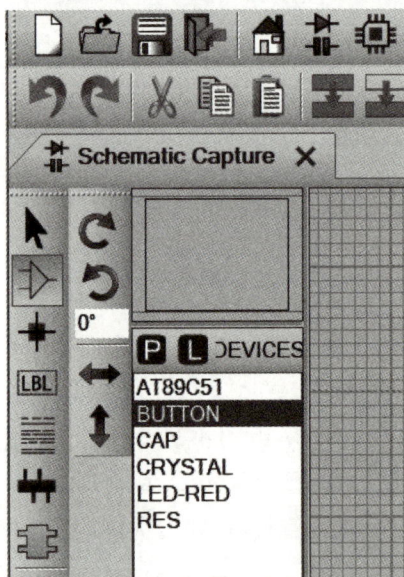

图 4-26　选取的元器件均加入对象选择器中

3) 放置元器件至图形编辑窗口

在对象选择器窗口中选中"AT89C51"，将鼠标置于图形编辑窗口中该对象欲放置的位置，双击鼠标左键，该对象完成放置。同理，将"BUTTON""RES"等放置到图形编辑窗口中。

若元器件方向需要调整，则先在对象选择器窗口中单击选中该元器件，再单击工具栏上相应的转向按钮 ↔ ↕ ⟲ ⟳ ，把元器件旋转到合适的方向后再将其放置于图形编辑窗口。

若对象位置需要移动，则将鼠标移到该对象上，单击鼠标右键，此时我们可以注意到该对象的颜色已变至红色，表明该对象已被选中，按下鼠标左键，拖动鼠标，将对象移至新位置后松开鼠标，完成移动操作。

通过一系列的移动、旋转、放置等操作，将元器件放在编辑窗口中合适的位置，如图 4-27 所示。

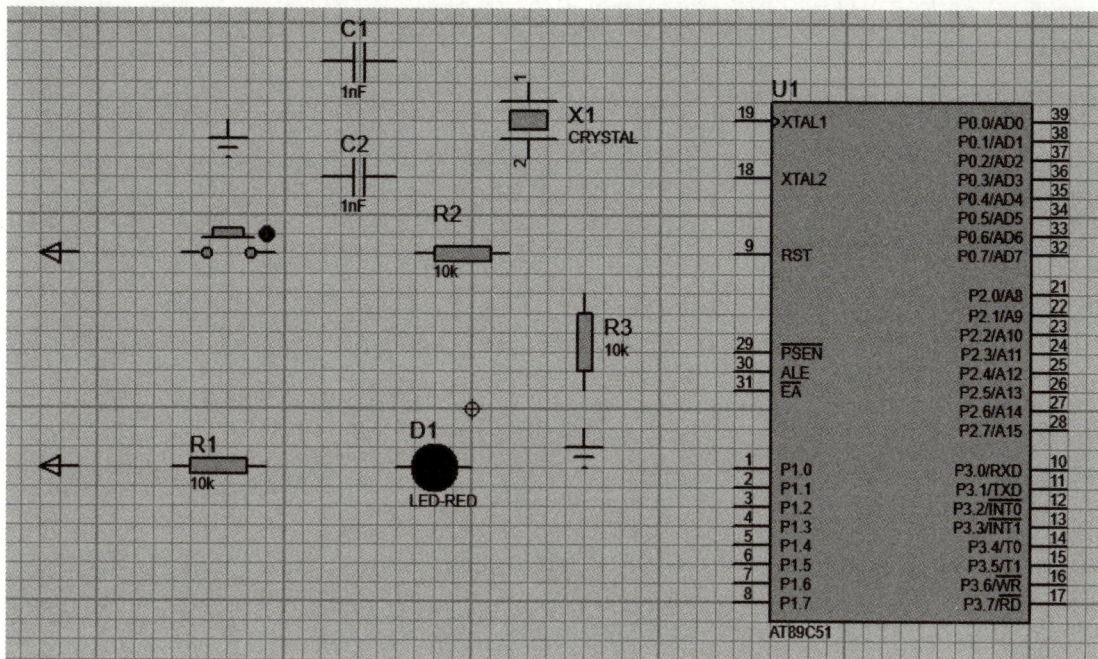

图 4-27 将各元器件放在编辑窗口中合适的位置

4) 放置终端 (电源、地)

单击工具栏中的终端按钮 ，在对象选择器窗口中选择 "POWER"，如图 4-28 所示，再在编辑区中要放电源的位置处单击完成。放置地 (GROUND) 的操作与此类似。

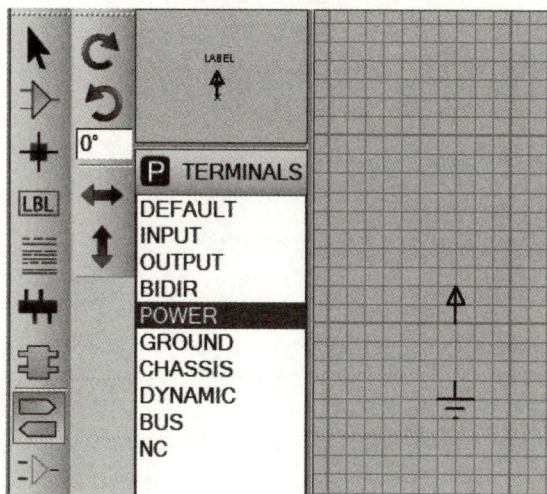

图 4-28 放置终端操作

5) 元器件之间的连线

Proteus 可以在连线功能启动后在端点位置进行自动检测。我们将电阻 R1 的右端连接到 LED 的左端后，当鼠标的指针靠近 R1 右端的连接点时，鼠标的指针就会出现一个 "□" 号，表明找到了 R1 的连接点，此时单击鼠标左键移动鼠标 (不用拖动鼠标)；当鼠标的指针靠近 LED 左端的连接点时，鼠标的指针就会出现一个 "□" 号，表明找到了 LED 显示器的连接点，此时单击鼠标左键即完成电阻 R1 和 LED 的连线。

Proteus 具有线路自动路径功能 (简称 WAR)。当选中两个连接点后，WAR 将选择一个合适的路径连线。WAR 可通过使用标准工具栏里的"WAR"命令按钮 🖫 来关闭或打开，也可以在菜单栏的"Tools"下找到这个图标。

　　同理，我们可以完成其他连线。在此过程的任何时刻，都可以按 Esc 键或者单击鼠标右键来放弃画线。

　　6) 修改、设置元器件的属性

　　Proteus 库中的元器件都有相应的属性，要设置、修改元器件的属性，只需要双击编辑区中的该元器件。例如，双击发光二极管的限流电阻 R1，弹出如图 4-29 所示的属性窗口，在窗口中将电阻的阻值修改为 330 Ω。双击其他器件进行参数调整，C1 = C2 = 30 pF，R1 = 330 Ω，R2 = 10 Ω，R3 = 100 Ω。图 4-30 是编辑完成的"一盏灯闪烁"的电路图。

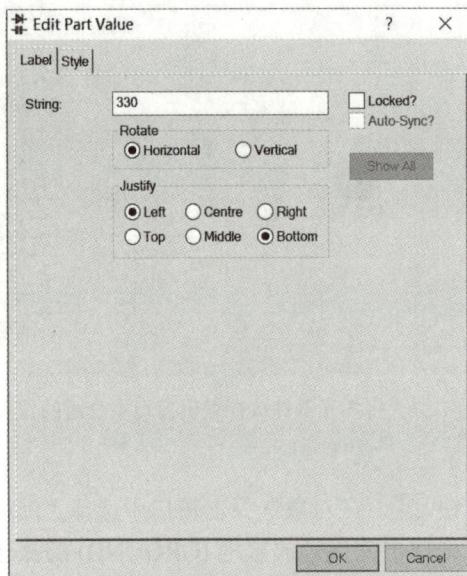

图 4-29　限流电阻的属性窗口

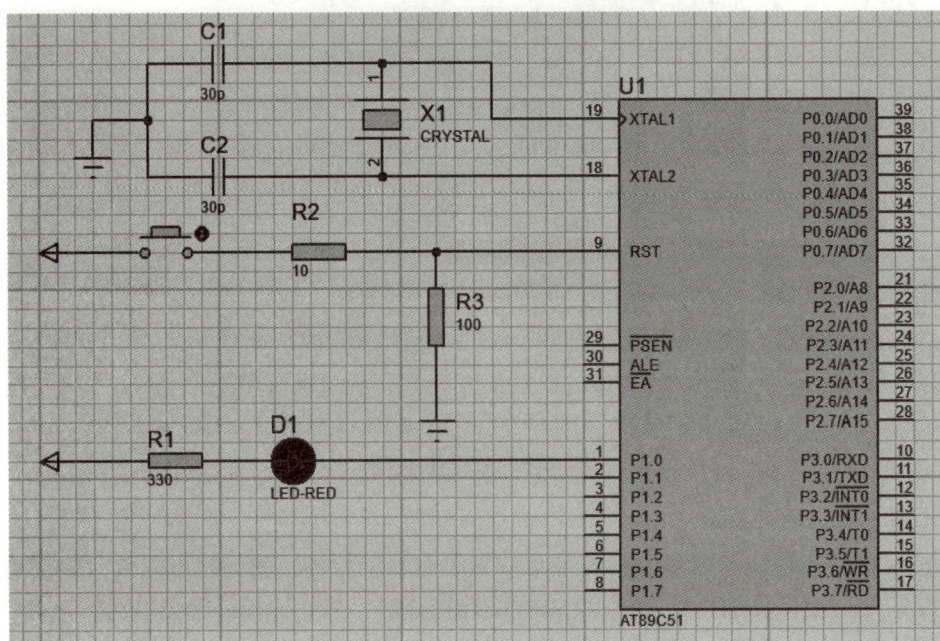

图 4-30　"一盏灯闪烁"的电路图

2. 源程序文件设计

设计方法及步骤如 4.2.2 节 Keil μVision 软件的使用。程序如下：

```
1.    #include<reg51.h>              // 头文件
2.    #define uint unsigned int      // 宏定义
3.    sbit D1=P1^0;
4.    void delay(uint z);            // 声明子函数
5.    void main()
6.    { while(1)
7.        { D1=0;                    // 点亮一个发光二极管
8.           delay(500);             // 延时 500 ms
9.           D1=1;                   // 关闭一个发光二极管
10.          delay(500);            // 延时 500 ms
11.       }
12.   }
13.   void delay(uint z)            // 延时子函数，延时约 z ms
14.   { uint  x,y;
15.       for(x=z;x>0;x--)
16.           for(y=110;y>0;y--)
17.               ;
18.   }
```

3. Proteus 仿真

1) 加载目标代码文件

双击编辑窗口的 AT89C51 器件，在弹出的如图 4-31 所示的属性编辑对话框的 Program File 一栏中单击打开按钮 ，出现文件浏览对话框，找到生成的 .hex 文件，单击"打开"按钮，完成添加文件。在 Clock Frequency 栏中把频率设置为 12 MHz，仿真系统则以 12 MHz 的时钟频率运行。因为单片机运行的时钟频率以属性设置中的"Clock Frequency"为准，所以在编辑区设计 MCS-51 系列单片机系统电路时，可以略去单片机振荡电路，并且复位电路也可以略去。

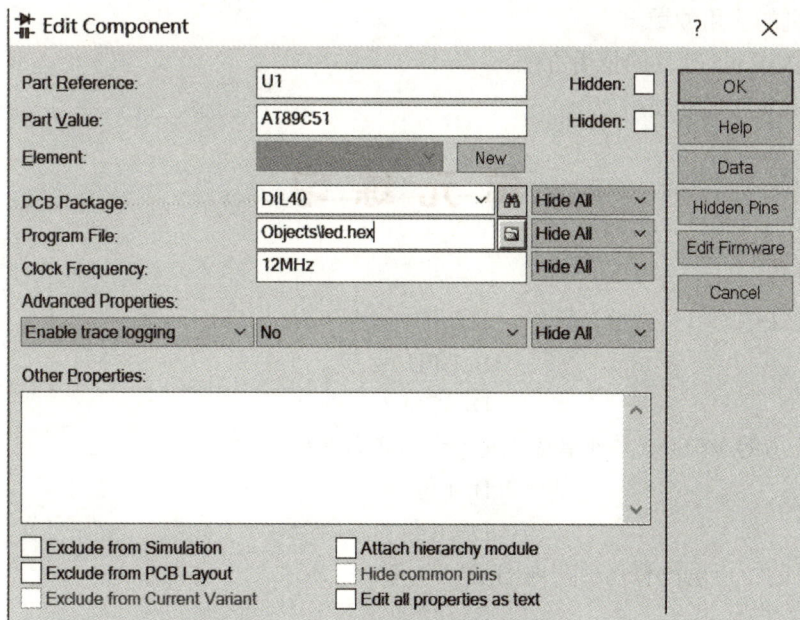

图 4-31　属性编辑对话框

2) 运行仿真

单击按钮 ▶，启动仿真，仿真运行片段如图 4-32 所示。图中的 LED 灯 D1 按照每秒钟闪烁 1 次的规律进行闪烁。

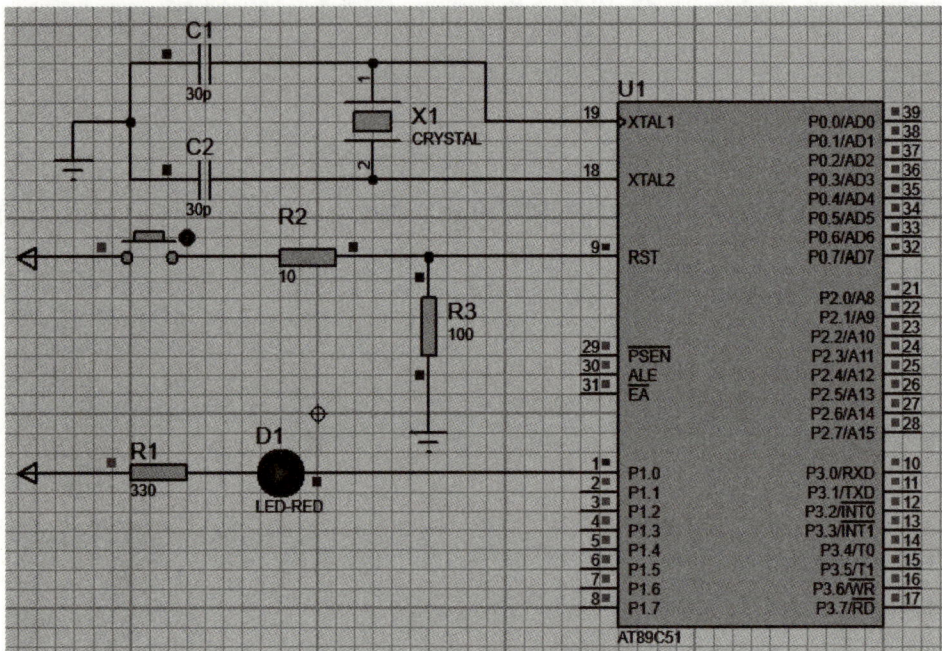

图 4-32　LED 闪烁仿真效果图

单 元 小 结

本单元介绍了单片机的基础知识，利用一盏灯闪烁的实验介绍了 Keil μVision 软件和 Proteus 软件的使用。主要内容如下：

(1) 单片机的概念、特点。

(2) 单片机的发展历史和现状。

(3) 单片机的应用领域。

(4) Keil μVision5 软件的使用方法。

(5) Proteus 8 软件的使用方法。

单 元 练 习

一、单选题

1. 单片机又称为单片微型计算机，最初的英文缩写是 (　　)。

A. MCP

B. CPU

C. DPJ

D. SCM

2. Intel 公司的 MCS-51 系列单片机是 (　　) 单片机。

A. 1 位

B. 4 位

C. 8 位

D. 16 位

3. 单片机的特点里没有包括在内的是 (　　)。

A. 集成度高

B. 功耗低

C. 密封性强

D. 性价比高

4. 单片机的发展趋势中没有包括的是 (　　)。

A. 高性能　　　　　　　　　　B. 高价格

C. 低功耗　　　　　　　　　　D. 高性价比

5. Proteus 软件由以下 (　　) 两个设计平台组成。

A. ISIS 和 PPT　　　　　　　　B. ARES 和 CAD

C. ISIS 和 ARES　　　　　　　D. ISIS 和 CAD

6. 使用 Keil 软件调试程序时，项目文件的扩展名是 (　　)。

A. .C　　　　　　　　　　　　B. .hex

C. .uvproj　　　　　　　　　　D. .asm

7. 为了实现 Keil 与 Proteus 软件的联合仿真运行，需要 (　　)。

A. 将 Keil 中形成的 hex 文件加载到 Proteus 中，然后在 Proteus 环境下运行

B. 在 Keil 中形成 hex 文件，在 Proteus 中形成 pdsprj 文件，然后用 Keil 控制 Proteus 运行

C. 在 Keil 中形成 hex 文件，在 Proteus 中形成 pdsprj 文件，然后用 Proteus 控制 Keil 运行

D. 将 Proteus 中形成的 hex 文件和 pdsprj 文件同时打开，然后在 Keil 环境下运行

8. 在图 4-33 所示的 Keil 运行和调试工具条中，左数第二个图标的功能是 (　　)。

图 4-33　Keil 运行和调试工具条

A. 存盘　　　　　　　　　　　B. 编译

C. 下载　　　　　　　　　　　D. 运行

9. 在图 4-34 所示的 Proteus 绘图工具条中，包含电源端子"POWER"的按钮是左数的 (　　)。

图 4-34　Proteus 绘图工具条

A. 第 2 个　　　　　　　　　　B. 第 6 个

C. 第 7 个　　　　　　　　　　D. 第 8 个

10. 51 单片机能直接运行的文件格式是 (　　)。

A. *.asm　　　　　　　　　　　B. *.c

C. *.hex　　　　　　　　　　　D. *.txt

二、填空题

1. 单片机是将 _____ 集成在一块芯片上。

2. 单片机也称为 _____ 和 _____。

3. Keil 开发 C51 程序的主要步骤是：_____、_____、_____、_____、_____ 和运行调试。

4. Keil C51 软件中，工程文件的扩展名是 _____，源程序文件的扩展名是 _____，编译连接后生成的可烧写的文件的扩展名是 _____。

5. 在 Proteus 仿真软件中，电阻的名称为 _____，电容的名称为 _____。

三、简答题

1. 什么是单片机？简述单片机的特点。

2. 单片机主要应用于哪些领域。

3. 简述 Keil 软件开发项目的过程。

4. 简述 Proteus 软件仿真的过程。

习题答案

第 5 单元　单片机的片上资源

单元概述

本单元选取宏晶公司的国产芯片 STC89C52 系列单片机作为系统的设计硬件基础。本单元主要介绍单片机总体架构和片上资源。通过单片机总体介绍部分的学习，了解单片机内部的结构，熟悉常用单片机的选型和封装，掌握单片机的命名规则和引脚分配。通过存储器与特殊功能寄存器部分的学习，掌握单片机程序存储器、数据存储器和特殊功能存储器的结构；通过时钟电路与复位电路部分的学习，学会设计单片机的时钟电路和复位电路；通过单片机的 I/O 口结构部分的学习，理解 STC89C52 系列单片机的三种 I/O 口工作类型。

本单元包含四个部分：单片机总体介绍、存储器与特殊功能寄存器、时钟电路与复位电路和单片机的 I/O 口结构。

科普与思政

从"银河号之痛"到"北斗星辉"——中国芯的觉醒之路

1993 年，"银河号"货轮因美国关闭 GPS 信号在印度洋漂泊 33 天而遭受的屈辱，揭开了中国导航系统"缺芯少魂"的伤疤。彼时船载导航设备中的核心芯片全部依赖进口，这让我们深刻认识到：真正的核心技术必须掌握在自己手中。如今，搭载国产单片机的北斗导航芯片已实现厘米级定位精度，曾经需要美国 DSP 芯片的导弹控制系统，现在用 STC89C52 这样的国产单片机就能完成弹道解算。学习单片机技术不仅是掌握引脚配置和中断编程，更是传承"北斗星辉"的精神血脉。当我们调试 STC89C52 的定时器时，指尖跳动的不仅是电路信号，更是中国科技从跟跑到领跑的时代脉搏。

5.1 /// 单片机总体结构

5.1.1 单片机简介

单片机总体介绍

STC89C52 系列单片机是宏晶公司推出的高速 / 低功耗 / 超强抗干扰 / 超低价的单片机，指令代码完全兼容传统 8051 单片机，具有 12 时钟每机器周期和 6 周期。如图 5-1 所示，STC89C52 系列单片机片上资源丰富。

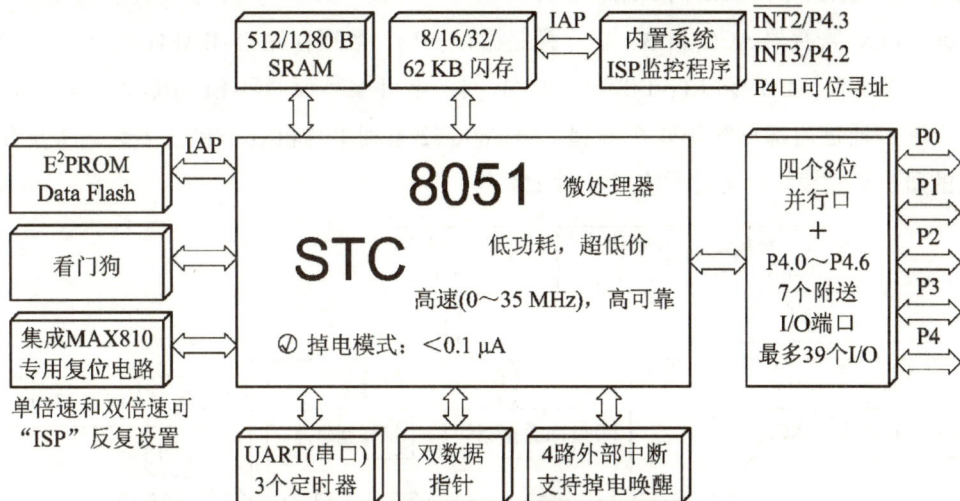

图 5-1　STC89C52 系列单机片上资源

STC89C52 系列单片机的主要功能特点如下：

(1) 增强型 8051 单片机：STC89C52 系列单片机可任意选择 6 时钟每机器周期和 12 时钟每机器周期，指令代码兼容传统 8051。

(2) 工作电压：STC89C52 系列工作电压为 5.5～3.8 V(5 V 单片机)；STC89LE52 系列工作电压为 3.6～2.4 V(3 V 单片机)。

(3) 工作频率范围：0～35 MHz。相当于普通 8051 的 0～70 MHz，实际工作频率可达 42 MHz。

(4) 片内 Flash 程序存储器：4 KB/8 KB/12 KB/14 KB/16 KB/32 KB/40 KB/48 KB/56 KB/62 KB。

(5) 片上可集成 1280 字节或 512 字节 RAM。

(6) 通用 I/O 口 (35/39 个)。复位后，P1/P2/P3/P4 是准双向口 / 弱上拉 (普通 8051 传统 I/O 口)；P0 口是开漏输出，作为总线扩展用时不用加上拉电阻，作为 I/O 口用时需加上拉电阻。

(7) 支持 ISP(在系统可编程)/IAP(在应用可编程)。无需专用编程器和专用仿真器，可通过串口 (RxD/P3.0，TxD/P3.1) 直接下载用户程序，数秒即可完成一片。

(8) 支持 EEPROM 功能。

(9) 支持看门狗功能。

(10) 内部集成 MAX810 专用复位电路 (外部晶体 20M 以下时，可省去外部复位电路，复位脚可直接接地)。

(11) 具有 3 个 16 位定时器 / 计数器，其中定时器 0 还可以当成 2 个 8 位定时器使用。

(12) 具有 4 路外部中断，下降沿中断或低电平触发中断，Power Down 模式可由外部中断低电平触发中断方式唤醒。

(13) 1 路通用异步串行口 (UART)，还可用定时器软件实现多个 UART。

(14) 工作温度范围：-40～+85℃ (工业级)/0～75℃ (商业级)。

(15) 封装：LQFP-44，PDIP-40，PLCC-44，PQFP-44。强烈推荐 LQFP-44 封装。

5.1.2 单片机的内部结构

STC89C52 系列单片机的内部结构框图如图 5-2 所示。STC89C52 单片机中包含算术逻辑运算单元 ALU、寄存器 ACC 和 B、程序存储器 (Flash)、数据存储器 (RAM)、定时器 / 计数器 0/1/2、UART 串口、I/O 接口 Port 0，1，2，3，4、电可擦写存储器 EEPROM、看门狗 WDT 等模块，它们通过内部总线集联在一起。STC89C52 系列单片机几乎包含了数据采集和控制中所需的所有单元模块，可称得上一个片上系统。

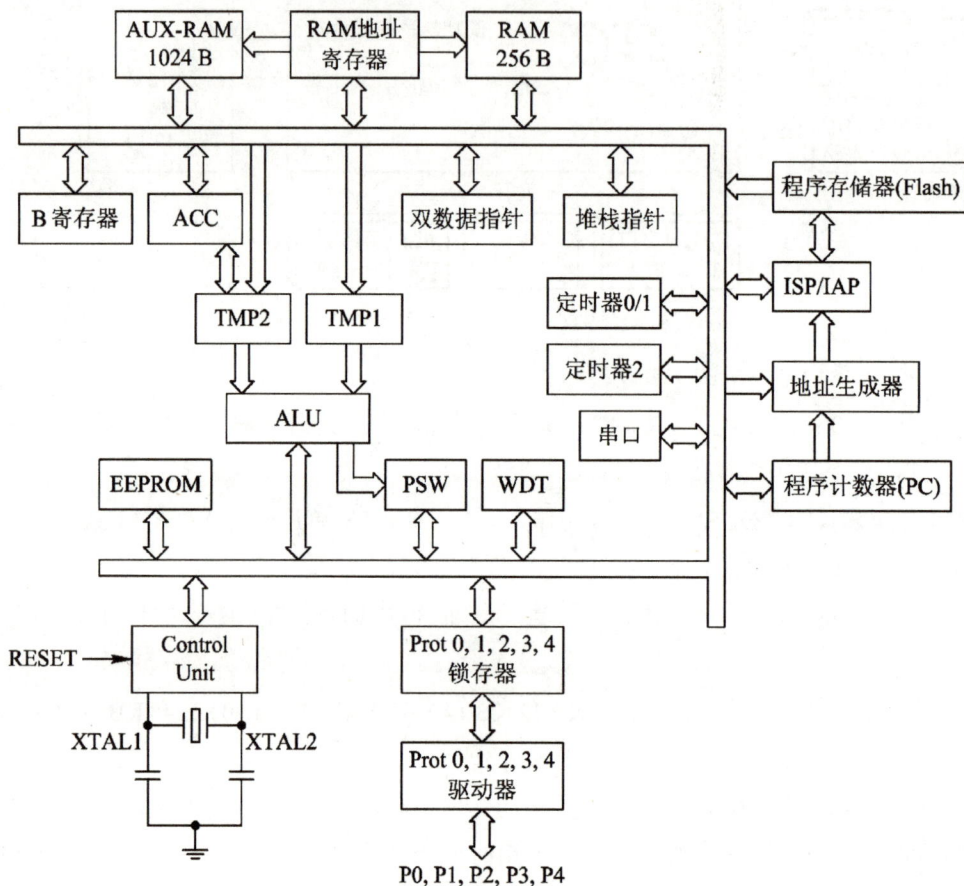

图 5-2 STC89C52 系列单片机的内部结构框图

5.1.3 单片机的引脚图

STC89C52 系列单片机常用的封装有 LQFP-44 和 PQFP-44 两种贴片封装，以及 PDIP-40 插件式封装。厂家提供的产品有 90C 版本和 HD 版本，购买和使用时要注意区别。

【注意】 如何识别 90C 版本及 HD 版本：通过查询单片机表面文字最下面一行的最后几个字母，若最后几个字母为 90C，则该单片机为 90C 版本；若最后几个字母为 HD，则该单片机为 HD 版本。

1. 90C 版本的引脚图

如图 5-3 和 5-4 所示，90C 版本无 EA、PSEN 引脚，有 P4.4/P4.5/P4.6 口。90C 版本 ALE/P4.5 引脚默认是作为 ALE 引脚，如需作为 P4.5 口使用时，须在烧录用户程序时在 STC-ISP 编程器中设置。

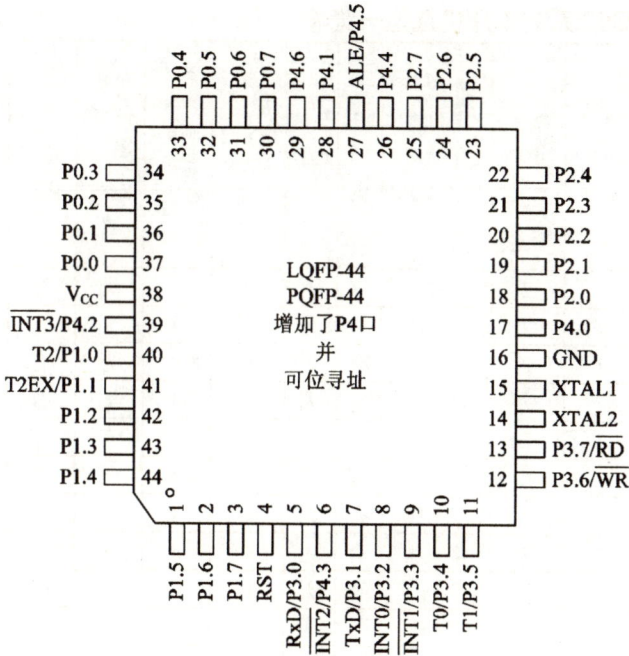

图 5-3 90C 版本的 LQFP-44 引脚图

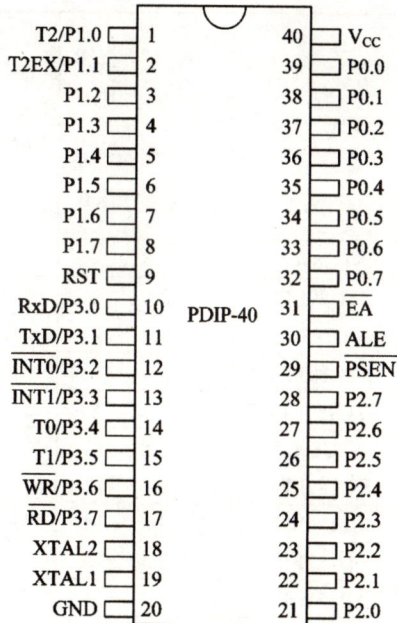

图 5-4 90C 版本的 PDIP-40 引脚图

2. HD 版本的引脚图

如图 5-5、5-6 所示，HD 版本无 P4.6/P4.5/P4.4 口，有 EA、PSEN 引脚。

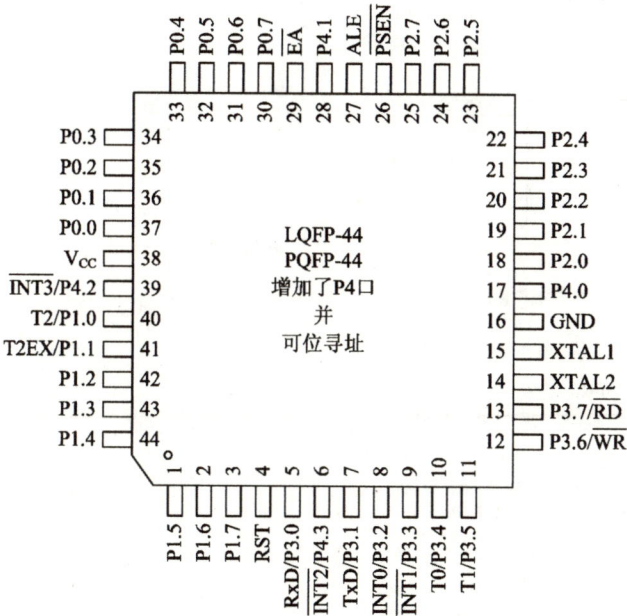

图 5-5 HD 版本的 LQFP-44 引脚图

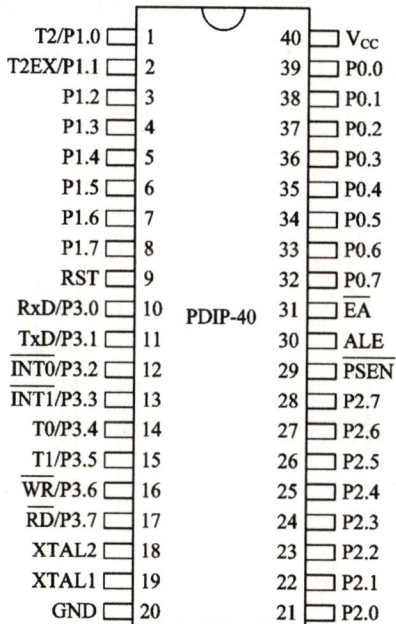

图 5-6 HD 版本的 PDIP-40 引脚图

5.1.4 STC89C52 系列单片机的选型一览表

STC89C52 系列单片机的选型一览表如表 5-1 所示。

表 5-1　STC89C52 系列单片机选型一览表

型　号	工作电压/V	程序存储器 Flash/KB	静态存储器 SRAM/B	定时器/个	串口 UART/个	指针 DPTR/个	电可擦存储器 EEPROM	看门狗	A/D	最多 I/O 口数量/个	支持掉电唤醒外部中断/个	掉电唤醒专用定时器	内置简单复位
STC89C51	5.5～3.8	4	512	3	1	2	9 KB	有	无	39	4	无	有
STC89LE51	3.6～2.4	4	512	3	1	2	9 KB	有	无	39	4	无	有
STC89C52	5.5～3.8	8	512	3	1	2	5 KB	有	无	39	4	无	有
STC89LE52	3.6～2.4	8	512	3	1	2	5 KB	有	无	39	4	无	有
STC15W408S	5.5～2.4	8	512	3	1	2	5 KB	强	无	42	5	有	强
STC89C53	5.5～3.8	12	512	3	1	2	2 KB	有	无	39	4	无	有
STC89LE53	3.6～2.4	12	512	3	1	2	2 KB	有	无	39	4	无	有
STC89C14	5.5～3.8	14	512	3	1	2	—	有	无	39	4	无	有
STC89LE14	3.6～2.4	14	512	3	1	2	—	有	无	39	4	无	有
IAP15W413S	5.5～2.4	13	512	3	1	2	IAP	强	无	42	5	有	强
STC89C54	5.5～3.8	16	1280	3	1	2	45 KB	有	—	39	4	无	有
STC89LE54	3.4～2.4	16	1280	3	1	2	45 KB	有	—	39	4	无	有
STC15W1K16S	5.5～2.6	16	1024	3	1	2	13 KB	强	—	42	5	有	强

【注意】　STC89C52 系列单片机 44-pin 的封装不推荐使用 PLCC44 和 PFQP44 封装，建议选用 LQFP44 封装。

5.1.5　STC89C52 系列单片机的命名规则

STC 单片机命名规则如图 5-7 所示。

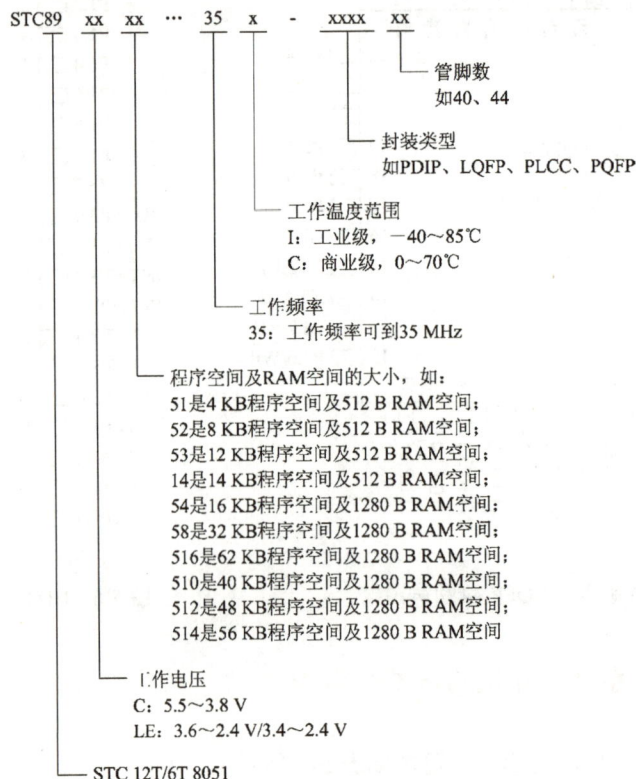

图 5-7　STC 单片机命名规则

5.1.6 单片机最小应用系统

单片机最小系统是单片机能够独立运行程序的最简硬件配置，它是所有应用开发的基石。最小系统的核心目标是确保单片机在无外设扩展的情况下，完成电源供给、程序执行、时序控制、复位初始化等基本功能。

单片机最小系统由单片机、电源电路、复位电路、时钟电路、程序下载与调试接口构成，如图 5-8 所示。

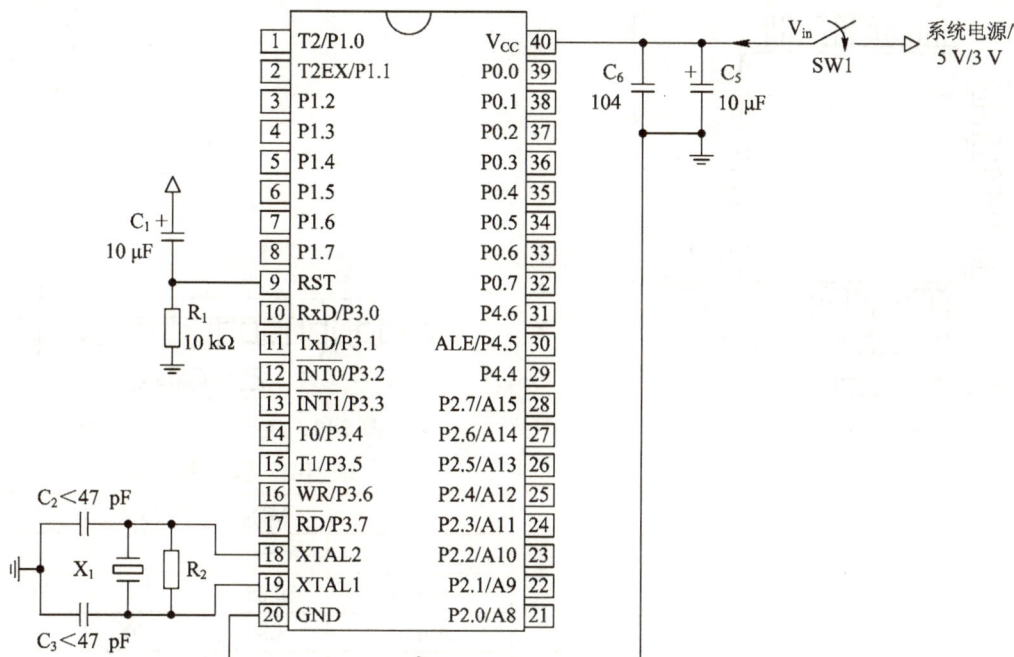

图 5-8 STC 单片机最小系统

1. 电源电路

电源电路能够提供稳定的电压 (如 5 V 或 3.3 V)，确保单片机及外围器件正常工作。在设计时，输入滤波端要添加电容来滤除高频噪声，图 5-8 所示的最小系统中添加了 100 nF 的陶瓷电容和 +10 μF 的电解电容。另外，若外设的输入电压需高于单片机的工作电压，则应使用低压差线性稳压器 LDO。

2. 复位电路

复位电路用于在系统上电、电压异常或程序失控时，强制单片机恢复到初始状态。电路设计可采用专用复位芯片，如 MAX810 可监测电源电压，当电压低于阈值时输出复位信号。也可采用 RC 复位电路，如图 5-8 所示，通过电阻和电容的充放电生成复位脉冲。

3. 时钟电路

时钟电路为单片机提供时序基准，决定指令执行速度和系统稳定性。其外部晶振常用频率为 11.0592 MHz，兼容串口波特率，如图 5-8 所示，也可以采用标准 8051 时序的 12 MHz。另外，采用单片机自带的内部振荡器可以节省成本，但精度较低，适用于对时序要求不高的场景。

4. 程序下载与调试接口

程序下载与调试接口用于烧录程序或实时调试。其他常见的接口有系统编程 ISP 接口，通过 UART 或 SPI 接口更新程序，需内置监控程序；SWD/JTAG 接口，可支持高级调试功能，如断点、单步执行。

5.1.7　STC89C52 系列单片机的封装尺寸

1. LQFP-44 封装尺寸图

LQFP-44 封装主视图如图 5-9 所示，封装侧视图如图 5-10 所示，引脚示意图如图 5-11 所示，封装尺寸变量如表 5-2 所示。

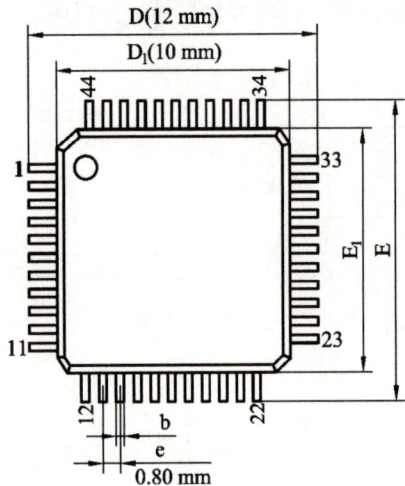

图 5-9　LQFP-44 封装主视图

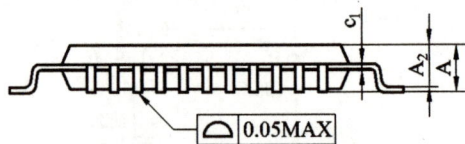

图 5-10　LQFP-44 封装侧视图

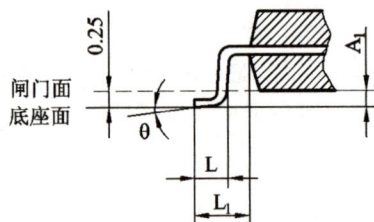

图 5-11　LQFP-44 引脚示意图

表 5-2　变 量 表

符　号	MIN	NOM	MAX
A/mm	—	—	1.60
A_1/mm	0.05	—	0.15
A_2/mm	1.35	1.40	1.45
c_1/mm	0.09	—	0.16
D/mm	12.00		
D_1/mm	10.00		
E/mm	12.00		
E_1/mm	10.00		
e/mm	0.80		
b/mm	0.25	0.30	0.35
L/mm	0.45	0.60	0.75
L_1	1.00REF		
θ	0°	3.5°	7°

2. PDIP-40 封装尺寸图

PDIP-40 的封装主视图、侧视图分别如图 5-12、图 5-13 所示，封装尺寸变量如表 5-3 所示。

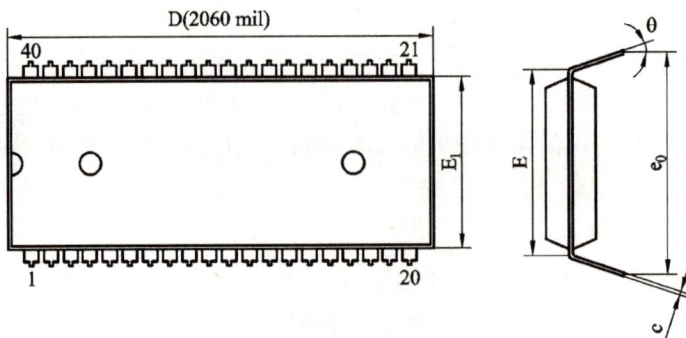

图 5-12　PDIP-40 封装主视图

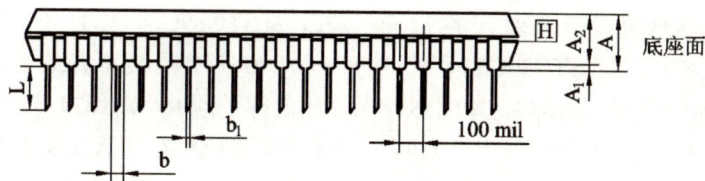

图 5-13 PDIP-40 封装侧视图

表 5-3 变 量 表

符 号	MIN	NOR	MAX
A/inch	—	—	0.190
A_1/inch	0.015	—	0.020
A_2/inch	0.15	0.155	0.160
c/inch	0.008	—	0.015
D/inch	2.025	2.060	2.070
E/inch	0.600 BSC		
E_1/inch	0.540	0.545	0.550
L/inch	0.120	0.130	0.140
b_1/inch	0.015	—	0.021
b/inch	0.045	—	0.067
e_0/inch	0.630	0.650	0.690
θ/(°)	0	7	15

注：1 inch = 2.54 cm。

5.1.8 单片机身份证号码 (ID 号)

STC89C52 系列每一个单片机出厂时都具有全球唯一的身份证号码 (ID 号)。STC 系列单片机的程序存储器的最后 7 个字节单元的值是全球唯一 ID 号，用户不可修改，但 IAP 系列单片机的整个程序区是开放的，可以修改。建议利用全球唯一的 ID 号加密时，使用 STC 系列单片机，并将 EEPROM 功能使用上，从 EEPROM 的起始地址 0000H 开始使用，可以有效杜绝对全球唯一 ID 号的攻击。

除程序存储器的最后 7 个字节单元的内容是全球唯一 ID 号外，单片机内部 RAM 的 F1H～F7H 单元的内容也具有全球唯一 ID 号。用户可以在单片机上电后读取内部 RAM 单元 F1H～F7H 连续 7 个单元的值，来获取此单片机的唯一身份证号码 (ID 号)，使用 "MOV @ Ri" 指令来读取。如果用户需要用全球唯一的 ID 号进行用户自己的软件加密，建议用户在程序的多个地方有技巧地判断自己的用户程序是否被非法修改。通过提高解密的难度，防止解密者修改程序，绕过对全球唯一 ID 号的判断。

5.2 /// 存储器与特殊功能寄存器

STC89C52 系列单片机的程序存储器和数据存储器是各自独立编址的。STC89C52 系列小容量单片机 (如 STC89C51、STC89C52、STC89C53、STC89C14 等) 内部有 512 字节的数据存储器，其在物理和逻辑上都分为两个地址空间：内部 RAM(256 字节) 和内部扩展

存储器与特殊
功能寄存器

RAM(256 字节)。STC89C52 系列大容量单片机 (如 STC89C54、STC89C58、STC89C516、STC89C510、STC89C512、STC89C514 等) 内部有 1280 字节的数据存储器，其在物理和逻辑上都分为两个地址空间：内部 RAM(256 字节) 和内部扩展 RAM(1024 字节)。

现以 STC89C52 系列大容量单片机为例，分别介绍其程序存储器和数据存储器。

5.2.1　程序存储器

程序存储器用于存放用户程序、数据和表格等信息。STC89C52 系列单片机内部集成了 4～62 KB 的 Flash 程序存储器，如图 5-14 所示。STC89C52 系列各种型号单片机的片内程序 Flash 存储器的地址如表 5-4 所示。

表 5-4　52 系列各种型号的程序存储器

类　型	程序存储器
STC89/LE51	0000H～0FFFH(4 KB)
STC89/LE52	0000H～1FFFG(8 KB)
STC89/LE53	0000H～2FFFH(12 KB)
STC89/LE14	0000H～37FFH(14 KB)
STC89/LE54	0000H～3FFFH(16 KB)
STC89/LE58	0000H～7FFFH(32 KB)
STC89/LE516	0000H～F7FFH(62 KB)
STC89/LE510	0000H～9FFFH(40 KB)
STC89/LE512	0000H～BFFFH(48 KB)
STC89/LE514	0000H～DFFFH(56 KB)

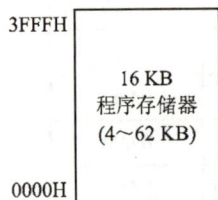

```
3FFFH
        16 KB
        程序存储器
        (4～62 KB)
0000H
```

图 5-14　程序存储器及地址范围

单片机复位后，程序计数器 (PC) 的内容为 0000H，即从 0000H 单元开始执行程序。由于 ST-C89C52 系列 HD 版本的单片机只可以访问片上 Flash 存储器，而 STC89C52 系列 HD 版本的单片机除可以访问片上 Flash 存储器外，还可以访问 64 KB 的外部程序存储器。因此，对于 STC89C52 系列 HD 版本单片机，其利用 EA 引脚来确定是访问片内程序存储器还是访问片外程序存储器。当 EA 引脚接高电平时，STC89C52 系列 HD 版本的单片机首先访问片内程序存储器；当 PC 的内容超过片内程序存储器的地址范围时，系统会自动转到片外程序存储器。以 STC89C54 单片机的 HD 版本为例，当 EA 引脚接高电平时，单片机首先从片内程序存储器的 0000H 单元开始执行程序；当 PC 的内容超过 3FFFH 时，系统自动转到片外程序存储器中取指令，此时外部程序存储器的地址从 4000H 开始。

另外，中断服务程序的入口地址 (又称中断向量) 也位于程序存储器单元。在程序存储器中，每个中断都有一个固定的入口地址，当中断发生并得到响应后，单片机就会自动跳转到相应的中断入口地址去执行程序。例如，外部中断 0 的中断服务程序的入口地址是 0003H，定时器 / 计数器 0 的中断服务程序的入口地址是 000BH，外部中断 1 的中断服务程序的入口地址是 0013H，定时器 / 计数器 1 的中断服务程序的入口地址是 001BH 等。由于相邻中断入口地址的间隔区间 (8 个字节) 有限，一般情况下无法保存完整的中断服务程序，因此，通常在中断响应的地址区域存放一条无条件的转移指令，指向真正存放中断服务程序的空间去执行。

程序 Flash 存储器可在线反复编程擦写 10 万次以上，提高了使用的灵活性和便利性。

5.2.2　数据存储器

STC89C52 系列大容量单片机内部集成了 1280 字节 RAM，可用于存放程序执行的中间结果和过程数据。内部数据存储器在物理和逻辑上都分为两个地址空间：内部 RAM(256 字节) 和内部扩展 RAM(1024 字节)。此外，STC89C52 系列单片机还可以访问在片外扩展的 64 KB 外部数据存储器。

内部 RAM 共 256 字节，可分为 3 个部分：低 128 字节 RAM(与传统 8051 单片机兼容)、高 128 字节 RAM(Intel 在 8052 单片机中扩展了高 128 字节 RAM) 及特殊功能寄存器。低 128 字节的数据存储器既可直接寻址也可间接寻址。高 128 字节 RAM 与特殊功能寄存器共用相同的地址范围 (80H～FFH)，但物理上是独立的，使用时可通过不同的寻址方式加以区分。高 128 字节 RAM 只能间接寻址，特殊功能寄存器只可直接寻址。

内部 RAM 的结构如图 5-15 所示，地址范围是 00H～FFH。低 128 字节的内部 RAM 如图 5-16 所示。

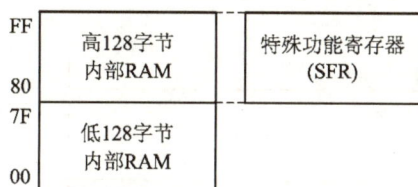

图 5-15　内部 RAM 的结构　　　　图 5-16　低 128 字节的内部 RAM

低 128 字节 RAM 也称通用 RAM 区。通用 RAM 区又可分为工作寄存器组区、可位寻址区、用户 RAM 区和堆栈区。工作寄存器组区地址从 00H～1FH 共 32 字节单元，分为 4 组 (每一组称为一个寄存器组)，每组包含 8 个 8 位的工作寄存器，编号均为 R0～R7，但它们属于不同的物理空间。通过工作寄存器组的使用，可以提高运算速度。R0～R7 是常用的寄存器，提供 4 组是因为 1 组往往不够用。程序状态字 PSW 寄存器中的 RS1 和 RS0 组合决定当前使用的工作寄存器组 (见下面 PSW 寄存器的介绍)。可位寻址区的地址从 20H～2FH 共 16 个字节单元。20H～2FH 单元既可以像普通 RAM 单元一样按字节存取，也可以对单元中的任何一位单独存取，其共有 128 位，所对应的地址范围是 00H～7FH。位地址范围是 00H～7FH。内部 RAM 低 128 字节的地址也是 00H～7FH。从外表看，二者地址是一样的，实际上二者具有本质的区别。位地址指向的是一个位，而字节地址指向的是一个字节单元，在程序中使用不同的指令区分。内部 RAM 中的 30H～FFH 单元是用户 RAM 和堆栈区。一个 8 位的堆栈指针 (SP) 用于指向堆栈区。单片机复位后，堆栈指针 SP 为 07H，指向了工作寄存器组 0 中的 R7，因此，用户初始化程序都应对 SP 设置初值，一般设置在 80H 以后的单元为宜。

5.2.3　特殊功能寄存器

特殊功能寄存器 (SFR) 是用来对片内各功能模块进行管理、控制、监视的控制寄存器和状态寄存器，是一个特殊功能的 RAM 区。STC89C52 系列单片机内的 SFR 与内部高 128 字节 RAM 共用相同的地址范围 (80H～FFH)，但 SFR 必须用直接寻址指令访问。表 5-5 给出了特殊功能寄存器的地址分布。

【说明】STC89C52 系列单片机在原来 8051 单片机的基础上增加了很多片上资源，因此，特殊功能寄存器数从原来的 21 个增加到了 41 个。

表 5-5　特殊功能寄存器的地址分布

符号		描述	地址	位地址及符号		复位值
				MSB	LSB	
P0		Port 0	80H	P0.7	P0.6	P0.5	P0.4	P0.3	P0.2	P0.1	P0.0		1111 1111B
SP		堆栈指针	81H			0000 0111B
DPTR	DPL	数据指针（低）	82H			0000 0000B
	DPH	数据指针（高）	83H			
PCON		电源控制寄存器	87H	SMOD	SMOD0	-	POF	GF1	GF0	PD	IDL		00x1 0000B
TCON		定时器控制寄存器	88H	TF1	TR1	TF0	TR0	IE1	IT1	IE0	IT0		
TMOD		定时器工作方式寄存器	89H	GATE	C/T(_)	M1	M0	GATE	C/T(_)	M1	M0		
TL0		定时器 0 低 8 位寄存器	8AH			
TL1		定时器 1 低 8 位寄存器	8BH			0000 0000B
TH0		定时器 0 高 8 位寄存器	8CH			
TH1		定时器 1 高 8 位寄存器	8DH			
AUXR		辅助寄存器	8EH	-	-	-	-	-	-	EXTRAM	ALEOFF		xxxx xx00B
P1		Port 1	90H	P1.7	P1.6	P1.5	P1.4	P1.3	P1.2	P1.1	P1.0		1111 1111B
SCON		串口控制寄存器	98H	SM0/FE	SM1	SM2	REN	TB8	RB8	TI	RI		0000 0000
SBUF		串口数据缓冲器	99H			xxxx xxxx
P2		Port 2	A0H	P2.7	P2.6	P2.5	P2.4	P2.3	P2.2	P2.1	P2.0		1111 1111B
AUXR1		辅助寄存器 1	A2H	-	-	-	-	GF2	-	-	DPS		xxxx 0xx0B
IE		中断允许寄存器	A8H	EA	-	ET2	ES	ET1	EX1	ET0	EX0		0x00 0000B
SADDR		从机地址控制寄存器	A9H			0000 0000B
P3		Port 3	B0H	P3.7	P3.6	P3.5	P3.4	P3.3	P3.2	P3.1	P3.0		1111 1111B
IPH		中断优先级寄存器高	B7H	PX3H	PX2H	PT2H	PSH	PT1H	PX1H	PT0H	PX0H		0000 0000B
IP		中断优先级寄存器低	B8H	-	-	PT2	PS	PT1	PX1	PT0	PX0		xx00 0000B
SADEN		从机地址掩模寄存器	B9H			0000 0000B

续表

符　号	描　述	地址	位地址及符号		复位值
			MSB	LSB	
XICON	Auxiliary Interrupt Control	C0H	PX3｜EX3｜IE3｜IT3｜PX2｜EX2｜IE2｜IT2		0000 0000B
T2CON	Timer/Counter 2 Control	C8H	TF2｜EXF2｜RCLK｜TCLK｜EXEN2｜TR2｜C/T2（＿＿）｜CP/RL2（＿＿＿）		0000 0000B
T2MOD	Timer/Counter 2 Mode	C9H	-｜-｜-｜-｜-｜-｜T2OE｜DCEN		xxxx xx00B
RCAP2L	Timer/Counter 2 Reload/ Capture Low Byte	CAH			
RCAP2H	Timer/Counter 2 Reload/ Capture High Byte	CBH			
TL2	Timer/Counter Low Byte	CCH			0000 0000B
TH2	Timer/Counter High Byte	CDH			
PSW	程序状态字寄存器	D0H	CY｜AC｜F0｜RS1｜RS0｜OV｜F1｜P		
ACC	累加器	E0H			
WDT_CONTR	看门狗控制寄存器	E1H	-｜-｜EN_WDT｜CLR_WDT｜IDLE_WDT｜PS2｜PS1｜PS0		xx00 0000B
ISP_DATA	ISP/IAP 数据寄存器	E2H			1111 1111B
ISP_ADDRH	ISP/IAP 高 8 位 地址寄存器	E3H			0000 0000B
ISP_ADDRL	ISP/IAP 低 8 位 地址寄存器	E4H			
ISP_CMD	ISP/IAP 命令寄存器	E5H	-｜-｜-｜-｜-｜MS2｜MS1｜MS0		xxxx x000B
ISP_TRIG	ISP/IAP 命令触发 寄存器	E6H			xxxx xxxxB
ISP_CONTR	ISP/IAP 控制 寄存器	E7H	ISPEN｜SWBS｜SWRST｜-｜-｜WT2｜WT1｜WT0		000x x000B
P4	Port 4	E8H	-｜-｜-｜-｜P4.3｜P4.2｜P4.1｜P4.0		xxxx 1111B
B	B 寄存器	F0H			0000 0000B

【注意】　只有寄存器地址能够被 8 整除的才可以进行位操作。

下面简单介绍一下普通 8052 单片机常用的一些寄存器。

1. 程序计数器

程序计数器 (Program Counter，PC) 是一个 16 位的寄存器。PC 在物理上是独立的，不属于 SFR 之列。PC 字长 16 位，是专门用来控制指令执行顺序的寄存器。单片机上电或复位后，PC=0000H，强制单片机从程序的零单元开始执行程序。

2. 累加器

累加器 (Accumulator，ACC) 是一个 8 位的寄存器，是 8051 单片机内部最常用的寄存器，也可写作 A。其常用于存放参加算术或逻辑运算的操作数及运算结果。

3. B 寄存器

B 寄存器在乘法和除法运算中须与累加器 A 配合使用。"MUL A B"指令把累加器 A 和寄存器 B 中的 8 位无符号数相乘，所得的 16 位乘积的低字节存放在 A 中，高字节存放在 B 中。"DIV A B"指令用 B 除以 A，整数商存放在 A 中，余数存放在 B 中。寄存器 B 还可以用作通用暂存寄存器。

4. 程序状态字寄存器 PSW(可位寻址)

程序状态字 (Program Status Word，PSW) 寄存器是一个 8 位寄存器，用于存放程序运行过程中的各种状态信息，其中有些位的状态是根据程序执行结果由硬件自动设置的；有些位的状态则由软件方法设定。PSW 的各位定义见表 5-6。

表 5-6 PSW 寄存器位定义

寄存器名称	PSW							
单元地址	D0H							
位地址	D7H	D6H	D5H	D4H	D3H	D2H	D1H	D0H
位名称	CY	AC	F0	RS1	RS0	OV	F1	P

表 5-6 中，各位名称的含义如下：

(1) CY(PSW.7)：进位标志位。存放算术运算的进位标志，在进行加或减运算时，如果操作结果的最高位有进位或者借位，则 CY 由硬件置 1，否则被清 0。

(2) AC (PSW.6)：辅助进位标志位。在进行加或减运算时，如果低 4 位向高 4 位进位或借位，则 AC 由硬件置 1，否则被清 0。

(3) F0(PSW.5)：用户标志位 0。供用户定义的标志位，需要利用软件方法置 1 或清 0。

(4) RS1 和 RS0(PSW.4，PSW.3)：工作寄存器组选择位。其对应关系如下：RS1RS0=00，选择第 0 组工作寄存器；RS1RS0=01，选择第 1 组工作寄存器；RS1RS0=10，选择第 2 组工作寄存器；RS1RS0=11，选择第 3 组工作寄存器。单片机上电或复位后，RS1RS0=00。

(5) OV(PSW.2)：溢出标志位。在带符号数加减运算中，OV=1 表示加减运算超出了累加器 A 所能表示的带符号数的有效范围 (−128～+127)，即产生了溢出，所以运算结果是错误的；OV=0 表示运算正确，即无溢出产生。

(6) F1(PSW.1)：用户标志位 1。保留未使用。

(7) P(PSW.0)：奇偶标志位。P 标志位表明累加器 ACC 中 1 的个数的奇偶性。

5. 堆栈指针

堆栈指针 (SP) 是一个 8 位专用寄存器，它指示出堆栈顶部在内部 RAM 块中的位置。系统复位后，SP 初始化位 07H，使得堆栈事实上由 08H 单元开始，考虑到 08H～1FH 单元分别属于工作寄存器组 1～3，若在程序设计中用到这些区，则最好把 SP 值改变为 80H 或更大的值为宜。STC89C52 系列单片机的堆栈是向上生长的，即将数据压入堆栈后，SP 内容增大。

6. 数据指针

数据指针 (DPTR) 是一个 16 位专用寄存器，由 DPL(低 8 位) 和 DPH(高 8 位) 组成，地址是 82H(DPL，低字节) 和 83H(DPH，高字节)。DPTR 是传统 8051 单片机中唯一可以直接进行 16 位操作的寄存器，也可分别对 DPL 和 DPH 按字节进行操作。

【注意】 STC89C52 系列单片机有两个 16 位的数据指针 DPTR0 和 DPTR1。这两个数据指针共用同一个地址空间，可通过设置 DPS/AUXR1.0 来选择具体被使用的数据指针。

除了以上几个特殊功能寄存器外，其余的寄存器大都用于控制单片机内各功能部件。它们将在后续章节中陆续介绍。

5.3 /// 时钟电路与复位电路

时钟电路与
复位电路

1. 时钟电路

单片机的时钟信号用来提供单片机内部各种操作的时间基准，时钟电路用来产生单片机工作所需要的时钟信号。

单片机内部有一个高增益的反向放大器，其输入端 XTAL1 和 XTAL2 用于外接晶振和电容，以构成自激振荡器，其发出的脉冲直接送入内部的时钟电路。内部时钟方式外接电路如图 5-17(a)所示。外部时钟方式是把外部已有的时钟信号引入到单片机内，如图 5-17(b)所示。

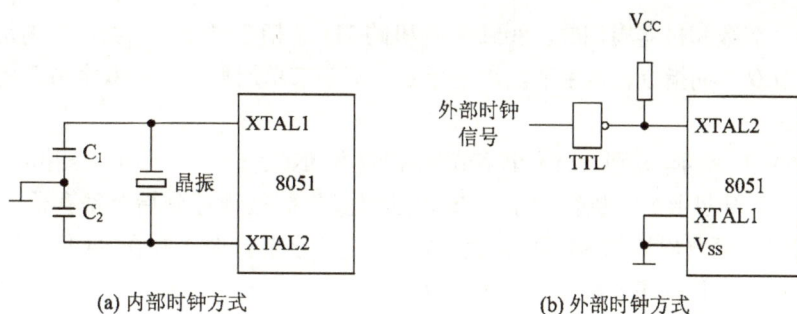

图 5-17 单片机时钟电路

2. 时序

CPU 总是按照一定的时钟节拍与时序工作。CPU 的时序是指 CPU 在执行指令过程中，CPU 控制器所发出的一系列特定的控制信号在时间上的相互关系。时序是用定时单位来说明的。

常用的时序定时单位有时钟周期、状态周期、机器周期、指令周期。

1) 时钟周期

时钟周期是指振荡源的周期，即时钟脉冲频率的倒数，是最基本、最小的定时信号，又称振荡周期。

2) 状态周期

两个振荡周期为一个状态周期，由振荡脉冲二分频后得到，用 S 表示。两个振荡周期作为两个节拍分别称为节拍 P1 和节拍 P2。在状态周期的前半周期 P1 有效时，通常完成算术逻辑操作；在后半周期 P2 有效时，一般进行内部寄存器之间的传输。

3) 机器周期

MCS-51 采用定时控制方式，因此它有固定的机器周期。一个机器周期的宽度为 6 个状态，并依次表示为 S1，S2，…，S6。由于一个状态又包括两个节拍，因此，一个机器周期总共有 12 个节拍，分别记作 S1P1，S1P2，…，S6P1，S6P2。因为一个机器周期共有 12 个振荡脉冲周期，所以机器周期就是振荡脉冲的十二分频。

当时钟频率为 12 MHz 时，机器周期为 1 μs；当时钟频率为 6 MHz 时，机器周期为 2 μs。

4) 指令周期

执行一条指令所需要的时间称之为指令周期。它一般由 1～4 个机器周期组成。不同的指令，所需要的机器周期数也不相同。指令周期通常分为三类：单机器周期指令、双机器周期指令和四机器周期指令。指令的运算速度与指令所包含的机器周期有关，机器周期数越少，指

令执行速度越快。

【例5-1】 8051 单片机的状态周期、机器周期、指令周期是如何分配的？当晶振频率为 6 MHz 和 12 MHz 时，一个机器周期为多少微秒？

解 8051 单片机每个状态周期包含 2 个时钟周期，一个机器周期有 6 个状态周期，每条指令的执行时间（即指令周期）为 1～4 个机器周期。

当 f = 6 MHz 时，时钟周期 = 1/f = 1/6 μs；机器周期 = (1/6) × 12 = 2 μs。

当 f = 12 MHz 时，时钟周期 = 1/f = 1/12 μs；机器周期 = (1/12) × 12 = 1 μs。

在 MCS-51 指令系统中，单机器周期指令有 64 条，双机器周期指令有 45 条，四机器周期指令只有 2 条（乘法和除法指令），无三机器周期指令。

由图 5-18 可见，低 8 位地址的锁存信号 ALE 在每个机器周期中两次有效：一次在 S1P2 与 S2P1 期间；另一次在 S4P2 与 S5P1 期间。ALE 信号每出现一次，CPU 就进行一次取指操作，但由于不同指令的字节数和机器周期数不同，因此，取指操作也随指令的不同而有小的差异。

按照指令字节数和机器周期数，8051 单片机的 111 条指令可分为六类，分别是单字节单周期指令、单字节双周期指令、单字节四周期指令、双字节单周期指令、双字节双周期指令、三字节双周期指令。

如图 5-18(a)、(b) 所示，分别给出了单字节单周期（如 INC A）和双字节单周期指令（如 ADD A，#data）的时序。单周期指令的执行始于 S1P2，这时操作码被锁存到指令寄存器内。若是双字节指令，则在同一机器周期的 S4 读第二字节。若是单字节指令，则在 S4 仍有读出操作，但被读入的字节无效，且程序计数器 PC 并不增加。

图 5-18(c) 给出了单字节双周期指令的时序，两个机器周期内进行了 4 次读操作码操作。因为是单字节指令，所以后三次读操作都是无效的（如 INC DPTR）。

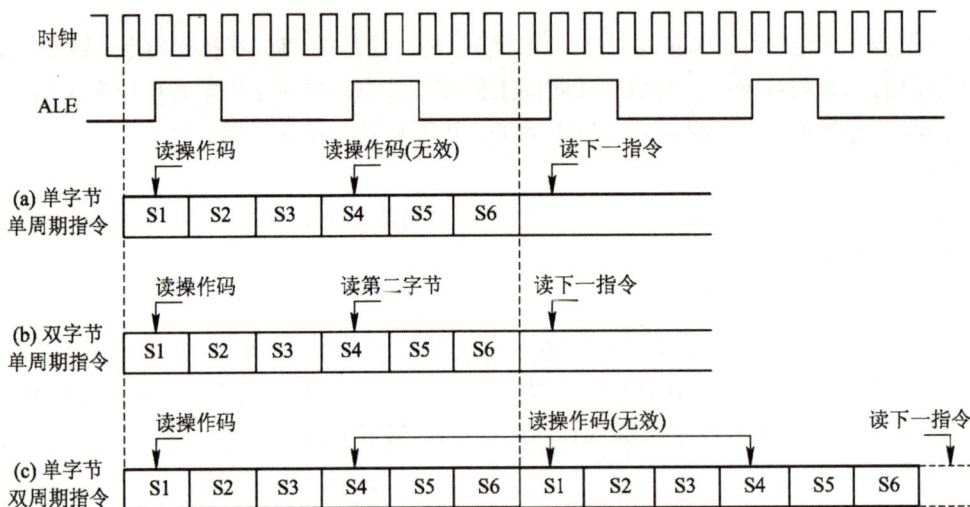

图 5-18 MCS-51 的取指 / 执行时序

3. 复位电路

单片机复位是使 CPU 和系统中的其他功能部件都恢复为初始状态，并从这个状态开始工作，类似于电脑的重启。要实现复位操作，必须使 RES 引脚至少保持两个机器周期（24 个振荡器周期）的高电平。CPU 在第二个机器周期内执行内部复位操作，以后每一个机器周期重复一次，直至 RES 端电平变低。复位期间 CPU 不产生 ALE 及 $\overline{PSEN}$ 信号，即 ALE = 1 和 $\overline{PSEN}$ = 1。这表明单片机复位期间不会有任何取指操作。当 RES 引脚返回低电平以后，CPU 从 0000H 地址开始执行程序。

单片机常见的复位电路主要有上电复位电路和按键复位电路。上电复位电路如图 5-19(a) 所示，由 RC 构成微分电路。在上电瞬间，上电复位电路产生一个微分脉冲，其宽度若大于 2 个机器周期，则 8051 单片机将复位。为保证微分脉冲宽度足够大，RC 时间常数应大于 2 个机器周期。一般取 22 μF 电容、1 kΩ 电阻。按键复位电路如图 5-19(b) 所示，该电路除具有上电复位功能外，若要复位，则只需按下图中的 RESET 键，R_1、C_2 仍构成微分电路，使 RST 端产生一个微分脉冲复位，复位完毕 C_2 经 R_2 放电，等待下一次按下复位按键。

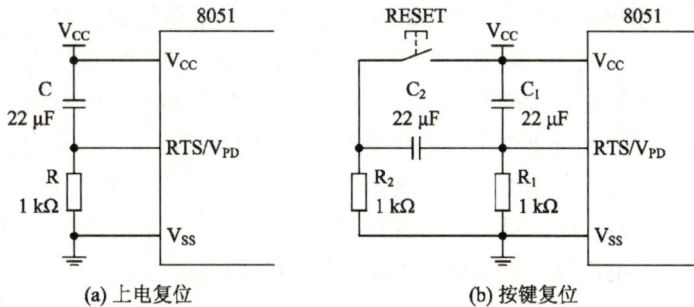

(a) 上电复位　　　　　　　　　(b) 按键复位

图 5-19　复位电路

单片机复位后，内部各专用寄存器状态如表 5-7 所示。

表 5-7　内部专用寄存器复位状态

寄存器	复位状态	寄存器	复位状态
PC	0000H	ACC	00H
B	00H	PSW	00H
SP	07H	DPTR	0000H
P0～P3	0FFH	IP	×××00000B
IE	0××00000B	TMOD	00H
TCON	00H	TL0，TL1	00H
TH0，TH1	00H	SCON	00H
SBUF	不定	PCON	0×××0000B

【说明】　其中 × 表示无关位。

(1) 复位后 PC 值为 0000H，表明复位后程序从 0000H 开始执行。

(2) ACC=00H，表明累加器被清零。

(3) PSW=00H，表明当前工作寄存器为第 0 组工作寄存器。

(4) SP=07H，表明堆栈底部在 07H。一般需重新设置 SP 值。

(5) P0～P3 口值为 0FFH。P0～P3 口用作输入口时，必须先写入 "1"。单片机在复位后，已使 P0～P3 口每一端线为 "1"，为这些端线用作输入口做好了准备。

(6) IP=×××00000B，表明各个中断源处于低优先级。

(7) IE=0××00000B，表明各个中断均处于关断状态。

5.4 /// 单片机的 I/O 口结构

STC89C52 系列单片机所有 I/O 口均有 3 种工作类型：准双向口 / 弱上拉 (标准 8051 输出模式)、仅为输入 (高阻) 或开漏输出功能。STC89C52 系列单片机的 P1/P2/P3/P4 上电复位后为

单片机的 I/O 口结构

准双向口 / 弱上拉 (传统 8051 的 I/O 口) 模式，P0 口上电复位后为开漏输出模式。P0 口作为总线扩展用时，不用加上拉电阻；作为 I/O 口用时，需加 4.7～10 kΩ 上拉电阻。STC89C52 系列的 5 V 单片机的 P0 口的灌电流最大为 12 mA，其他 I/O 口的灌电流最大为 6 mA。STC89LE52 系列的 3 V 单片机的 P0 口的灌电流最大为 8 mA，其他 I/O 口的灌电流最大为 4 mA。

5.4.1 准双向口输出配置

准双向口输出类型可用作输出和输入功能，而不需要重新配置口线输出状态。这是因为当口线输出为 1 时驱动能力很弱，允许外部装置将其拉低。当引脚输出为低时，它的驱动能力很强，可吸收相当大的电流。准双向口有 3 个上拉晶体管以适应不同的需要。

在 3 个上拉晶体管中，有 1 个上拉晶体管称为"弱上拉"，当口线寄存器为 1 且引脚本身也为 1 时打开。此上拉提供基本驱动电流使准双向口输出为 1。如果一个引脚输出为 1 而由外部装置下拉到低时，则弱上拉关闭而"极弱上拉"维持开状态，为了把这个引脚强拉为低，外部装置必须有足够的灌电流能力使引脚上的电压降到门槛电压以下。

第 2 个上拉晶体管称为"极弱上拉"，当口线锁存为 1 时打开。当引脚悬开时，这个极弱的上拉源产生很弱的上拉电流将引脚上拉为高电平。

第 3 个上拉晶体管称为"强上拉"。当口线锁存器由 0 到 1 跳变时，这个上拉用来加快准双向口由逻辑 0 到逻辑 1 转换。当发生这种情况时，强上拉打开约 2 个时钟以使引脚能够迅速地上拉到高电平。

准双向口输出如图 5-20 所示。

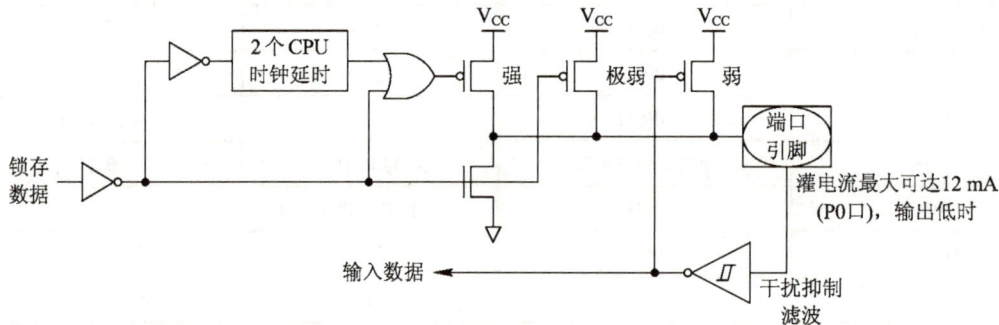

图 5-20　准双向口输出配置

STC89LE52 系列单片机为 3 V 器件，如果用户在其引脚加上 5 V 电压，那么将会有电流从引脚流向 V_{CC}，这样会导致额外的功率消耗。因此，建议不要在准双向口模式中向 3 V 单片机引脚施加 5 V 电压，如使用的话，要加限流电阻，或用二极管做输入隔离，或用三极管做输出隔离。

【注意】

(1) 准双向口带有一个干扰抑制电路。

(2) 准双向口读外部状态前，要先锁存为"1"，才可读到外部正确的状态。

5.4.2 开漏输出配置

P0 口上拉复位后处于开漏模式。当 P0 引脚作 I/O 口时，需外加 4.7～10 kΩ 的上拉电阻；当 P0 引脚作为地址 / 数据复用总线使用时，不用外加上拉电阻。

当口线锁存器为 0 时，开漏输出关闭所有上拉晶体管。当作为一个逻辑输出时，这种配置方式必须有外部上拉，一般通过电阻外接到 V_{CC}。如果外部有上拉电阻，则开漏的 I/O 口还可读外部状态，即此时被配置为开漏模式的 I/O 口还可作为输入 I/O 口。这种方式的下拉与准双向口相同。开漏端口带有一个干扰抑制电路。开漏输出配置如图 5-21 所示。

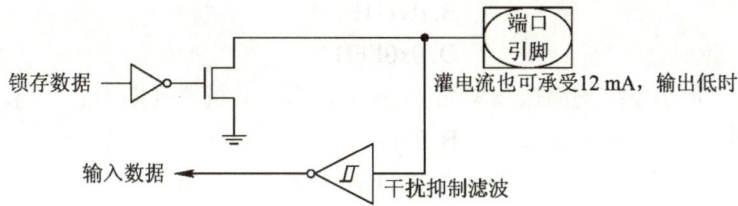

图 5-21　开漏输出配置

单 元 小 结

本单元主要介绍单片机总体架构和片上资源。通过单片机总体介绍部分的学习，学生可了解单片机内部的结构，熟悉常用单片机选型和封装，掌握单片机的命名规则和引脚分配；通过存储器与特殊功能寄存器部分的学习，学生可掌握单片机程序存储器、数据存储器和特殊功能存储器的结构；通过时钟电路与复位电路部分的学习，学生可学会设计单片机的时钟电路和复位电路；通过单片机的 I/O 口结构部分的学习，学生可理解 STC89C52 系列单片机的三种 I/O 口工作类型。

单 元 练 习

一、单选题

1. CPU 对各种片上资源采用（　　）来控制。

A. 特殊功能寄存器　　　　　　　　B. RAM

C. 程序存储器　　　　　　　　　　D. 并行 I/O 口

2. （　　）是单片机的控制核心，完成运算和控制功能。

A. ALU　　　　　　　　　　　　　B. RAM

C. ROM　　　　　　　　　　　　　D. CPU

3. 具有可读写功能，掉电后数据丢失的存储器是（　　）。

A. ALU　　　　　　　　　　　　　B. RAM

C. ROM　　　　　　　　　　　　　D. CPU

4. 具有可读写功能，掉电后数据不会丢失的存储器是（　　）。

A. ALU　　　　　　　　　　　　　B. RAM

C. ROM　　　　　　　　　　　　　D. CPU

5. 如果选择的单片机系统需要 3 V 供电，8 KB 的 Flash，512 B 的 SRAM，30 个 I/O 口的片上资源，应该选择 ST89C52 系列（　　）型号的单片机。

A. STC89C51　　　　　　　　　　B. STC89C52

C. STC89LE52　　　　　　　　　　D. STC89LE58

6. 单片机最多可以扩展（　　）外部程序存储器或外部数据存储器。

A. 4 KB　　　　　　　　　　　　　B. 8 KB

C. 16 KB　　　　　　　　　　　　　D. 64 KB

7. 下面（　　）没有位于片内 128 B 数据存储器。

A. 位寻址区　　　　　　　　　　　B. SFR

C. 工作寄存器区　　　　　　　　　D. 用户 RAM

8. 复位后，单片机堆栈寄存器 SP 的状态值是 ( )。

A. 0x00H B. 0x11H

C. 0x07H D. 0x0FFH

9. 一个单片机最小系统的晶振频率为 24 MHz，那么其机器周期为 ( )。

A. 4 μs B. 2 μs

C. 1 μs D. 0.5 μs

10. 下面给出的特殊功能寄存器中，( ) 是不可寻址的，即用户无法对它进行读写。

A. PSW B. PC

C. ACC D. P0

二、填空题

1. CPU 由运算器和控制器组成，运算器包括 _____、_____、_____、_____、_____ 等。

2. 单片机控制程序一般下载到单片机 _____ 中。

3. ST89C52 系列单片机的 41 个特殊功能寄存器映射到内部 RAM 区的 _____ 地址空间内。

4. 单片机在正常运行时，ALE 以 _____ 晶振频率的固定频率输出正脉冲，所以可作为外部时钟或外部定时脉冲使用。

5. 为 STC89C52 系列单片机选择合适的晶振电路，如果外接 12 MHz 晶振时，则 C2 和 C3 两个电容应选择 _____ 值。

6. 为 STC89C52 系列单片机选择合适的晶振电路，如果外接 4 MHz 晶振时，则 C2 和 C3 两个电容应选择 _____ 值。

7. 内部 RAM 共 256 B，可分为三个部分，分别是 _____、_____、_____。

8. 系统复位后，PC = _____，表示单片机从程序存储器的 _____ 单元开始执行程序。

9. 单片机复位的条件是：必须使 RST 引脚加上持续 _____ 机器周期以上的 _____ 电平。

三、简答题

1. 除了 CPU 之外，51 单片机的片上资源还有哪些？

2. 简述单片机 I/O 口的三种工作类型以及各自的作用。

习题答案

第6单元　LED 和蜂鸣器

单元概述

　　单片机技术作为计算机科学的关键分支，扮演着至关重要的角色，其广泛应用于众多领域，从城市景观照明到家庭智能化设备，无处不在。特别是流水灯技术的创新运用，极大丰富了我们的视觉体验，如城市夜景的璀璨变换、霓虹广告牌的动感展示、舞台灯光音响的精准调控，以及文字与图案的动态呈现，都生动展现了科技进步带来的美感。

　　本单元主要通过 Proteus 仿真软件和 Keil 编程软件，设计了以 C51 单片机为核心控制单元，结合 P0、P1 口应用，以 8 位发光二极管和蜂鸣器设计输出电路；通过 C 语言编程实现 LED 的点亮，流水灯功能的实现，蜂鸣器的鸣响控制，以及两种输出器件的效果叠加实现指示频谱灯；通过软硬件仿真验证设计的合理性和正确性。

　　本单元结合 STC89C52 控制芯片搭配 I/O(Input/Output) 端口的使用，运用最小系统硬件设计基础，搭配外设 LED 和蜂鸣器，学习其工作原理及基本运用，通过软件编程控制实现报警指示灯、指示频谱灯任务。

科普与思政

　　LED 作为新型半导体光源，经历了从指示应用到高效照明的飞跃发展，其封装技术的不断进步推动了照明技术的革新。从直插式到贴片式，再到大功率和多芯片集成封装，LED 的体积不断缩小，效率持续提升，广泛应用于城市景观、家庭智能化设备等多个领域，展现了科技进步带来的巨大变化。通过学习 LED 技术的历史、现状及未来趋势，我们可以认识到科技创新对于国家和社会发展的重要性，激励我们为推动国家科技进步和产业发展贡献自己的力量。同时在追求科技创新的过程中，也要注重节能环保和可持续发展，为实现绿色中国贡献智慧。

6.1 /// LED 基础知识

6.1.1　LED 的结构及发光原理

　　LED(Lighting Emitting Diode) 是发光二极管的简称，它采用固体半导体芯片为发光材料，由

LED 基础知识

含镓 (Ga)、砷 (As)、磷 (P)、氮 (N) 等的化合物制成。这类发光材料是指电子与空穴复合时能辐射出可见光,因而可以用来制成发光二极管。砷化镓二极管发红光,磷化镓二极管发绿光,碳化硅二极管发黄光,氮化镓二极管发蓝光。

从图 6-1 中可以看出,LED 主要由 LED 芯片、正负两极、外壳及光学系统组成,其中 LED 芯片被固定在导电导热的金属支架上,两端分别连接着电源的正负两极,外部用树脂透镜封住,起到聚光和保护芯片的作用。

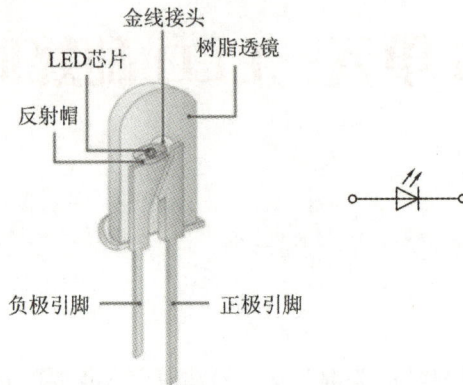

图 6-1　LED 构造图与电路符号

发光二极管是半导体二极管的一种,它可以把电能转化成光能。发光二极管与普通二极管一样,核心是由一个 P-N 结组成的,也具有单向导电性。P-N 结的工作原理如图 6-2 所示,P 型半导体中载流子为空穴,N 型半导体中载流子为电子。当 P-N 结加入正向电压时,电子就会从 N 区向 P 区移动,在 P 区和 N 区的交界处,电子和空穴复合并以自发辐射的荧光形式从 LED 中发射出来。

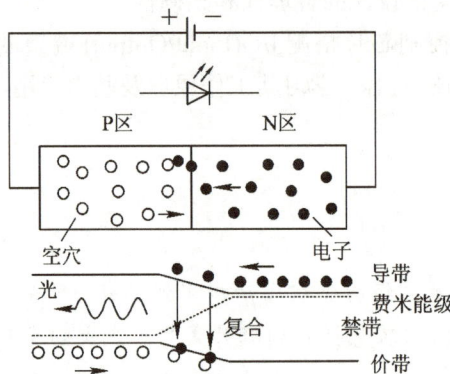

图 6-2　P-N 结的工作原理

由于半导体的材料不同,导致其电子和空穴所占的能级也有所不同。当电子和空穴复合时会释放出不同的能量,释放的能量越多,则发出的光的波长越短;能级越低,则复合后产生光子的能量相对较小。常用的二极管发红光、绿光或黄光。

6.1.2　LED 的封装

LED 的封装方法主要由芯片的结构、电气机械特性、具体应用和成本等因素决定。LED 的封装技术在不断地推陈出新,常见的封装形式如图 6-3 所示。

(1) DIP 封装:即直插式封装。其封装支架为铝制镀银支架,LED 芯片与支架负极的凹杯内固晶,金线连接芯片与支架的正负极,整个结构被环氧树脂透镜包裹,起到保护的作用。

(2) 食人鱼式封装:引脚式封装的一种,但结构有较大改进。食人鱼 LED 采用热导率更高的钢质镀银支架，并将引脚增加为四个，从而大大降低了热阻，使 LED 可以承受更大的功率和电流。

(3) SMD 封装：即贴片式封装。它是一种平面封装方式，具有体积小、轻薄和易于自动化等优点。贴片式封装大致过程是将 LED 芯片粘贴在平面支架板上，通过焊接电极引线，然后切割、检测分选和包装完成。SMD 封装按照尺寸可分为 5050、5030 等型号。

(4) 大功率 LED 封装：在 LED 金属基座上固晶，固晶的工艺采用共晶焊技术，有效减小了固晶界面的热阻。

(5) COB 多芯片集成封装 (Chip On Board，COB)：将多芯片集成封装在铝制基板上，不需要支架的支撑，减少了热传递距离，散热路径短、热阻小，在大功率照明上应用广泛。

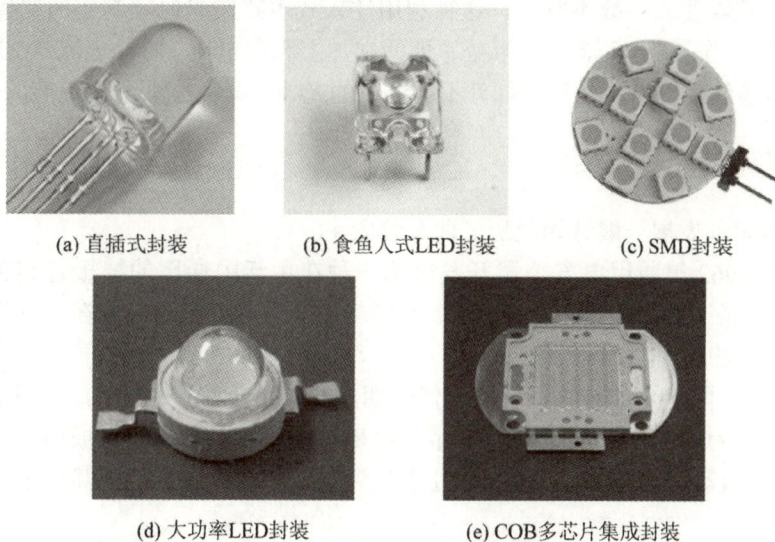

(a) 直插式封装　　　　(b) 食鱼人式LED封装　　　　(c) SMD封装

(d) 大功率LED封装　　　　(e) COB多芯片集成封装

图 6-3　五种不同的 LED 封装形式

6.1.3　LED 的电学特性

LED 的电学特性 (即 I-U 特性) 指流过芯片 PN 结的电流随 PN 结两端电压变化的特性。I-U 特性曲线是非线性的。图 6-4 所示为 I-U 特性曲线，图 6-5 所示为伏安特性曲线。

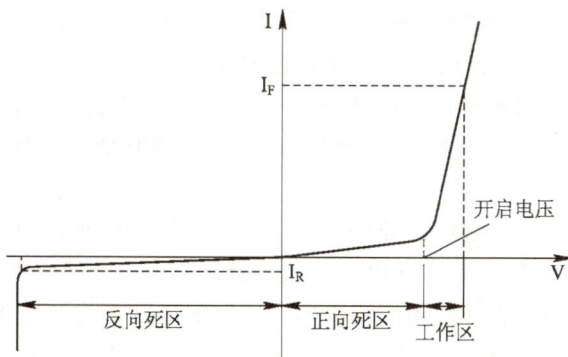

图 6-4　LED 的 I-U 特性曲线　　　　　　图 6-5　LED 的伏安特性曲线

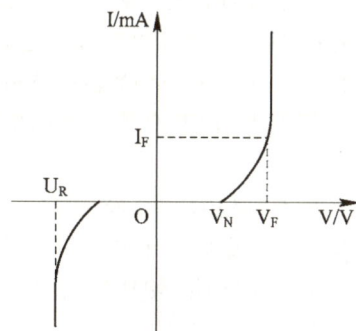

从图 6-5 中可以看出，当二极管处于正向工作电压区域的时候，若给予其正向偏置电压，则二极管中将有同向电流流过，开始时正向偏置电压极小，电流也较小，这时 LED 不发光。如果电压连续增加并超过一定值，则电压与电流成指数函数关系，并且小的电压改变伴随着电流迅速变化。由此可见，LED 对驱动电源提供的电流的稳定性要求较高。当二极管处于反向电压工作区域的时候，此时加上电压会产生数值较小的反向电流 (基本上可以忽略)；当反向

电压继续增大并超过一定值时，反向电流几乎呈指数增长，二极管出现反向击穿现象。发光二极管的反向击穿电压大于 5 V。它的正向伏安特性曲线很陡，使用时必须串联限流电阻以控制通过二极管的电流。限流电阻 R 可用下式计算：

$$R = \frac{E - V_F}{I_F} \tag{6-1}$$

式中，E 为电源电压，V_F 为 LED 的正向压降，I_F 为 LED 的正常工作电流。发光二极管的核心部分是由 P 型半导体和 N 型半导体组成的晶片，在 P 型半导体和 N 型半导体之间有一个过渡层，称为 PN 结。在某些半导体材料的 PN 结中，注入的少数载流子与多数载流子复合时会把多余的能量以光的形式释放出来，从而把电能直接转换为光能。当 PN 结加反向电压时，少数载流子难以注入，故不发光。这种利用注入式电致发光原理制作的二极管叫发光二极管，通称 LED。当它处于正向工作状态（即两端加上正向电压）时，电流从 LED 的阳极流向阴极，半导体晶体就发出从紫外到红外不同颜色的光线。光的强弱与电流有关。

6.1.4 LED 的发展现状

LED 照明技术的发展一般认为经历了四个阶段。

第一阶段是 1962 年通用电气公司开发出第一种在生活中通用的二极管到 20 世纪 80 年代初的近二十年。在 LED 刚刚面世的阶段，它的应用非常有限，通常只在状态指示等小范围中得到了一定程度的应用。

第二阶段为 20 世纪 80 年代初到 90 年代中期，此时用于照明使用的白光 LED 并未研发成功，这主要是因为蓝光 LED 的技术还未取得突破，导致合成光谱并形成白光非常困难。所以和传统的光源比较，LED 的光效及价格处于劣势，人们更多的只是将其用于一些状态指示或者装饰领域。

第三阶段主要是 20 世纪最后十年。20 世纪末，蓝光 LED 瓶颈取得突破，使用多种光谱合成的白光 LED 技术随之取得成功，高功率白光 LED 技术取得了长足进步，科研水平的支撑成本也持续下降。在这个阶段，科研人员研制出了全彩 LED。LED 的光效指标在 2000 年取得了实质突破，此时卤素灯的光效为 19.2 lm/W，而商用 LED 的光效在 25 lm/W 左右。此时，LED 的应用也逐渐推广开来，除了常规的应用领域外，在汽车照明、仪器仪表等领域也得到了广泛的应用。

目前 LED 正处于第四个阶段，在这个阶段内研究的目标是开发高效率、环保的光源，主要解决的问题是开发新的制造工艺、器件结构等。在 2012 年，大功率 LED 的光效已达 100 lm/W以上，比如 OSRAM OSLON SSL 80 系列和飞利浦大功率 LUXEON 系列都超过了 100 lm/W。在这个阶段，LED 作为一种高效环保的照明光源，开始在室内照明、道路及隧道照明中得到应用。

生活中 LED 已广泛应用于照明、广告灯、指引灯、屏幕。较之于传统照明光源，LED具有独特的优势，比如功率需求低、驱动特性好、响应速度快、抗震能力高、使用寿命长、绿色环保以及不断快速提高的发光效率等。随着各国政策的相继出台，例如，日本的"21 世纪照明计划"、美国的"下一代照明计划"、欧盟的"半导体照明计划"、韩国的"氮化镓半导体开发计划"、英国的"用于有效照明解决方案的新型发光二极管"计划、中国的"半导体照明工程"，以及在各种利好环境的推动下，LED 将成为目前世界上最有可能替代传统光源的新一代光源。

6.1.5 LED 驱动的调光方式

LED 的优点之一是它调光响应迅速，常见的 LED 调光方案有可控硅调光 (TRAIC)、模拟

调光 (AM) 以及数字调光 (PWM 调光) 等。在没有照明需求的地方维持低亮度可以减小 LED 功率，维持小功率也会改善 LED 发光的结温，文献中实验结果表明 100 lm/W 的 LED 的光通量分别随室内温度和前向电流的升高而降低，且前向电流越大时，下降幅度越大。

对三种调光方式的特点进行对比，如表 6-1 所示，根据三种调光方式的特点，本书主要介绍 PWM 调光的方式。

表 6-1　三种调光方式的特点

项　目	可控硅调光	模拟调光	PWM 调光
噪声	没有	没有	存在
白光质量	一般	一般	好
耗电情况	较大	一般	一般
外围电路	一般	一般	简单

PWM(脉冲宽度调制) 调光技术的工作原理是在一个固定的时间周期内，通过控制 LED 灯的通断时间来实现亮度的调节。通断时间比例越大，LED 灯的亮度就越高；通断时间比例越小，LED 灯的亮度就越低。数字 (PWM) 调光的基本原理是利用 PWM 技术来控制发光二极管 (LED) 亮度的方法。PWM 调光通过改变脉冲的宽度，即改变开启和关闭的时间比例，来实现对 LED 亮度的调节。当 MOSFET 频率大于 100 Hz 时，视觉停留现象不会让人感受到 LED 发光的闪烁，但是，当 PWM 的频率为 20～200 kHz 时，驱动电路会发出比较明显的噪声。数字调光不仅不会出现色移现象，而且调光比范围大，控制精确，一般通过专用的 IC 芯片实现，PWM 调光波形如图 6-6 所示。

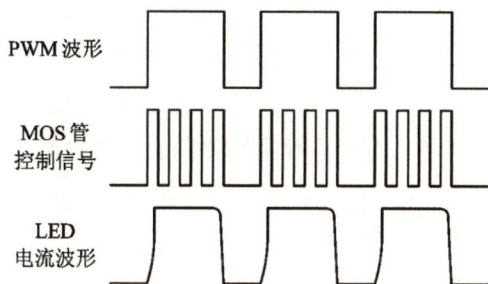

图 6-6　PWM 调光波形

6.2 /// 蜂鸣器基础知识

6.2.1　蜂鸣器的介绍与分类

蜂鸣器是一种一体化结构的电子讯响器，其广泛应用于计算机、打印机、复印机、报警器、电子玩具、汽车电子设备、电话机、定时器等电子产品中作为发声器件。

蜂鸣器按结构和工作原理分，主要分为压电式蜂鸣器、电磁式蜂鸣器两种类型；按其驱动方式的原理分，可分为有源蜂鸣器 (内含驱动线路) 和无源蜂鸣器 (外部驱动)；按其封装方式的不同，可分为 DIP BUZZER(插针式蜂鸣器) 和 SMD BUZZER(贴片式蜂鸣器)；按其输入电流类型的不同，可分为直流蜂鸣器和交流蜂鸣器，其中，以直流最为常见。蜂鸣器的不同分类示意图如图 6-7 所示。

蜂鸣器基础知识

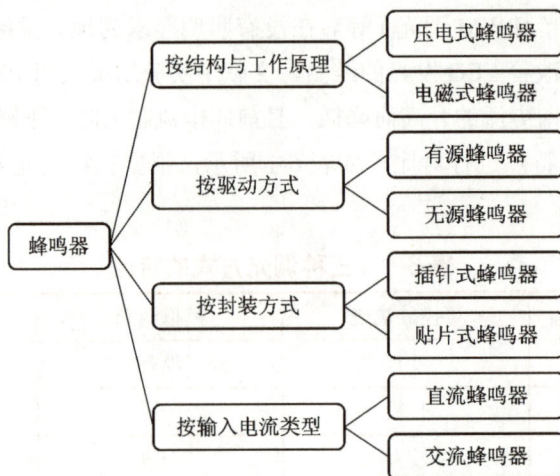

图 6-7 蜂鸣器的不同分类示意图

6.2.2 蜂鸣器的发声原理和结构

蜂鸣器的发声原理是电流通过电磁线圈使其产生磁场来驱动振动膜发声的，因此需要一定的电流才能驱动它。蜂鸣器的发声结构由振动装置和谐振装置组成，根据驱动方式的不同，蜂鸣器又分为无源他激型与有源自激型。

无源他激型蜂鸣器的工作发声原理是：方波信号输入谐振装置转换为声音信号输出。无源他激型蜂鸣器的工作发声原理图如图 6-8 所示。

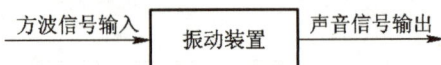

图 6-8 无源蜂鸣器的工作原理

有源自激型蜂鸣器的工作发声原理是：直流电源输入经过振荡系统的放大、取样，电路在谐振装置作用下产生声音信号。有源自激型蜂鸣器的工作发声原理图如图 6-9 所示。

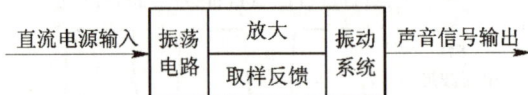

图 6-9 有源蜂鸣器的工作原理

压电式蜂鸣器的驱动电流消耗较小，一般都是几毫安，所以通常不需要放大电路，可以直接双向方波驱动；而电磁式蜂鸣器的驱动电流较大，单片机 I/O 引脚输出的电流较小，导致单片机输出的 TTL 电平基本上驱动不了蜂鸣器，因此需要增加一个电流放大的电路，一般使用三极管放大电流即可满足驱动需求，如图 6-10 所示。

除去蜂鸣器常规驱动方式，这里再介绍另一种驱动电路，如图 6-11 所示。

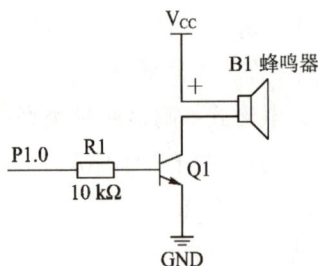

图 6-10 蜂鸣器常规驱动电路

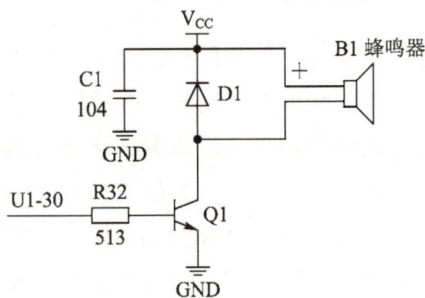

图 6-11 电磁蜂鸣器驱动电路

图 6-11 中续流二极管 (D1) 的作用：电磁式蜂鸣器本质上是一个感性元件，其电流不能瞬变，因此增加一个续流二极管提供续流，防止尖峰电压损坏三极管并干扰整个电路系统的其他部分。

滤波电容 (C1) 的作用：滤波电容的作用就是滤波，滤除蜂鸣器电流对其他部分的影响，也可以改善电源的交流阻抗，当然，如果再并联一个 220 μF 的电解电容效果会更好。

三极管 (Q1)PNP 的作用：放大电流，同时起到开关的作用，其基级的高电平使三极管饱和导通，从而使电磁式蜂鸣器发出声音；而基级的低电平则使三极管关闭，电磁式蜂鸣器停止发声。当然也可以进行低电平导通，高电平关闭，只需换成 NPN 的三极管即可实现。

蜂鸣器实物图如图 6-12 所示。

(a) 无源交流蜂鸣器　　　　(b) 有源电磁蜂鸣器

图 6-12　蜂鸣器实物图

由于自激蜂鸣器是直流电压驱动的，不需要利用交流信号进行驱动，因此，只需对驱动口输出驱动电平并通过三极管放大驱动电流就能使蜂鸣器发出声音 (这里就不对自激蜂鸣器进行说明，只对他激蜂鸣器进行说明)。单片机驱动他激蜂鸣器的方式有两种：一种是 PWM 输出口直接驱动；另一种是利用 I/O 定时翻转电平产生驱动波形对蜂鸣器进行驱动。

PWM 输出口直接驱动是利用 PWM 输出口本身可以输出一定的方波来直接驱动蜂鸣器的。在单片机的软件设置中，有几个系统寄存器是用来设置 PWM 口输出的，可以设置占空比、周期等，通过设置这些寄存器产生符合蜂鸣器要求的频率的波形之后，只要打开 PWM 输出，就能输出该频率的方波，这时利用这个波形就可以驱动蜂鸣器了。比如频率为 2000 Hz 的蜂鸣器的驱动，可以知道周期为 500 μs，这样只需要把 PWM 的周期设置为 500 μs，占空比电平设置为 250 μs，就能产生一个频率为 2000 Hz 的方波，通过这个方波再利用三极管就可以去驱动这个蜂鸣器了。

利用 I/O 定时翻转电平来产生驱动波形的方式会比较麻烦一点。如果必须利用定时器来做定时，则可通过定时翻转电平产生符合蜂鸣器要求的频率的波形，这个波形就可以用来驱动蜂鸣器。比如频率为 2500 Hz 的蜂鸣器的驱动，可以知道周期为 400 μs，这样只需要驱动蜂鸣器的 I/O 口，每 200 μs 翻转一次电平就可以产生一个频率为 2500 Hz 的方波，再通过三极管放大就可以驱动这个蜂鸣器。

蜂鸣片实物如图 6-13 所示，为片状金属，有些不带焊接的线缆，主要是靠两个振动板在通电的情况下将电能转化为机械能，产生振动从而发声。蜂鸣器就是将蜂鸣片封装在一个腔体内的发声器件。

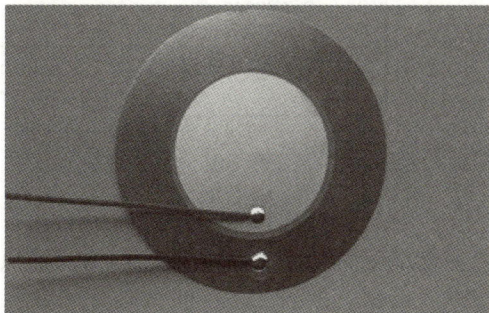

图 6-13　蜂鸣片实物图

　　压电式蜂鸣器主要由多谐振荡器、压电蜂鸣片、阻抗匹配器及共鸣箱、外壳等组成。有的压电式蜂鸣器外壳还装有发光二极管。多谐振荡器由晶体管或集成电路构成。当多谐振荡器接通电源后 (1.5～15 V 直流工作电压) 起振，输出 1.5～2.5 kHz 的音频信号，阻抗匹配器推动压电蜂鸣片发声。压电蜂鸣片由锆钛酸铅或铌镁酸铅压电陶瓷材料制成。在陶瓷片的两面镀上银电极，经极化和老化处理后，再与黄铜片或不锈钢片粘在一起。

　　电磁式蜂鸣器由振荡器、电磁线圈、磁铁、振动膜片及外壳等组成。当电磁式蜂鸣器接通电源后，振荡器产生的音频信号电流通过电磁线圈，使电磁线圈产生磁场。振动膜片在电磁线圈和磁铁的相互作用下，周期性地振动发声。

　　压电式蜂鸣器结构简单耐用，但音调单一，音色差，适用于报警器等设备；而电磁式蜂鸣器由于音色好，所以多用于语音、音乐等设备。

6.3 /// 任务 6-1　报警指示灯

任务 6-1 灯效
实现程序讲解

6.3.1　任务要求

　　本任务利用单片机最小系统的指定 I/O 口连接八盏 LED 灯，控制其循环点亮，并用指定 I/O 口引出蜂鸣器电路控制其播放不同频率的报警声。具体要求如下：

　　(1) 实现 C 语言循环语句的编程。

　　(2) 利用蜂鸣器实现不同频率的报警鸣响。

　　(3) 用 Keil 程序编程实现 I/O 口的循环控制，实现不同类型的跑马灯功能。

　　(4) 设计蜂鸣器的硬件连接与驱动电路。

　　(5) 用 Proteus 仿真软件搭建最小系统，并验证程序功能。

　　(6) 完成实物的程序下载及功能调试与验证。

6.3.2　知识链接

　　根据任务的功能要求，在单片机最小系统的基础上将 LED 灯与单片机 P1 口的 8 个端口相连，P1 口的 8 个端口按顺序输出高低电平来控制 LED 灯的点亮与熄灭；将蜂鸣器电路与 P25 端口相连，P25 端口输出特定频率的方波束控制蜂鸣器发出相应的音符。报警指示灯的系统框图如图 6-14 所示。

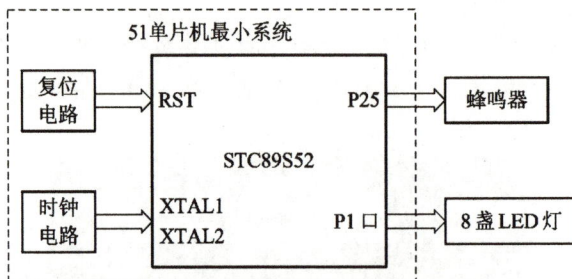

图 6-14　报警指示灯的系统框图

　　有源蜂鸣器是一种集成了振膜、驱动电路和音源等组件的声响模块，能够产生清晰、稳定的声音信号。由于有源蜂鸣器具有内置振荡器和驱动电路等优点，因此在实际应用中非常方便和实用，广泛应用于警报、提醒等场合。

　　如果对有源蜂鸣器供直流电，蜂鸣器就会持续发出讯响；如果间断供电，则可以实现蜂鸣器的"断续鸣响"效果，通过控制其频率缓急，达到警示的效果。

　　延时函数是实现某个程序延迟执行的常用方法，通常用于给硬件设备（如 LED、蜂鸣器等）提供一个稳定的响应时间。51 单片机本身没有直接的延时指令，因此，延时函数的原理通常是通过执行特定数量的空循环来消耗 CPU 的时间，进而实现延时。

　　例如，程序中使用的延时程序模块和相关参数如下：

```
1.      void delay ()                    // 硬件延时套用函数
2.      {
3.          unsigned char a,b,c;
4.          for(a=0;a<?;a++)             // 通过 for 循环控制去把控延时时长
5.          for(b=0;b<?;b++)
6.          for(c=0;c<?;c++);
7.      }
```

　　可以通过下面的数据表替换程序中的问号来实现较精准的延时，如表 6-2 所示。

表 6-2　延 时 参 数

延时时间	a 的值	b 的值	c 的值	延时误差 / μs
10 μs	1	1	1	−0.5
20 μs	1	1	8	0
30 μs	1	1	15	+0.5
40 μs	2	1	9	0
50 μs	1	1	28	0
60 μs	1	1	35	+0.5
70 μs	1	1	42	+1
80 μs	1	1	48	0
90 μs	1	1	55	+0.5
100 μs	1	1	61	−0.5
200 μs	1	1	128	0
300 μs	3	1	63	+1.5
400 μs	2	1	129	0
500 μs	5	1	63	+0.5
600 μs	6	1	63	0
700 μs	7	1	63	−0.5
800 μs	1	3	175	+0.5
900 μs	9	1	63	−1.5
1 ms	1	3	219	−1.5
2 ms	2	3	220	+3
3 ms	3	3	220	+3
X ms	X	3	220	+3

注：X 的范围为 2～255。

　　此外，程序提供了一个常用的毫秒延时函数。从上面单片机最小系统介绍可知，晶振电路就像单片机工作的心脏，用于形成时钟周期，执行程序代码。单片机工作时，是一条一条地从 ROM 中取指令然后执行的，单片机访问一次存储器的时间称为一个机械周期。一个机械周期包括 12 个时钟周期，时钟周期又称振荡器周期，等于振荡频率的倒数。项目中单片机在 11.059 200 MHz 的晶振下工作，一个机器指令周期 t = ((1 × 12)/11 059 200) = 1.085 069 4 μs，约 1.09 μs，所以 Delayms(unsigned int xms) 所用时间为 xms × 1.09 μs。

```
1.    void Delayms(unsigned int xms)        // 毫秒延时函数
2.    {
3.        unsigned int i,j;
4.        for(i=xms;i>0;i--)                 // 传递参数即为循环次数，控制得到 xms 个毫秒
5.            for(j=110;j>0;j--);            // 嵌套的内循环时长约为 1 ms
6.    }
```

要计算 Delayms(unsigned int xms) 函数的执行时间，可以按照如下步骤：

(1) 计算 for(j=110;j>0;j--); 的执行时间。首先计算每个循环的执行时间。每次循环包括三个操作：① j 的自增；② 比较 j 和 110 的大小；③ 跳转到循环开头。假设每个操作的执行时间为 1 个机器周期，则每次循环的执行时间为 3 个机器周期。然后计算整个循环的执行时间。由于循环体中有 110 次循环，因此整个循环的执行时间为 110 × 3 = 330 个机器周期。

(2) 计算 for(i=xms;i>0;i--) 的执行时间。类似第 (1) 步，整个循环的执行时间为 xms × 3 个机器周期。

(3) Delayms(unsigned int xms) 总的执行时间为 xms × 3 × 330 = n × 990 个机器周期，约 xms × 990 × 1.09 = xms × 1079 μs，即 xms ms 左右。该循环并不是绝对准确的 ms 延时，存在 79 μs 的误差，需要注意误差的累积效应。

实现报警指示灯任务功能仿真的电路图如图 6-15 所示。其中，蜂鸣器电路中使用了 PNP 三极管 Q1，在电路中起到开关和电流放大的作用。

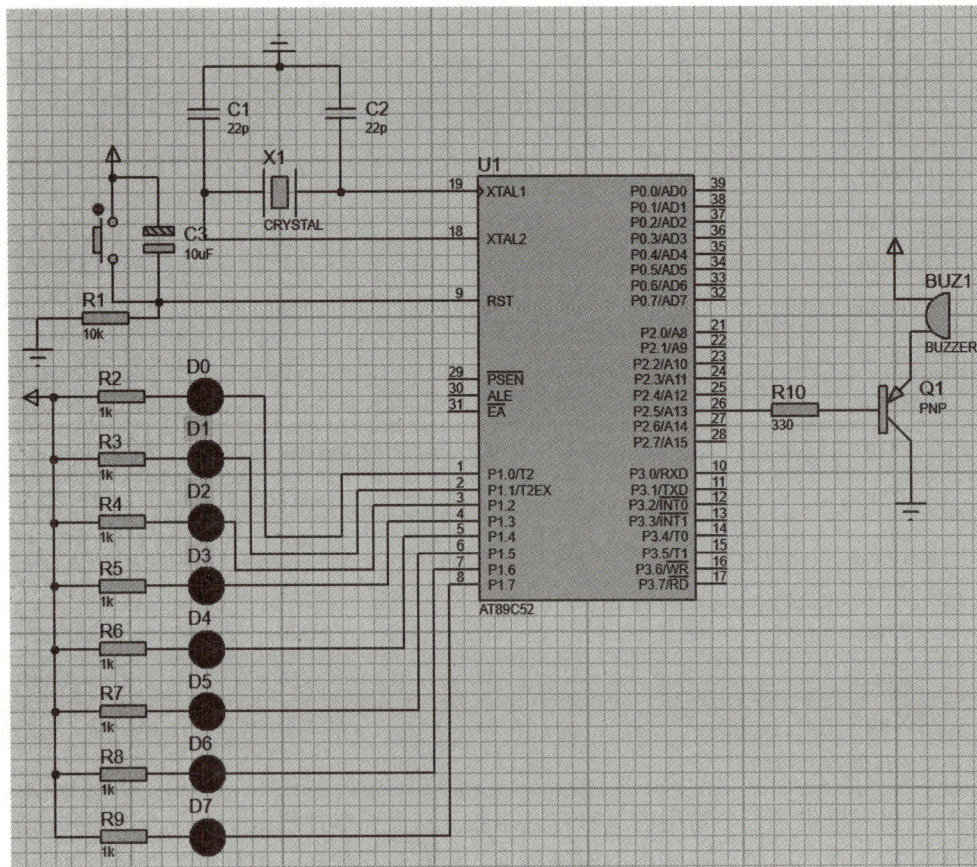

图 6-15　报警指示灯仿真图

6.3.3　任务实施

　　任务中，报警指示灯功能要求通过间隔不同时长，设计多种不同频率的"哔哔"报警声，根据报警声的缓急匹配不同颜色的指示灯。首先我们来了解如何控制指示灯的亮灭。如图 6-15 所示，所有 LED 的阳极接上拉电阻后再接电源，与单片机相连的阴极只需程序供低电平即可点亮对应的 LED 灯。

```
1.      void Led()                          //LED 控制程序
2.      {
3.          P1=0xff;                        // 8 颗 LED 全灭
4.          P1=0xfe;                        // P1.0 给低电平点亮红灯
5.          Delayms(500);                   // 将红灯的状态保持 500 ms，即 0.5 s
6.          P1=0xfb;                        // P1.2 给低电平点亮黄灯
7.          Delayms(500);                   // 将黄灯的状态保持 0.5 s
8.          P1=0xef;                        // 点亮绿灯
9.          Delayms(500);
10.         P1=0xbf;                        // 点亮蓝灯
11.         Delayms(500);
12.     }
```

　　接下来研究如何发出报警提示音，以及其频率是通过什么方式来实现可控的。如图 6-15 所示，蜂鸣器的驱动电路通过三极管实现，与单片机相连的 P25 口需供低电平，从而实现驱动让蜂鸣器工作，即发出持续讯响。如果将 P25 口翻转为高电平，则蜂鸣器将停止讯响。控制蜂鸣器的供电通断，可控制讯响频率。下面设计一个讯响次数可控、讯响周期 (间隔) 可控的蜂鸣器程序。

```
1.      void Buzzer(unsigned int times, unsigned int time)    //蜂鸣器控制函数
2.      {
3.          unsigned char i;
4.          buzz = 1;                       // 蜂鸣器初始状态为不发出讯响
5.          for(i=0;i<times;i++)            // 第一个传递参数控制循环次数，即实现响几声功能
6.          {
7.              buzz = 0;
8.              Delayms(time);              // 第二个传递参数控制讯响时长
9.              buzz = 1;
10.             Delayms(time);
11.         }
12.     }
```

　　在主程序中调用该函数，将四种讯响的周期设为 2 s、1.5 s、1 s、0.5 s，即分别供低、高电平的时间间隔为 1000 ms、750 ms、500 ms、250 ms。

```
1.      void main()                         //主函数
2.      {
3.          Buzzer(2,1000);                 // 鸣叫 2 声，周期 2 s
4.          Delayms(500);
5.          Buzzer(2,750);                  // 鸣叫 2 声，周期 1.5 s
6.          Delayms(500);
7.          Buzzer(2,500);                  // 鸣叫 2 声，周期 1 s
8.          Delayms(500);
9.          Buzzer(2,250);                  // 鸣叫 2 声，周期 0.5 s
10.         Delayms(500);
11.         while(1);                       // 控制程序防止跑飞
12.     }
```

任务 6-1 报警询响程序讲解

任务 6-1 报警指示灯程序讲解

将两个程序效果进行结合，不同频率的鸣响对应不同颜色的灯。进一步优化程序，利用数组建立 4 个存储单元，用来存放 4 色彩灯的状态变量。数组 DS_led[] 中，元素在程序的运行过程中赋值于 P1 口。主函数的每次循环通过给 P1 口按顺序赋值数组中的元素，当主函数执行完 4 次循环就会重新利用数组对 P1 口赋值。不同频率蜂鸣器鸣响对应一色指示灯，从而实现报警指示灯功能。

```
1.    unsigned char DS_led[4]={0xfe,0xfb,0xef,0xbf};        // 流水灯数组
2.    unsigned int time_val = 250;                          // 单位频率间隔
3.    unsigned char times = 0;                              // 鸣响次数变量
4.    void main(void)
5.    {
6.        P1=0xff;                                          // LED 初始全灭
7.        buzz=1;                                           // 蜂鸣器初始关闭
8.        for(times=0;times<4;times++)                      // 四次循环
9.        {
10.           P1=DS_led[times];                             // 指示灯按循环次数切换
11.           Buzzer(2,time_val*(1+times));                 // 蜂鸣器频率
12.       }
13.       while(1);
14.   }
```

任务功能仿真效果图如图 6-16 所示。其呈现的效果是 4 色 LED 灯循环点亮，每盏灯点亮后会发出不同频率的警示鸣响，由急到缓。蜂鸣器的通断状态可以从仿真图中对应的 P25 端口信号状态判断，蓝色表示接通鸣响，红色表示断开。红色指示灯对应频率最急促的警示音，蓝色对应频率最缓慢的警示音，可实现报警的声光提示功能。

任务 6-1 报警
指示灯效果演示

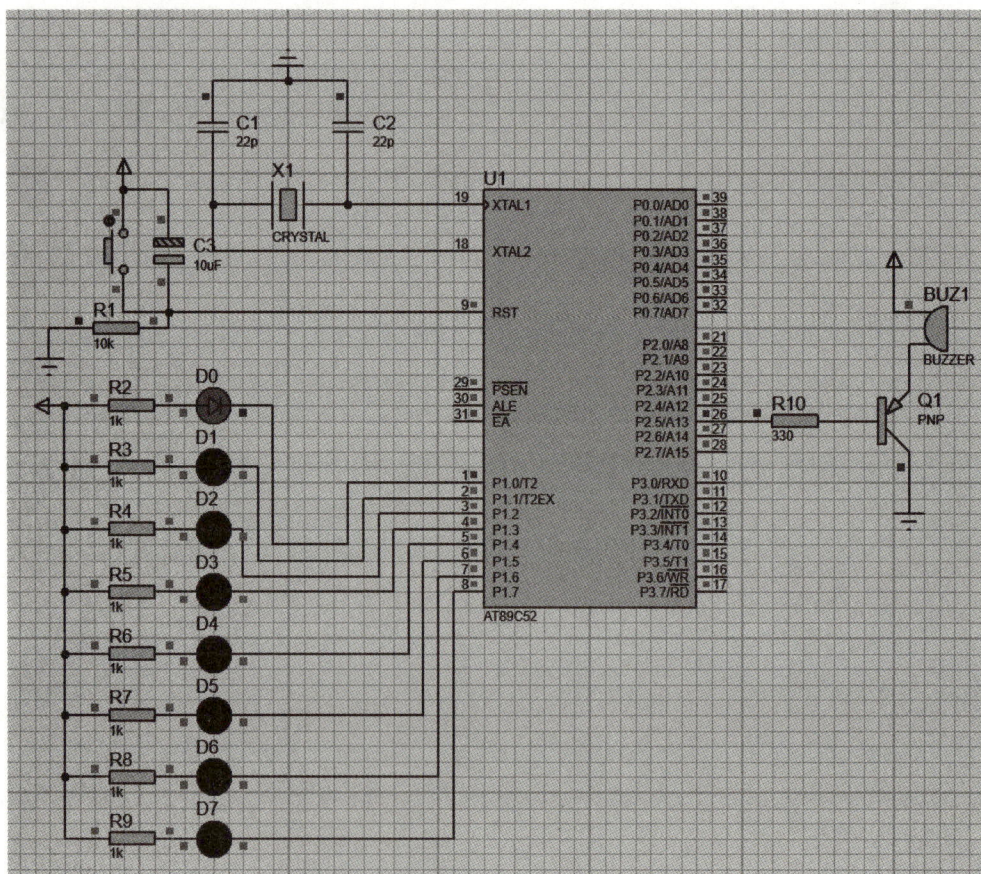

图 6-16 报警指示灯仿真效果图

任务 6-1 中已经完成了对单片机最小系统的搭建，掌握了基本 LED 的点亮和熄灭。针对 Keil 工程建立和 Proteus 的仿真也已经初步掌握，提升了 C 语言编程控制的复杂性和难度。针对基本控制手段——延时，进行了精确控制和深入研究。除去 LED 的控制外，叠加了蜂鸣器的功能，了解了蜂鸣器的发声原理，利用方波频率的控制，调制出不同的频率发声，实现了 I/O 口的复用，实现了报警指示灯的基本功能。在完成程序编译后生成 .HEX 文件，随后进行硬件开发板的烧录下载，得到的功能实现效果图如图 6-17 所示。

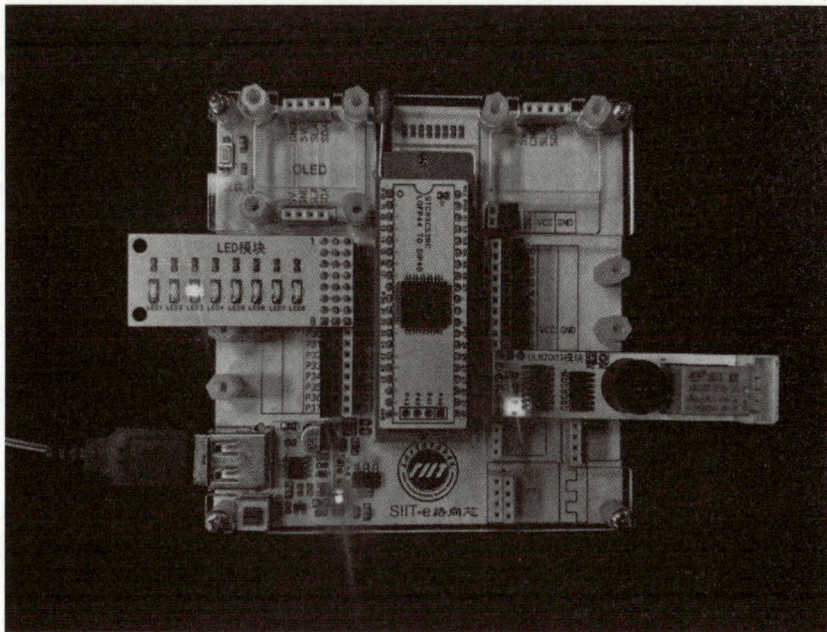

图 6-17　开发板效果显示图

6.4 /// 任务 6-2　指示频谱灯

6.4.1　任务要求

本任务利用单片机最小系统的指定 I/O 口引出蜂鸣器电路，控制其播放不同频率的讯响，指定 I/O 口连接八盏 LED 灯，根据蜂鸣器讯响频率大小，确定点亮 LED 灯的个数，旨在将频率可视化展示。具体要求如下：

(1) 实现 LED 不同的模式控制。

(2) 实现蜂鸣器音频输出控制。

(3) 用 Proteus 仿真软件搭建最小系统，并验证程序功能。

(4) 完成实物的程序下载及功能调试与验证。

6.4.2　知识链接

根据任务的功能要求，将 LED 灯与单片机 P1 口的 8 个端口相连，P1 口的 8 个端口控制 LED 灯产生 5 种花样模式；将蜂鸣器电路与 P25 端口相连，P25 端口输出特定频率的方波来控制蜂鸣器发出相应的音符。指示频谱灯的系统框图如图 6-18 所示。

任务 6-2 频谱灯效程序讲解

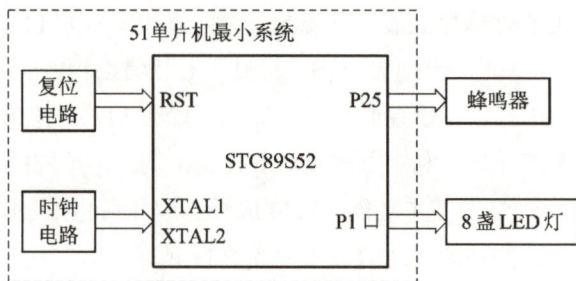

图 6-18 指示频谱灯的系统框图

实现指示频谱任务功能仿真的电路图如图 6-19 所示。其中硬件电路部分基于 C51 最小系统加载 8 盏 LED 灯和一个蜂鸣器及其驱动电路。

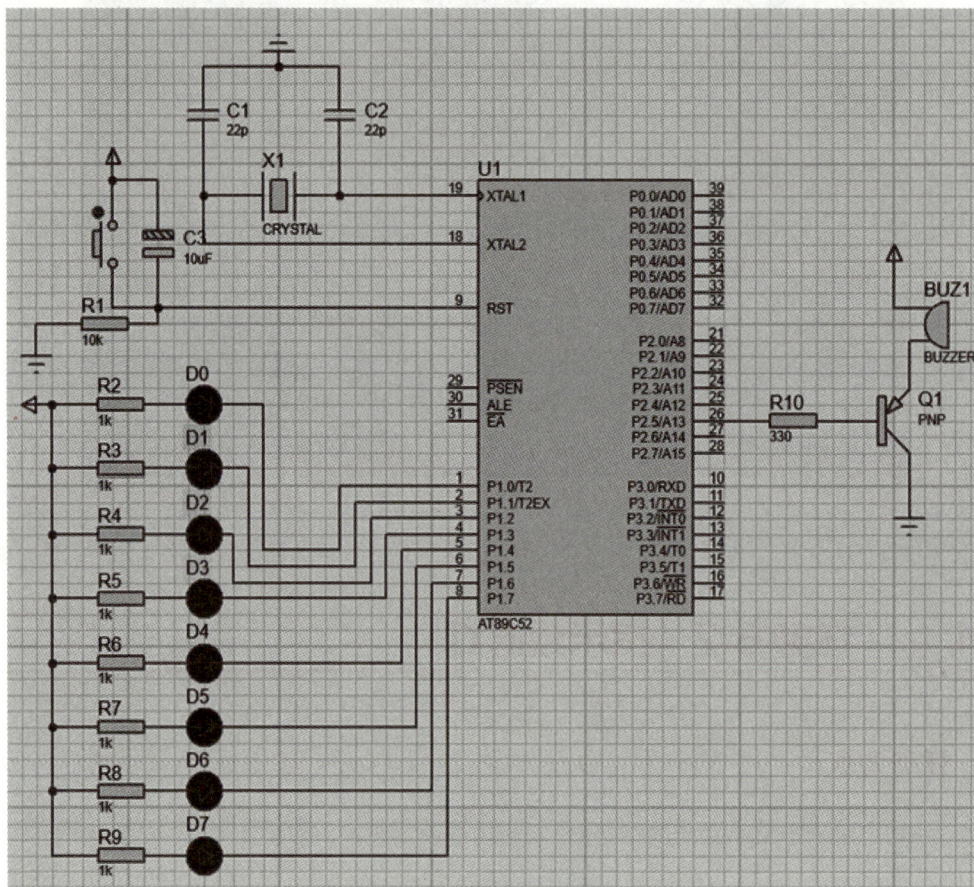

图 6-19 指示频谱灯仿真图

6.4.3 任务实施

任务 6-2 主要完成指示频谱灯的不同效果输出。通过完成任务，掌握最小系统 I/O 口的控制，了解 LED 的点亮和熄灭控制原理；了解蜂鸣器的工作原理以及不同频率的发声原理；实现两者的综合运用。在程序开始对端口进行一个初始化 P1=0xFF，对 P1 端口清零，然后执行模式一到模式四。模式一的实现运用了左移运算符，先将 LED 全部点亮，然后通过左移位将灯从右向左逐个熄灭，对应频率由缓到急；模式二的实现运用了左移运算符，实现 LED 灯从左向右逐个点亮，个数递增，对应频率由急到缓；模式三模拟了已知最大频率，将最大频率细分为 8 个区间，从左向右 LED 灯递减，对应频率由缓到急；模式四假设已知最小频率对应一颗灯，原理同模式三相同，灯效从右向左递增，对应频率由急到缓。第一步先实现灯效的

左向增加和右向增加、左向减少和右向减少。

```
1.    #include <reg51.h>                    // 包含单片机内部寄存器
2.    unsigned int times = 8;
3.    void Delayms(unsigned int xms)        // 延时函数
4.    {
5.        unsigned int i,j;
6.        for(i=xms;i>0;i--)
7.            for(j=110;j>0;j--);
8.    }                                     // 主函数
9.    void main()
10.   {
11.       for(times=8;times>=1;times--)     // 模式一：从高位向低位逐个熄灭
12.       {
13.           P1=0xff<<times;               // 初始状态全亮，向左逐个熄灭
14.           Delayms(500);
15.       }
16.       Delayms(800);                     // 模式间隔 0.8 s
17.       for(times=0;times<8;times++)      // 模式二：从低位向高位逐个点亮
18.       {
19.           P1=0xfe<<times;               // 初始状态最低位点亮，向右逐个点亮
20.           Delayms(500);
21.       }
22.       Delayms(800);
23.       for(times=8;times>=1;times--)     // 模式三：从低位向高位逐个熄灭
24.       {
25.           P1=0xff>>times;               // 初始状态全亮，向右逐个熄灭
26.           Delayms(500);
27.       }
28.       Delayms(800);
29.       for(times=1;times<=8;times++      // 模式四：从高位向低位逐个点亮
30.       )
31.       {
32.           P1=0xff>>times;               // 初始状态最高位点亮，向左逐个点亮
33.           Delayms(500);
34.       }
35.       Delayms(800);
36.   }
```

　　上述程序先进行库函数导入，然后声明 8 个间隔段，完成基本操作之后，设置四种频谱灯模式，以备不同的蜂鸣器讯响模式调取。四种频谱灯效分别通过左移运算符和右移运算符实现。通过不同的初值，控制循环变量增 / 减，实现 LED 灯左向递增、左向递减、右向递增和右向递减四种效果。

　　最后就是讯响频率不同模式的调制部分，主函数主要完成不同频率的讯响信号与不同的LED 灯效搭配。先初始化把灯都熄灭，蜂鸣器关闭，然后进入循环模式。实现模式一，先点亮所有灯，通过 "<<" 运算将最高位的灯逐个逐次熄灭，同时蜂鸣器的讯响频率等差递减，随着灯的减少，讯响越来越急促；模式二先点亮左边第一颗灯，同样通过 "<<" 运算将右侧的灯逐次逐个点亮，蜂鸣器的讯响随着灯数的增加而越来越缓；模式三已知蜂鸣器讯响间隔的最大值，对应 8 盏灯全亮；通过计算将最大频率八等分，在 ">>" 运算符从左向右逐个熄

灭 LED 灯的同时，蜂鸣器的讯响逐渐变急；模式四是已知蜂鸣器鸣响最小间隔，对应右边第一盏 LED 灯，随着讯响间隔的扩大，从右向左逐个点亮。

```
1.   #include <reg51.h>                      // 包含单片机内部寄存器
2.   unsigned int times = 8;                 // 进行 8 次变化
3.   unsigned int time_val = 100;            // 蜂鸣器讯响间隔
4.   unsigned int fmax = 0;                  // 最大讯响间隔初始化
5.   unsigned int fmin = 0;                  // 最小讯响间隔初始化
6.   sbit buzz =  P2^5;                      // 声明蜂鸣器端口
7.   void Delayms(unsigned int xms)          // 延时函数
8.   {
9.       unsigned int i,j;
10.      for(i=xms;i>0;i--)
11.          for(j=110;j>0;j--);
12.  }
13.  void main()                             // 主函数
14.  {
15.      P1=0xFF;                            // 熄灯
16.      buzz=1;                             // 蜂鸣器关闭
17.      while(1)                            // 进入死循环
18.      {
19.  /*----------------------- 模式一 ----------------------------*/
20.          for(times=8;times>=1;times--)
21.          {
22.              P1=0xff<<times;             // 初始状态 LED 灯全亮
23.              buzz=0;
24.              Delayms(times*time_val);    // 蜂鸣器间隔逐次循环减小 100 ms
25.              P1=0xff;
26.              buzz=1;
27.              Delayms(times*time_val);
28.          }
29.          Delayms(1000);
30.  /*----------------------- 模式二 ----------------------------*/
31.          for(times=1;times<=8;times++)
32.          {
33.              P1=0xff<<times;             // 初始状态 LED1 点亮
34.              buzz=0;
35.              Delayms(times*time_val);    // 蜂鸣器间隔逐次增加 100 ms
36.              P1=0xff;
37.              buzz=1;
38.              Delayms(times*time_val);
39.          }
40.          Delayms(1000);
41.  /*----------------------- 模式三 ----------------------------*/
42.          fmax=800;                       // 设置最大讯响间隔 800 ms
43.          for(times=8;times>=1;times--)
44.          {
45.              P1=0xff>>times;             // 初始状态 LED 灯全亮
46.              buzz=0;
```

```
47.                Delayms(fmax/8*times);        // 蜂鸣器间隔逐次循环减小 100 ms
48.                P1=0xff;
49.                buzz=1;
50.                Delayms(fmax/8*times);
51.            }
52.            Delayms(1000);
53. /*------------------------- 模式四 ---------------------------*/
54.            fmin=80;                          // 设置最小讯响间隔 80 ms
55.            for(times=1;times<=8;times++)
56.            {
57.                P1=0xff>>times;               // 初始状态 LED8 点亮
58.                buzz=0;
59.                Delayms(fmin*times);          // 蜂鸣器间隔逐次循环增加 100 ms
60.                P1=0xff;
61.                buzz=1;
62.                Delayms(fmin*(times));
63.            }
64.            Delayms(1000);
65.        }
66.    }
```

　　项目功能仿真效果图如图 6-20 所示。呈现的效果是 8 盏 LED 灯匹配蜂鸣器讯响频率的缓急变化而增加和减少灯的个数。以左向右、右向左、递增和递减四种模式形成灯效；蜂鸣器按已知改变间隔递增、递减，已知最大讯响间隔递减变化和已知最小讯响间隔递增变化四种模式。

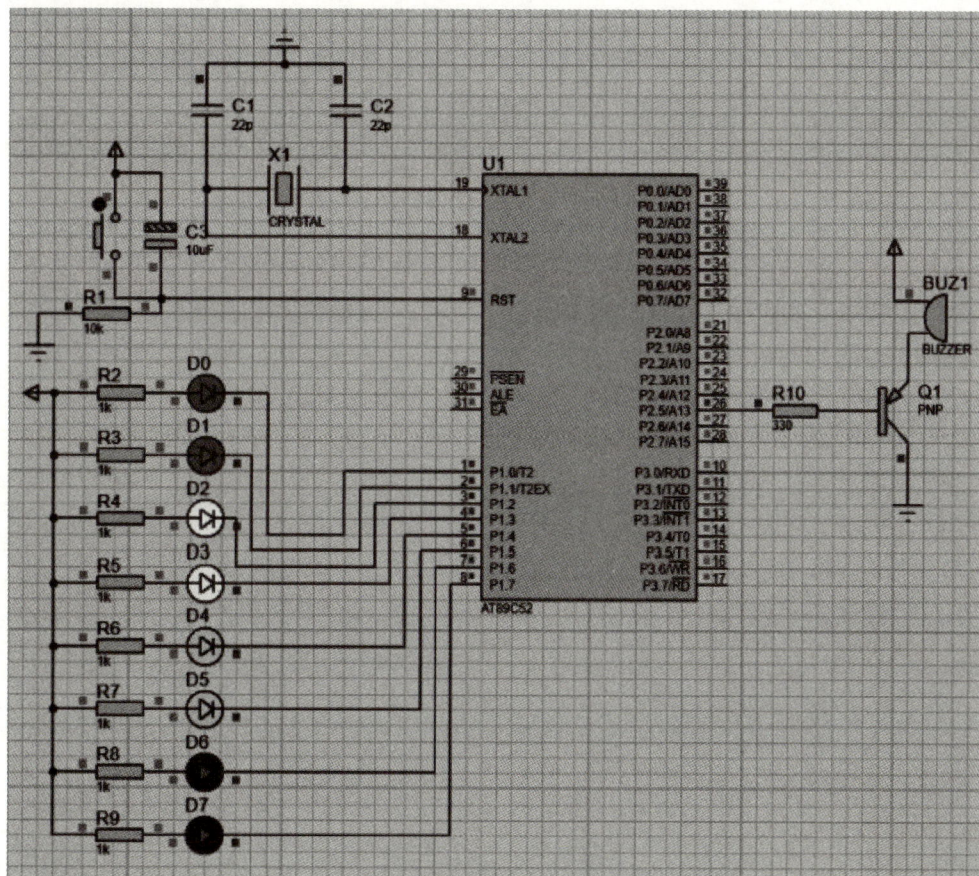

图 6-20　指示频谱灯仿真运行图

在完成程序编译后生成 .HEX 文件，然后完成硬件开发板的烧录下载，得到的功能实现效果图如图 6-21 所示。

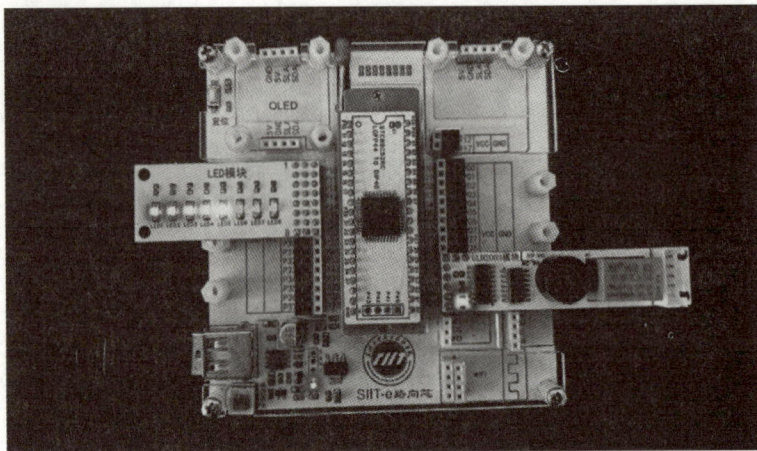

图 6-21　开发板效果显示图

单 元 小 结

本单元介绍了 C51 单片机最小系统的基本知识，包括最小系统的基本应用，以报警指示灯、指示频谱灯两个难度递进的项目。通过项目的学习，使学生掌握 LED 彩灯的工作原理和常用参数，掌握蜂鸣器的工作原理和常用参数，掌握彩灯和蜂鸣器驱动电路，掌握 C51 单片机的程序结构和常用语句，掌握 C 语言函数建立的一般方法和数组的表示方法，理解控制蜂鸣器的 C 语言驱动程序，能编写实现彩灯效果的程序算法，能编写实现蜂鸣器不同频率讯响报警的程序算法，能用仿真软件实现单片机对彩灯和蜂鸣器的控制，能用单片机开发板实现对彩灯和蜂鸣器的控制。

单 元 练 习

一、填空题

1. 为防止发光二极管击穿烧坏，需串联 _____。

2. 发光二极管与普通二极管一样，核心是由一个 _____ 组成，具有 _____ 性。

3. 普通的发光二极管，工作电压为 1.8～2.2 V，工作电流为 10～30 mA，若电源电压为 5 V，限流电阻为 10 kΩ，则最可能出现的现象是 _____。

4. 单片机输出接压电式蜂鸣器一般 _____（填写"需要"或"不需要"）放大电路，接电磁式蜂鸣器 _____（填写"需要"或"不需要"）放大电路。

5. 若单片机 P1 口接 8 盏 LED 灯，连接方式如图 6-19 所示，则执行语句"P1=0X55;"后，LED 灯的状态是 _____。

二、简答题

1. 简述发光二极管不同的封装。

2. 简述发光二极管数字 (PWM) 调光的工作原理。

3. 简述蜂鸣器的分类。

三、编程题

1. 编写程序，实现 8 盏 LED 灯按照乒乓球灯模式循环点亮。

2. 编写程序，实现 8 盏 LED 灯高低 4 位交替闪烁 4 次，然后按照 1 盏暗灯乒乓灯模式循环。

习题答案

第7单元 按键与外部中断

单元概述

独立键盘与单片机连接时，每一个按键都需要单片机的一个I/O口与之相连。若某系统需较多按键，那么用独立按键便会占用过多的I/O口资源。单片机系统中，I/O口资源往往比较宝贵，当用到多个按键时，为了节省I/O口口线，我们引入矩阵键盘。矩阵键盘是单片机外部设备中所使用的排布，类似于矩阵的键盘组。在矩阵键盘中，每条水平线和垂直线在交叉处都不直接连通，而是通过一个按键加以连接。以一个P1口为例，如图7-1所示，8路I/O通道可以构成 $4×4=16$ 个按键，按键比直接将按键接在端口线 (可接8个按键) 多出了一倍。除此之外，线数越多，区别越明显，比如再多加一条I/O线就可以构成20键的键盘矩阵。由此可见，采用矩阵的排列方式可以有效地减少按键对I/O口的占用，实现MCU接口的充分运用。

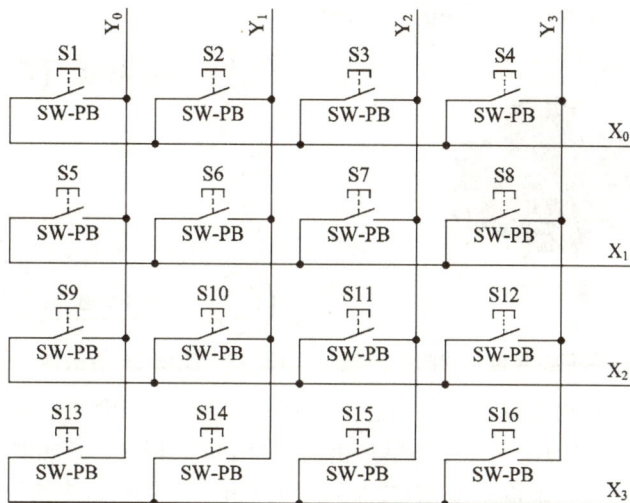

图7-1 矩阵键盘的原理图

中断是单片机实时地处理外部事件的一种内部机制。当某种外部事件发生时，单片机的中断系统将迫使CPU暂停正在执行的程序，转而去进行中断事件的处理；中断处理完毕后，系统又返回被中断的程序处，继续执行下去。具体来讲，在单片机的一个引脚上，由外部因素导致了一个电平的变化 (比如由高变低)，通过捕获这个变化，单片机内部自主运行的程序就会被暂时打断，转而去执行相应的中断处理程序，执行完后又回到原来中断的地方继续执行原来的程序，这个引脚上的电平变化就申请了一个外部中断事件，而这个能申请外部中断的引脚就是外部中断的触发引脚。

本单元包含五个项目：独立按键的使用；矩阵按键的使用；中断的配置与使用；任务 7-1 利用独立按键控制 LED；任务 7-2 外部中断实现独立按键控制。

科普与思政

中断是计算机系统中一种重要的机制，它允许 CPU 在执行主程序时，暂时中断当前任务，去处理突发事件，处理完后又回到原来被中断的地方继续执行。这种机制大大提高了 CPU 的工作效率和实时数据处理能力。从中断机制中我们可以学习到遇到突发状况时如何迅速调整策略、高效处理突发事件。中断的优先级管理也启示我们，在处理多任务时要有全局观念，分清轻重缓急，确保重要任务得到及时处理，从而实现整体效益的最大化。

7.1 /// 独立按键的使用

独立键盘的使用

7.1.1 按键的基本知识

键盘从结构上分为独立式键盘与矩阵式键盘。在由单片机组成的测控系统及智能化仪器中，用得最多的是独立式键盘。这种键盘具有硬件与软件相对简单的特点，其缺点是按键数量较多时要占用大量口线。平日所见到的绝大部分按键都可以归类为一种，叫作接触式按键。图 7-2 所示为一个典型的接触式按键。需要特别说明的是，这里说的"接触"，是指机械层面上的接触，而不是感光或者某些特殊涂层（如触摸屏）一类的接触。

如图 7-3 所示，1、2、3、4 分别对应按键的四个引脚，按键未被按下时为初始状态，1、2 和 3、4 是不导通的，而 1、3 和 2、4 是永久导通的。只要将线路分别接在 1、3 和 2、4 的任意一组合上，就可以起到我们预期的开关作用。

图 7-2　接触式按键实物图　　图 7-3　接触式按键引脚示意图

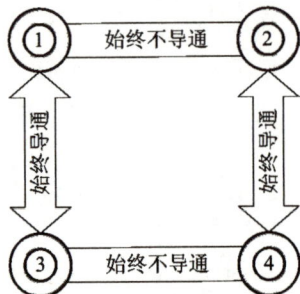

单片机的 I/O 口既可作为输出使用，也可作为输入使用，当检测按键时用的是它的输入功能。我们把按键的一端接地，另一端与单片机的某个 I/O 口相连。开始时，先给该 I/O 口赋一高电平，然后让单片机不断地检测该 I/O 口是否变为低电平。当按键未按下时，CPU 对应的 I/O 口由于内部有上拉电阻，所以应为高电平；当按键按下闭合时，相当于该 I/O 口通过按键与地相连，变成低电平，程序一旦检测到 I/O 口变为低电平，则说明按键被按下，将执行相应的指令。

7.1.2 按键消抖和等待释放的原理

通常按键所用的开关都是机械弹性开关。当机械触点闭合、断开时，机械开关利用弹性实现按键的按下、释放。理想状态下按键产生的脉冲信号如图 7-4 所示，但是由于机械触点的弹性作用，一个按键开关在闭合时不会马上就稳定地接通，在断开时也不会一下子彻底地断开，而是在闭合和断开的瞬间伴随了一连串的抖动，如图 7-5 所示。为了消除这种现象而采取的措施就是按键消抖。

图 7-4　理想状态下的脉冲信号　　　　　图 7-5　按键"消抖"示意图

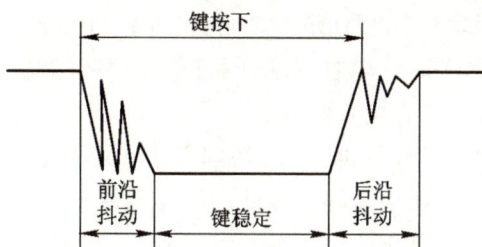

抖动时间的长短由按键的机械特性决定，一般为 5～10 ms。这是一个很重要的时间参数，在很多场合都要用到。按键稳定闭合时间的长短则是由操作人员的按键动作决定的，一般为零点几秒至数秒。键抖动会引起一次按键被误读多次。为确保 CPU 对键的一次闭合仅作一次处理，必须去除键抖动。当键闭合稳定时读取键的状态，直到判别键释放稳定后再作处理。

1. 硬件消抖原理

在键数较少时，可用硬件方法消除键抖动。硬件消抖的典型做法是采用 RS 触发器或 RC 积分电路。

1) 双稳态消抖

双稳态消抖即在按键输出端加 RS 触发器或单稳态触发器，构成消抖电路，如图 7-6 所示，触发器一旦翻转，触点抖动对其不会产生任何影响。

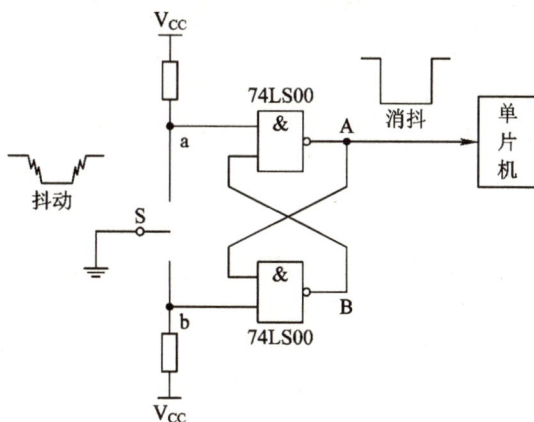

图 7-6　双稳态消抖

【说明】

电路的工作过程如下：

(1) 当按键未按下时，a = 0，b = 1，输出 A = 1，B = 0。

(2) 当按键按下时，按键的机械弹性作用使按键产生前沿抖动。

(3) 当开关没有稳定到达 b 端时，B 输出为 0，反馈到上面的与非门的输入端，封锁了与非门，双稳态电路的状态不会改变，输出 A 保持为 1，这样就消除了前沿的抖动波形。

(4) 当开关稳定到达 b 端时，因 a = 1，b = 0，故 A = 0，双稳态电路状态发生翻转。

(5) 当释放按键时，按键的机械弹性作用使按键产生后沿抖动。

(6) 当开关未稳定到达 a 端时，A = 0，封锁了下面的与非门，双稳态电路的状态保持不变，输出 A 保持不变，这样就消除了后沿的抖动波形。

(7) 当开关稳定到达 a 端时，因 a = 0，b = 1，故 A = 1，双稳态电路状态发生翻转，输出 A 重新返回原来的状态。

由此可见，键盘输出经双稳态电路之后，波形已经变为规范的矩形方波。

以图 7-7 为例，当按下按钮开关时，电容短路，使电容快速放电（放电电阻为 0 Ω），电容两端电压迅速降为 0 V；当开关弹回 (开路) 时，整个电路形成 RC 充电电路；当松开按钮开关时，电容两端开路，使电容开始充电 (当然，电容两端电压不会立即升为高电平)；当开关再弹回 (短路) 时，又将充电的电容两端短路。因此，电容两端的电压保持为低电平，不随抖动变化，直到抖动过后，电容两端的电压才稳定上升，丝毫不受抖动影响。这种方式简单而有效，所增加的成本与电路复杂度都不高，是比较实用的硬件防抖电路。

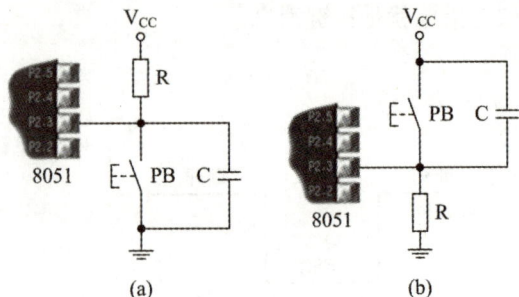

图 7-7　按键"消抖"电路

2) 滤波消抖

如图 7-8 所示，利用 RC 积分电路可以吸收振荡脉冲的特点，正确选取适当的时间常数，便可消除按键抖动的影响。

【说明】

电路的工作过程如下：

(1) 当按键未按下时，电容 C 两端的电压为 0 V，非门输出为 1。

(2) 当按键按下时，由于电容 C 两端的电压不能突变，因此即使在接触过程中出现抖动，只要 C 两端的充电电压波动

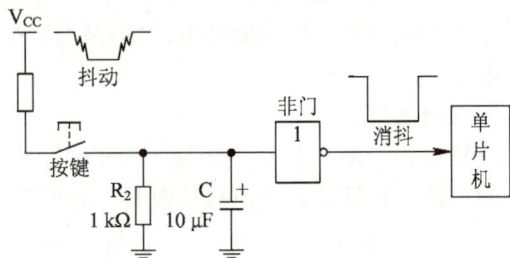

图 7-8　滤波"消抖"电路

不超过非门的开启电压 (TTL 为 0.8 V 左右)，非门的输出就不会改变 (可通过选取合适的 R_1、R_2 和 C 的值来实现)。

(3) 当按键断开时，即使出现抖动，由于 C 两端的电压不能突变 (它要经过 R_2 放电)，因此只要 C 两端的放电电压波动不超过非门的关闭电压，非门的输出就不会改变，所以，RC 电路滤波消抖成败的关键在于 R_1、R_2 和 C 时间常数的选取。必须保证 C 由稳态电压充电到开启电压或放电到关闭电压的延迟时间大于或等于 10 ms。参数的数值可由计算或实验确定，图中的参数仅供参考。若采用输入端有施密特触发特性的门电路，则效果更好。

2. 软件消抖原理

如果按键较多，则常用软件方法消抖，即检测出键闭合后执行一个延时程序 (延时 5～10 ms)，让前沿抖动消失后再一次检测键的状态，如果仍保持闭合状态电平，则确认真正有键按下。当检测到按键释放后，也要给 5～10 ms 的延时，待后沿抖动消失后才能转入该键的处理程序。

一般来说，软件消抖的方法是不断检测按键值，直到按键值稳定。假设未按键时输入为 1，按键后输入为 0，抖动时不定。可以做以下检测：检测到按键输入为 0 之后，延时 5～10 ms，再次检测，如果按键还为 0，那么就认为有按键输入。延时的 5～10 ms 恰好避开了抖动期。

下面以产生负脉冲的按钮开关为例进行介绍。

如图 7-9 所示，当按下按钮，MCU 检测到第一个低电平信号时，调用延时程序，以延时 20 ms，这段时间程序不工作，以避开按钮开关上的不稳定状态。20 ms 后，再检测一次低电平信号，如果此时仍为低电平，证明按键被按下，则进行使用者按下按钮开关所应有的操作；如果为高电平，则证明第一次检测到的低电平是噪声。同样地，当放开按钮，MCU 检测到一个

高电平信号时，调用延时程序，以延时 20 ms，这段时间程序不工作，以避开按钮开关上的不稳定状态。20 ms 后，再检测一次高电平信号，如果此时仍为高电平，证明按键弹回，则进行使用者弹回按钮后所应有的操作；如果为低电平，则继续检测。

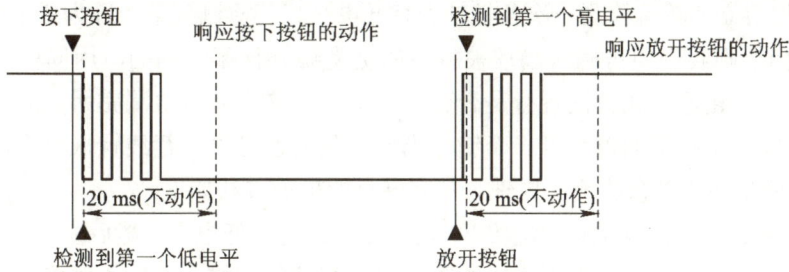

图 7-9　按钮开关操作与防抖函数的波形分析

3. 按键的等待释放

按键是单片机最常用的输入设备，按下接通，松开断开。现在人们采用的单片机是一个非常高速的装置，然而它的高速使得本来不被人们重视的机械触点在接通和断开瞬间的多次快速弹跳问题变得突出起来。常规的方法就是一旦发现按键动作，就人为加上 10～20 ms 的延时，等触点稳定下来以后再进行按键处理 (如判断按键码)。同时为了不至于把一次按键当作多次按键，通常等待按键确实释放以后再执行键码对应的程序。

```
1.    if(!Key_1)
2.    {
3.        Delay_ms(10);
4.        if(!Key_1)
5.        {
6.            LED = ～LED;           // 每次进入变量取反
7.            while(!Key_1);         // 按键等待释放
8.        }
9.    }
```

在上面的程序中，MCU 判定有按键按下进入执行函数后，程序用了 while 循环一直等到按键释放以后才开始正常运行，其间程序会一直对按键的循环进行检测。

7.2 /// 矩阵键盘的使用

7.2.1　矩阵键盘的基本知识

矩阵键盘的使用

本节以 4×4 矩阵键盘为例，讲解其工作原理和检测方法。将 16 个按键排成 4 行 4 列，第一行将每个按键的一端连接在一起构成行线，第一列将每个按键的另一端连接在一起构成列线，这样便一共有 4 行 4 列共 8 根线，我们将这 8 根线连接到单片机的 8 个 I/O 口上，通过程序扫描键盘就可检测 16 个键。用这种方法也可实现 3 行 3 列 9 个键、5 行 5 列 25 个键、6 行 6 列 36 个键等。

无论是独立键盘还是矩阵键盘，单片机检测其是否被按下的依据都是一样的，也就是检测与该键对应的 I/O 口是否为低电平。独立键盘有一端固定为低电平，单片机写程序检测时比较方便；而矩阵键盘两端都与单片机的 I/O 口相连，因此在检测时需人为通过单片机的

I/O 口送出低电平。矩阵键盘通常将列线通过电阻接正电源，并将行线所接的单片机的 I/O 口作为输出端，而列线所接的 I/O 口则作为输入。当按键没有按下时，所有的输入端都是高电平，表示无键按下。检测时，先送一列为低电平，其余几列全为高电平 (此时我们确定了列数)，然后立即轮流检测一次各行是否有低电平。若检测到某一行为低电平 (这时我们又确定了行数)，则我们便可确认当前被按下的键是哪一行哪一列的，用同样方法轮流送各列一次低电平。再轮流检测一次各行是否变为低电平，这样即可检测完所有的按键，当有键被按下时便可判断出按下的键是哪一个键。当然，我们也可以将行线置低电平，扫描列是否有低电平。这就是矩阵键盘检测的原理。矩阵键盘的检测方法如下：

(1) 逐行扫描：判断键盘中有无键按下，将全部行线置为低电平，然后检测列线的状态。我们可以通过高 4 位轮流输出低电平来对矩阵键盘进行逐行扫描，当低 4 位接收到的数据不全为 1 时，则表示键盘中有键被按下，而且闭合的键位于低电平线与 4 根行线相交叉的 4 个按键之中，然后通过接收到的数据中哪一位为 0 来判断哪一个按键被按下。

(2) 行列扫描：通过高 4 位全部输出低电平，低 4 位输出高电平。当接收到的数据低 4 位不全为高电平时，说明有按键按下，然后通过接收的数据值判断哪一列有按键按下，之后反过来，高 4 位输出高电平，低 4 位输出低电平，根据接收到的高 4 位的值判断哪一行有按键按下，这样就能够确定哪一个按键按下了。

7.2.2 矩阵键盘硬件原理介绍

图 7-10(a) 所示为矩阵键盘的实物图，图 7-10(b) 为矩阵键盘的原理图，其中包含 4 行、4 列共 16 个按键。通过按键将每行连接端点定名为 X_0、X_1、X_2 及 X_3，而每列连接端点定名为 Y_0、Y_1、Y_2 及 Y_3。当我们要进行键盘扫描时，将扫描信号送至 $X_0 \sim X_3$，再由 $Y_0 \sim Y_3$ 读取键盘状态，即可判断哪个键盘被按下。获取键值的流程大致可以分成判断按键是否按下和获取键值两个阶段。详细说明如下。

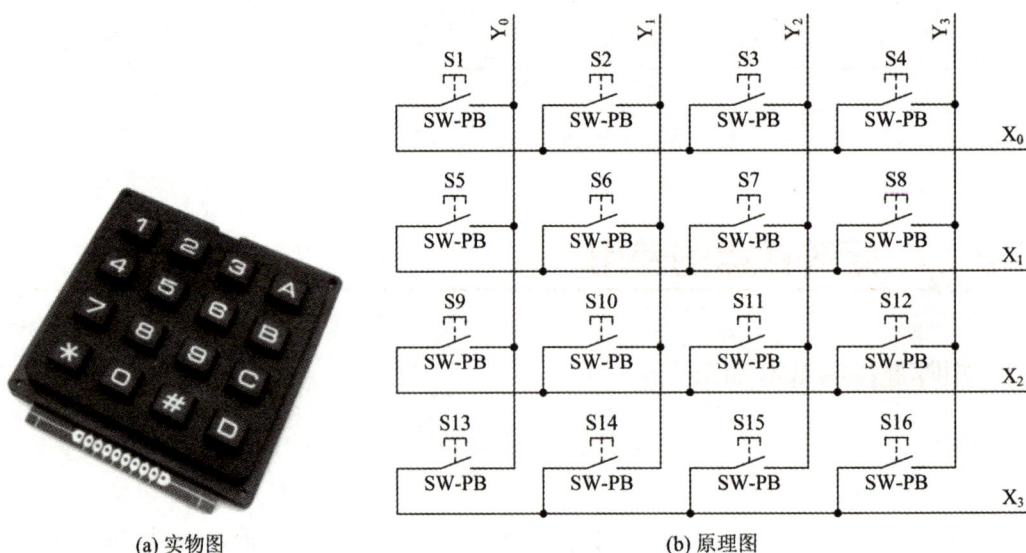

(a) 实物图　　　　　　　　　　　　　(b) 原理图

图 7-10　矩阵键盘

例如，将矩阵按键接在单片机 P3 口，连接如图 7-11 所示。设备上电以后，MCU 的 P3 口置高。首先给 P3 口赋值 0x0f，则 X_0、X_1、X_2、X_3 引脚为高电平，Y_3、Y_2、Y_1、Y_0 端点为低电平。此时如果有按键按下，则 X_0、X_1、X_2、X_3 引脚将会出现低电平，因此只要判断 P3 口是不是保持 0x0f 状态，就可以判断是否有按键按下。

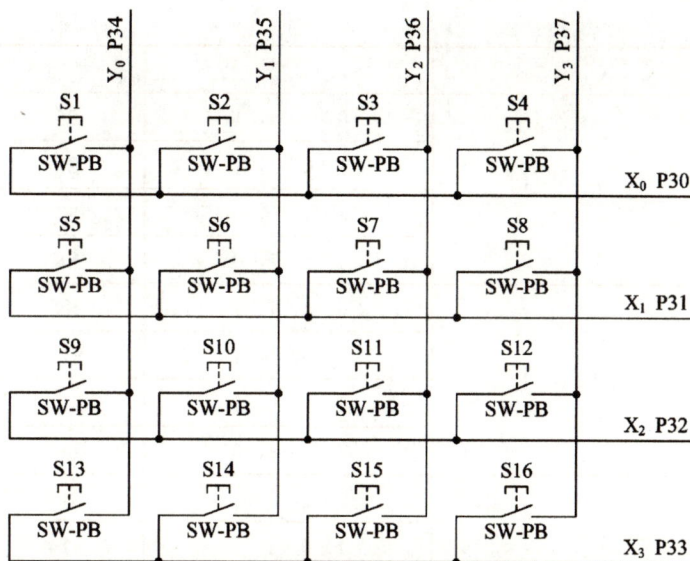

图 7-11 矩阵键盘接线原理图

当有按键被按下时，通过检测 MCU 的 I/O 口大致可以得到如表 7-1 所示的数据。

表 7-1 矩阵键盘行扫数据对照表

X_0	X_1	X_2	X_3	结 论
0	1	1	1	触点在 X_0 行
1	0	1	1	触点在 X_1 行
1	1	0	1	触点在 X_2 行
1	1	1	0	触点在 X_3 行

此时程序进入键值检测阶段，给 P3 口赋值 0xf0，则 X_0、X_1、X_2、X_3 引脚为低电平，Y_3、Y_2、Y_1、Y_0 端点为高电平。此时如果有按键按下，则 Y_3、Y_2、Y_1、Y_0 引脚将会出现低电平，在第一阶段中已经确定了触点所在的行，因此此时只要根据所控制引脚的列信息，就可以确定按键的坐标，从而获取键值。矩阵键盘列扫数据对照表如表 7-2 所示。

表 7-2 矩阵键盘列扫数据对照表

Y_0	Y_1	Y_2	Y_3	结 论
0	1	1	1	触点在 Y_0 列
1	0	1	1	触点在 Y_1 列
1	1	0	1	触点在 Y_2 列
1	1	1	0	触点在 Y_3 列

根据两个阶段的检测，可得出如表 7-3 所示的信息。

表 7-3 矩阵键盘按键键值对照表

X_0, X_1, X_2, X_3	Y_0, Y_1, Y_2, Y_3	按键
0, 1, 1, 1	0, 1, 1, 1	S1
	1, 0, 1, 1	S2
	1, 1, 0, 1	S3
	1, 1, 1, 0	S4

续表

X_0, X_1, X_2, X_3	Y_0, Y_1, Y_2, Y_3	按键
1, 0, 1, 1	0, 1, 1, 1	S5
	1, 0, 1, 1	S6
	1, 1, 0, 1	S7
	1, 1, 1, 0	S8
1, 1, 0, 1	0, 1, 1, 1	S9
	1, 0, 1, 1	S10
	1, 1, 0, 1	S11
	1, 1, 1, 0	S12
1, 1, 1, 0	0, 1, 1, 1	S13
	1, 0, 1, 1	S14
	1, 1, 0, 1	S15
	1, 1, 1, 0	S16

【注意】 市场上可以买到 4×4 的键盘成品，价格便宜，但是绝大多数矩阵键盘是不带限流电阻的，所以在使用时应该注意外接电阻，以达到限流的目的。

7.3 /// 中断的配置与使用

中断的配置与使用

7.3.1 中断的定义

什么是中断？我们通过一个生活中的例子引入这一概念。当某人正在家中看书时，突然电话铃响了，他放下书本去接电话，和来电话的人交谈，然后放下电话，回来继续看书。这就是生活中的中断现象，即正常的工作过程被外部的事件打断了。

【说明】

中断举例如表 7-4 所示。

表7-4 中断举例

生活案例	程序动作	中断过程
某人看书	执行主程序	日常事务
电话铃响	中断信号 INT=0	中断请求
暂停看书	暂停执行主程序	中断响应
书中作记号	当前 PC 入栈	保护断点
电话谈话	执行 I/O 程序	中断服务
继续看书	返回主程序	中断返回

在单片机中，当 CPU 执行程序时，由单片机内部或外部的原因引起的随机事件要求 CPU 暂时停止正在执行的程序，而转去执行一个用于处理该随机事件的程序，处理完后又返回被中止的程序断点处继续执行，这一过程就称为中断。中断程序示意图如图 7-12 所示。

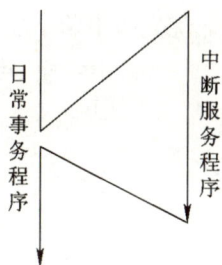

图 7-12　中断程序示意图

单片机处理中断的 4 个步骤：中断请求、中断响应、中断处理和中断返回。单片机中断示意图如图 7-13 所示。

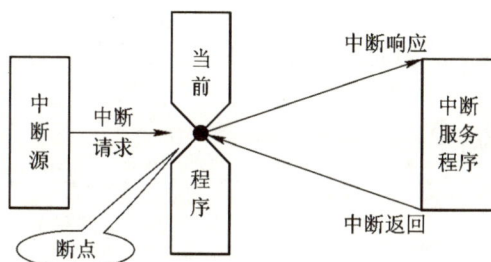

图 7-13　单片机中断示意图

向 CPU 发出中断请求的来源，或引起中断的原因称为中断源。中断源要求服务的请求称为中断请求。中断源可分为两大类：一类来自单片机内部，称为内部中断源；另一类来自单片机外部，称为外部中断源。中断的优点如下：

(1) 可以提高 CPU 的工作效率；

(2) 可以提高实时数据的处理实效。

7.3.2　中断优先级与中断嵌套

设想一下，我们正在看书，电话铃响了，同时又有人按了门铃，你该先做什么呢？如果你正在等一个很重要的电话，你一般是不会去理会门铃的，而反之，你正在等一个重要的客人，则可能就不会去理会电话了。如果不是这两者 (既不等电话，也不等人上门)，那么你可能会按你通常的习惯去处理。总之，这里存在一个优先级的问题，单片机中也是如此，也有优先级的问题。优先级的问题不仅仅发生在两个中断同时产生的情况，也发生在一个中断已产生、又有一个中断产生的情况，比如你正接电话、有人按门铃的情况，或你正开门与人交谈、又有电话响了的情况。中断优先级的功能如下：

(1) 当同时有多个中断请求信号时，先响应优先级别高的中断请求。

(2) 高优先级中断请求信号可中断低优先级中断服务。

通常一个 CPU 总会有若干中断源，但在同一瞬间，CPU 只能响应其中的一个中断请求。为了避免在同一瞬间若干中断源请求中断而带来的混乱，必须给每个中断源的中断请求设定一个中断优先级，CPU 先响应中断优先级高的中断请求。中断优先级直接反映每个中断源的中断请求的优先程度，也是分析中断嵌套的基础。

如图 7-14 所示，中断源的优先级别分为高级和低级，通过软件设置中断优先级寄存器 IP 的相关位来设定每个中断源的级别。如果几个同一优先级别的中断源同时向 CPU 请求中断，则 CPU 通过硬件查询电路首先响应自然优先级较高的中断源的中断请求。中断可实现两级中断嵌套。高优先级中断源可中断正在执行的低优先级中断服务程序，除非执行了低优先级中断服务程序的 CPU 关中断指令。同级或低优先级中断不能中断正在执行的中断服务程序。

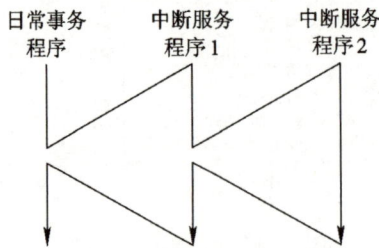

图 7-14　单片机多层中断示意图

7.3.3　中断的配置

中断系统是指能够实现中断功能的那部分硬件电路和软件程序。中断系统的功能通常有如下几条：

(1) 进行中断优先级排队；

(2) 实现中断嵌套；

(3) 自动响应中断；

(4) 实现中断返回。

中断系统结构如图 7-15 所示。

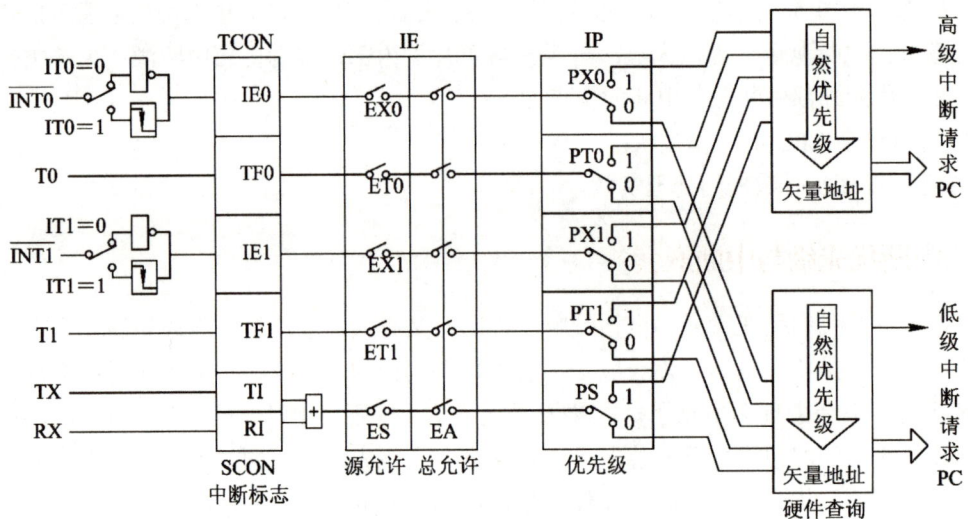

图 7-15　中断系统结构示意图

STC89C51 系列单片机有 5 个中断源，分别是外部中断 0(INT0)、外部中断 1(INT1)、定时器 / 计数器 0 中断 (T0)、定时器 / 计数器 1 中断 (T1) 和串行口中断。其配置见表 7-5。中断都有两种触发方式，即电平触发方式和下降沿触发方式。

表 7-5　中断源配置

中断号	优先级	中　断　源		中断入口地址
0	1(最高)	INT0	外部中断 0	0003H
1	2	T0	定时器 / 计数器 0 中断	000BH
2	3	INT1	外部中断 1	0013H
3	4	T1	定时器 / 计数器 1 中断	0018H
4	5(最低)	TX/RX	串行口中断	0023H

若中断定义为电平触发方式，则中断申请触发器的状态随着 CPU 在每个机器周期采样到的中断输入线的电平变化而变化，这能提高 CPU 对中断请求的响应速度。当外部中断源被设定为电平触发方式时，在中断服务程序返回之前，中断请求输入必须无效 (即变为高电平)，否则 CPU 返回主程序后会再次响应中断。所以电平触发方式适用于中断以低电平输入而且中断服务程序能清除中断请求源 (即中断输入电平又变为高电平) 的情况。

若中断定义为下降沿触发方式，则中断申请触发器能锁存中断输入线上的负跳变。即便 CPU 暂时不能响应，中断申请标志也不会丢失。在这种方式下，如果相继连续两次采样，一个机器周期采样到的中断输入为高，下一个机器周期采样到的中断输入为低，则置 "1" 中断申请触发器，直到 CPU 响应此中断时才清 "0"。这样不会丢失中断，但输入的负脉冲宽度至少保持 12 个时钟周期，才能被 CPU 采样到。中断的下降沿触发方式适用于以负脉冲形式输入的中断请求。

51 单片机的中断系统主要由与中断有关的 4 个特殊功能寄存器和硬件查询电路组成。

(1) 定时器 / 计数器控制寄存器 TCON：主要用于保存中断信息。

(2) 串行口控制寄存器 SCON：主要用于保存中断信息。

(3) 中断允许寄存器 IE：主要用于控制中断的开放和关闭。

(4) 中断优先级寄存器 IP：主要用于设定优先级别。

(5) 硬件查询电路：主要用于判定 5 个中断源的自然优先级别。

TCON、SCON、IE、IP 都定义在特殊功能寄存器中。特殊功能寄存器是 80C51 单片机中各功能部件对应的寄存器，用于存放相应功能部件的控制命令、状态或数据。本节仅介绍与中断有关的寄存器。

1. 定时器 / 计数器控制寄存器 TCON

定时器 / 计数器控制寄存器 TCON 用于控制定时器的操作及对定时器中断的控制，字节地址为 88H，可位寻址，位地址为 8FH～88H。TCON 的内容如表 7-6 所示。

表 7-6　TCON 的内容

位序号	D7	D6	D5	D4	D3	D2	D1	D0
位符号	TF1	TR1	TF0	TR0	IE1	IT1	IE0	IT0
位地址	8FH	8EH	8DH	8CH	8BH	8AH	89H	88H
	←——用于定时器 / 计数器——→				←—外部中断 1—→		←—外部中断 0—→	

TF1：T1 的溢出中断标志。T1 被允许计数以后，从初值开始加 1 计数。当产生溢出时，由硬件将 TF1 置 "1"，向 CPU 请求中断，一直保持到 CPU 响应中断时，才由硬件清 "0" (也可由查询软件清 "0")。

TR1：T1 的运行控制位。该位由软件置位和清零。若 GATE(TMOD.7) = 0，则当 TR1 = 1 时允许 T1 开始计数，TR1 = 0 时禁止 T1 计数；若 GATE(TMOD.7) = 1，则当 TR1 = 1 且 INT1 输入高电平时，才允许 T1 计数。

TF0：T0 的溢出中断标志。T0 被允许计数以后，从初值开始加 1 计数，当产生溢出时，由硬件将 TF0 置 "1"，向 CPU 请求中断，一直保持到 CPU 响应该中断时，才由硬件清 "0" (也可由查询软件清 "0")。

TR0：T0 的运行控制位。该位由软件置位和清零。若 GATE(TMOD.3) = 0，则当 TR0 = 1 时允许 T0 开始计数，当 TR0 = 0 时禁止 T0 计数；若 GATE(TMOD.3) = 1，则当 TR1 = 1 且 INT0 输入高电平时，才允许 T0 计数。

IE1：外部中断 1 的请求源 (INT1/P3.3) 标志。IE1 = 1，外部中断 1 向 CPU 请求中断，当 CPU 响应该中断时，由硬件将 IE1 清 "0"。

IT1：外部中断源 1 的触发控制位。IT1 = 0，上升沿或下降沿均可触发外部中断 1；IT1 = 1，外部中断 1 程控为下降沿触发方式。

IE0：外部中断 0 的请求源 (INT0/P3.2) 标志。IE0 = 1，外部中断 0 向 CPU 请求中断，当 CPU 响应外部中断时，由硬件将 IE0 清 "0"。

IT0：外部中断源 0 的触发控制位。IT0 = 0，上升沿或下降沿均可触发外部中断 0。IT0 = 1，外部中断 0 程控为下降沿触发方式。

TCON 中的高 4 位用于配置定时中断工作方式，在此不做讲解。需要注意的是，当整机复位后，TMOD 和 TCON 在复位时其每一位均清零。

2. 串行口控制寄存器 SCON

串行口控制寄存器 SCON 的低 2 位 TI 和 RI 保存串行口的接收中断和发送中断标志。其内容如表 7-7 所示。SCON 的地址是 98H，可位寻址，位地址为 9FH～98H。SCON 中高 6 位都用于设置串口工作模式及工作参数，只有低 2 位是与串口中断相关的，因此这里我们只针对低 2 位进行介绍，其他功能暂不讨论。

表 7-7　SCON 寄存器的内容

位序号	D7	D6	D5	D4	D3	D2	D1	D0
位符号	SM0	SM1	SM2	REN	TB8	RB8	TI	RI
位地址	9FH	9EH	9DH	9CH	9BH	9AH	99H	98H

TI：串行发送中断请求标志。CPU 将一个字节数据写入发送缓冲器 SBUF 后启动发送，SBUF 每发送完一帧数据，硬件自动使 TI 置 "1"。但 CPU 响应中断后，硬件并不能自动使 TI 清 "0"，必须由软件使 TI 清 "0"。

RI：串行接收中断请求标志。在串行口允许接收时，每接收完一帧数据，硬件自动使 RI 置 "1"。但 CPU 响应中断后，硬件并不能自动使 RI 清 "0"，必须由软件使 RI 清 "0"。

3. 中断允许寄存器 IE

IE 是中断允许寄存器。中断允许控制寄存器分为两级结构。第一级结构为中断允许总控制 EA，只有当 EA 处于中断允许状态时，中断源中断请求才能够得到允许；当 EA 处于不允许状态时，无论 IE 寄存器中的其他位处于什么状态，中断源中断请求都不会得到允许。第二级结构为 5 个中断允许控制位，分别对应 5 个中断源的中断请求，当中断允许控制位为 1 时，中断源中断请求得到允许。IE 的地址是 A8H，可位寻址，位地址为 AFH～A8H。其内容如表 7-8 所示。

表 7-8　IE 的内容

位序号	D7	D6	D5	D4	D3	D2	D1	D0
位符号	EA	—	—	ES	ET1	EX1	ET0	EX0
位地址	AFH	AEH	ADH	ACH	ABH	AAH	A9H	A8H

EA：CPU 的总中断允许控制位。EA = 1，CPU 开放中断；EA = 0，CPU 屏蔽所有的中断申请。EA 的作用是使中断允许形成多级控制，即各中断源首先受 EA 控制，其次还受各中断源自己的中断允许控制位控制。

ES：串行中断允许位。ES = 1，允许串行口中断；ES = 0，禁止串行口中断。

ET1：T1 的溢出中断允许位。ET1 = 1，允许 T1 中断；ET1 = 0，禁止 T1 中断。

EX1：外部中断 1 的允许位。EX1 = 1，允许外部中断 1 中断；EX1 = 0，禁止外部中断 1 中断。

ET0：T0 的溢出中断允许位。ET0 = 1，允许 T0 中断；ET0 = 0，禁止 T0 中断。

EX0：外部中断 0 的允许位。EX0 = 1，允许外部中断 0 中断；EX0 = 0，禁止外部中断 0 中断。

4. 中断优先级寄存器 IP

中断优先级控制寄存器 IP 为 Interrupt Priority 的简写，作用是设定各中断源的优先级别。其字节地址为 B8H，位地址 (由低位到高位) 为 B8H~BFH。IP 用来设定各个中断源属于两级中断的哪一级。IP 的内容如表 7-9 所示。该寄存器可以进行位寻址，即可对该寄存器的每一位进行单独操作。单片机复位时 IP 全部被清零。

表 7-9　IP 的 内 容

位序号	D7	D6	D5	D4	D3	D2	D1	D0
位符号	—	—	—	PS	PT1	PX1	PT0	PX0
位地址	BFH	BEH	BDH	BCH	BBH	BAH	B9H	B8H

PS：串行口中断的优先级控制位。PS = 1，串行口中断定义为高优先级中断；PS = 0，串行口中断定义为低优先级中断。

PT1：定时器 / 计数器 1 中断的优先级控制位。PT1 = 1，定时器 / 计数器 1 中断定义为高优先级中断；PT1 = 0，定时器 / 计数器 1 中断定义为低优先级中断。

PX1：外部中断 1 的优先级控制位。PX1 = 1，外部中断 1 定义为高优先级中断；PX1 = 0，外部中断 1 定义为低优先级中断。

PT0：定时器 / 计数器 0 中断的优先级控制位。PT0 = 1，定时器 / 计数器 0 中断定义为高优先级中断；PT0 = 0，定时器 / 计数器 0 中断定义为低优先级中断。

PX0：外部中断 0 的优先级控制位。PX0 = 1，外部中断 0 定义为高优先级中断；PX0 = 0，外部中断 0 定义为低优先级中断。

7.3.4　中断的功能

1. 实时处理功能

在实时控制中，现场的各种参数、信息均随时间和现场而变化。这些外界变量可根据要求随时向 CPU 发出中断申请。

2. 故障处理功能

针对难以预料的情况或故障，如掉电、存储出错、运算溢出等，可通过中断系统由故障源向 CPU 发出中断请求，再由 CPU 转到相应的故障处理程序进行处理。

3. 分时操作

中断可以解决快速的 CPU 与慢速的外设之间的矛盾，使 CPU 和外设同时工作。CPU 在启动外设工作后继续执行主程序。每当外设做完一件事就发出中断申请，请求 CPU 中断它正在执行的程序，转去执行中断服务程序 (一般情况是处理输入 / 输出数据)，中断处理完之后，CPU 恢复执行主程序，外设也继续工作。这样，CPU 可启动多个外设同时工作，极大地提高效率。

由于系统每个时钟对外部中断引脚采样 1 次，所以为了确保被检测到，输入信号应该至少维持 2 个系统时钟。如果外部中断仅下降沿触发，则要求必须在相应的引脚维持高电平至少 1 个系统时钟,而且低电平也要持续至少 1 个系统时钟,才能确保该下降沿被 CPU 检测到。同样,如果外部中断是低电平可触发,则要求相应的引脚维持低电平至少 2 个系统时钟,才能确保 CPU 检测到该低电平信号。

7.3.5 处理中断的过程

1. 中断响应过程

在满足中断响应条件时,CPU 响应中断。首先,将相应的优先级状态触发器置"1",以屏蔽同级别中断源的中断请求。其次,硬件自动生成长调用指令 (LCALL),把断点地址压入堆栈保护 (但不保护状态寄存器 PSW 及其他寄存器内容)。然后将中断源对应的中断入口地址装入程序计数器 PC 中,使程序转向该中断入口地址,并执行中断服务程序。

8051 单片机的中断入口地址 (称为中断矢量) 由单片机的硬件电路决定。

【注意】 中断响应条件:

(1) 中断源有中断请求。

(2) 此中断源的中断允许位为 1。

(3) CPU 开中断 (即 EA = 1)。

以上三条同时满足时,CPU 才有可能响应中断。

2. 中断处理

中断处理就是执行中断服务程序,从中断入口地址开始执行,直到返回指令 (RETI) 为止。此过程一般包括三部分内容:一是保护现场;二是处理中断源的请求;三是恢复现场。

通常主程序和中断服务程序都会用到累加器 A、状态寄存器 PSW 及其他寄存器。在执行中断服务程序时,CPU 若用到上述寄存器,则会破坏原先存在这些寄存器中的内容,中断返回时将会造成主程序的混乱。因此,在进入中断服务程序后,一般要先保护现场,然后执行中断处理程序,在返回主程序以前再恢复现场。

此时所执行的中断服务程序扩展的关键字是 interrupt、interrupt m,它们是 C51 函数中非常重要的修饰符。在 C51 程序设计中,若定义函数时用了 interrupt m 修饰符,则系统编译时把对应函数转化为中断函数,自动加上程序头段和尾段,并按 MCS-51 系统中断的处理方式自动把它安排在程序存储器中的相应位置。

标准的 51 单片机有 5 个中断源,包含 T0 和 T1 两个定时器。52 单片机多一个 T2 定时器,其余跟 51 单片机一样。在中断服务函数中,m 的取值为 0~31,对应的中断情况如表 7-10 所示。

表 7-10 中断号和中断向量

中 断 号 m	中 断 源	中 断 向 量
0	外部中断 0	0003H
1	定时器 / 计数器 0	000BH
2	外部中断 1	0013H
3	定时器 / 计数器 1	001BH
4	串行口中断	0023H
5	定时器 / 计数器 12	002BH

【注意】 编写 MCS-51 中断函数时应注意以下几点:

(1) 中断函数不能进行参数传递,如果中断函数中包含任何参数,则声明都将导致编译出错。

(2) 中断函数没有返回值,如果企图定义一个返回值,则得不到正确的结果,建议在定义中断函数时将其定义为 void 类型，以明确说明没有返回值。

（3）在任何情况下都不能直接调用中断函数，否则会产生编译错误，这是因为中断函数的返回是由 8051 单片机的 RETI 指令完成的，而 RETI 指令会影响 8051 单片机的硬件中断系统。如果在没有实际中断的情况下直接调用中断函数，则 RETI 指令的操作结果会产生一个致命的错误。

（4）如果在中断函数中调用了其他函数，则被调用的函数所使用的寄存器必须与中断函数相同，否则会产生不正确的结果。

（5）C51 编译器对中断函数编译时会自动在程序开始和结束处加上相应的内容，具体如下：在程序开始处将 ACC、B、DPH、DPL 和 PSW 入栈，结束时出栈。中断函数未加 using n 修饰符的，开始时还要将 R0～R1 入栈，结束时出栈。如果中断函数加 using n 修饰符，则在开始将 PSW 入栈后还要修改 PSW 中的工作寄存器组选择位。

（6）C51 编译器从绝对地址 8m+3 处产生一个中断向量，其中 m 为中断号，即 interrupt 后面的数字。该向量包含一个到中断函数入口地址的绝对跳转。

（7）中断函数最好写在文件的尾部，并且禁止使用 extern 存储类型说明，以防止其他程序调用。

3. 中断返回

中断返回是指中断服务完成后，CPU 返回到原程序的断点（即原来断开的位置）继续执行原来的程序。

中断返回通过执行中断返回指令 RETI 来实现，该指令的功能是：首先将相应的优先级状态触发器置 "0"，以开放同级别中断源的中断请求；其次，从堆栈区把断点地址取出，送回到程序计数器 PC 中。因此，中断返回不能用 RET 指令代替 RETI 指令。

CPU 响应某中断请求后，在中断返回前，应该撤销该中断请求，否则会引起另一次中断。不同中断源中断请求的撤除方法是不一样的。

4. 中断的撤除

1）定时器溢出中断请求的撤除

在 CPU 响应中断后，硬件会自动清除中断请求标志 TF0 或 TF1。

2）串行口中断的撤除

在 CPU 响应中断后，硬件不能清除中断请求标志 TI 和 RI，而要由软件来清除相应的标志。

3）外部中断的撤除

当外部中断为边沿触发方式时，CPU 响应中断后，硬件会自动清除中断请求标志 IE0 或 IE1。

当外部中断为电平触发方式时，CPU 响应中断后，硬件会自动清除中断请求标志 IE0 或 IE1，但由于加到 $\overline{\text{INT0}}$ 或 $\overline{\text{INT1}}$ 引脚的外部中断请求信号并未撤除，中断请求标志 IE0 或 IE1 会再次被置 "1"，所以在 CPU 响应中断后应立即撤除 $\overline{\text{INT0}}$ 或 $\overline{\text{INT1}}$ 引脚上的低电平。一般采用加一个 D 触发器和几条指令的方法来解决这个问题。

7.4 /// 任务 7-1 利用独立按键控制 LED

7.4.1 任务要求

本任务利用独立按键控制单个 LED 灯，在实践中对按键的"消抖""等待释放"等知识进行更深层次的学习。具体要求如下：

任务 7-1 利用
独立按键控制
LED 程序讲解

(1) 实现单个按键控制单个 LED 灯的编程。

(2) 实现软件消抖。

(3) 用 Keil 程序编程实现 I/O 口的按键监听。

(4) 用 Proteus 仿真软件搭建最小系统，并验证程序功能。

(5) 完成实物的程序下载及功能调试与验证。

7.4.2   知识链接

根据任务的功能要求，在单片机最小系统的基础上将 LED 灯与单片机的 P1 口 8 个端口相连，P1 口 8 个端口按顺序输出高低电平来控制 LED 灯的点亮与熄灭；将按键与 P3.2 端口相连，通过按键扫描实现按键监听，在有按键按下、信号消抖之后执行对应动作，控制 LED 的亮灭。独立按键控制 LED 的系统框图如图 7-16 所示。

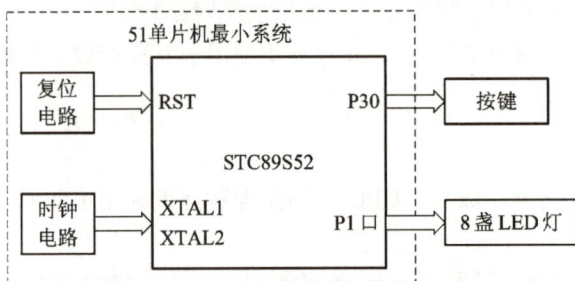

图 7-16   独立按键控制 LED 的系统框图

按键消抖需要实现 5～10 ms 的延时。实现延时通常有两种方法：一种是硬件延时，要用到定时器 / 计数器，这种方法可以提高 CPU 的工作效率，也能做到精确延时；另一种是软件延时，这种方法主要采用循环体进行。软件延时的基本原理是多次重复执行指令，比如执行一条指令需要 1 μs 的时间，那么执行 1000 条这个指令就会消耗 1 ms 的时间。在这个任务中主要介绍软件延时以及单片机精确毫秒延时函数。

已知如下关系：

机器周期 = 6 个状态周期 = 12 个时钟周期

51 单片机的指令有单字节、双字节和三字节。一个单周期指令包含一个机器周期，即 12 个时钟周期，因此一条单周期指令被执行所占的时间为 12 × (1/ 晶振频率)。常用单片机的晶振为 11.0592 MHz、12 MHz、24 MHz。其中，11.0592 MHz 的晶振更容易产生各种标准的波特率，后两种晶振的一个机器周期分别为 1 μs 和 2 μs，便于精确延时。

对于需要精确延时的应用场合，需要精确知道单片机精确毫秒延时函数的具体延时时间。以 C 语言编写的单片机延时函数 (延时 n ms) 如下：

```
1.    void delay(uint x)              // 延时 x ms
2.    {
3.        uint y, z;
4.        for ( z=x ; z>0 ; z-- )
5.            for ( y=110 ; y>0 ; y-- );
6.    }
```

通过 for 循环嵌套，外层循环 x 次，内层循环指定的 110 次，嵌套循环实现循环 110x 次。延时函数的核心思想是内层循环以实现接近 1 ms 的延时时长，通过传递参数 x 的调整去实现 x ms 的延时。

```
1.      void delay_ms(uint n)              // 延时 n ms
2.      {
3.          uchar i;
4.          while(n--)
5.          {
6.              for (i=0 ; i<120 ; i++ );
7.          }
8.      }
```

上述两个函数的实现方法是一样的，只是给的时间常数不同，一个循环 110 次，另一个循环 120 次。两个函数总的执行机器周期如下：

第一个函数：4+9+8×110+4+9=906 μs；

第二个函数：4+9+8×120+4+9=986 μs。

如果单片机的晶振是 12 MHz，则一个机器周期的时间为 12/(12 × 10^6) = 1 μs 那么第二个函数的精确延时时间更接近 1 ms(0.986 μs)，第一个函数的是 0.906 μs。如果晶振是 11.0592 MHz，则第一个延时函数的精确延时时间是 983 μs，第二个函数的是 1069.8 μs，可见第一个函数的延时时间更精确一些，而且延时时间越长，误差就越大。

7.4.3　任务实施

1. Proteus 电路设计

利用 Proteus 软件搭建好仿真电路，如图 7-17 所示。

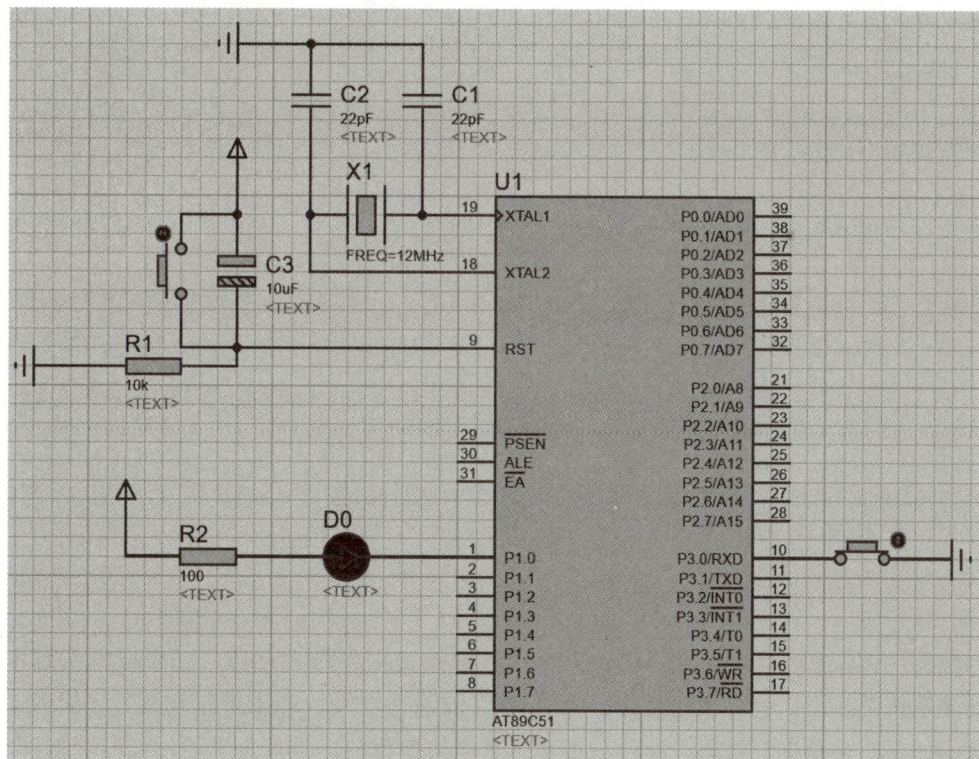

任务 7-1 利用
独立按键控制
LED 效果演示

图 7-17　利用独立按键控制 LED 的仿真原理图

2. 源程序设计与目标代码文件生成

以下程序为仿真控制 1 位数码管显示信息项目的 C 程序：

```
1.    #include "reg51.h"              // 包含 51 单片机寄存器定义的头文件
2.    #include "intrins.h"            // 包含空指令 _nop_() 的头文件
3.    sbit Key_1 = P3^0;
4.    sbit LED = P1^0;
5.    void Delay_ms(unsigned char z)  // 延时时间，单位毫秒
6.    {
7.         unsigned char i, j;
8.         do
9.         {
10.            _nop_();
11.            i = 2;
12.            j = 199;
13.            do
14.            {
15.                 while (--j);
16.            } while (--i);
17.        }while(--z);
18.    }
```

其中，_nop_() 语句是插入汇编指令的写法，延时一个机器周期的时间。例如，8051 单片机采用 12 MHz 晶振，一个机器周期即为 1 μs，因此需要导入 51 单片机寄存器定义的头文件及包含空指令 _nop_() 的头文件。

在循环中插入 _nop_() 指令，通过控制循环次数，循环执行消耗掉指定次数的机器周期，通过传递参数可实现指定时长的延时。

```
1.    void main(void)
2.    {
3.         while(1)
4.         {
5.             if(!Key_1)
6.             {
7.                  Delay_ms(10);
8.                  if(!Key_1)
9.                  {
10.                      LED = ～LED;     // 每次进入变量取反
11.                      while(!Key_1);
12.                  }
13.             }
14.         }
15.    }
```

当检测到按键信号时，延时 10 ms，再次判断按键信号是否存在。如果按键信号依然存在，则确定按键按下，执行指定动作，将 LED 灯的状态取反，即如果原来是亮灯状态，取反后熄灯，如果原来是熄灯状态，取反后点亮，直至按键释放，然后去不断扫描监听按键状态。

3. Proteus 仿真

在完成程序编译后，生成 .HEX 文件，加载进单片机芯片，点击"运行"，所得仿真效果展示如图 7-18 所示。

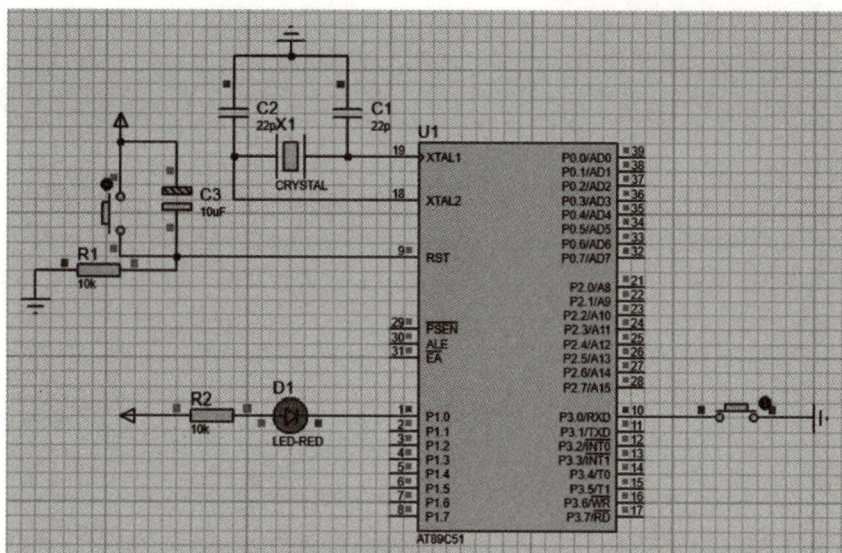

图 7-18　利用独立按键控制 LED 仿真原理图

4. 开发板烧录

在这一步骤，将 .HEX 文件烧录下载进硬件开发板，得到的功能实现效果图如图 7-19 所示。

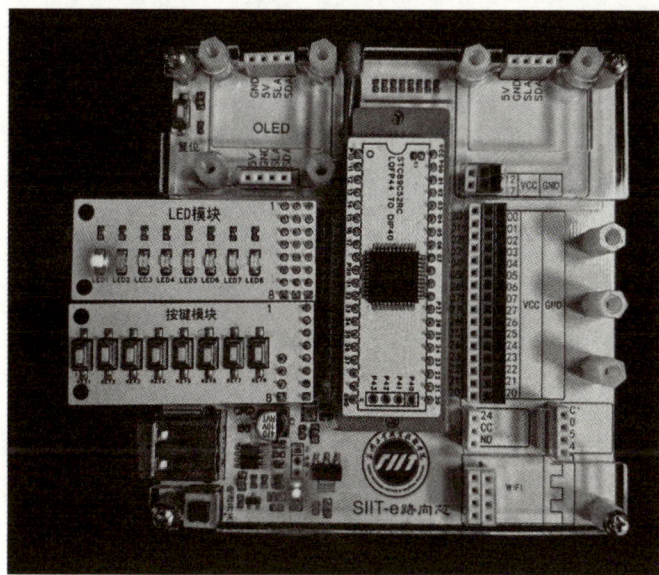

图 7-19　实物效果显示

本任务通过验证软件消抖任务 7-1 实现独立按键控制 LED，通过控制循环次数实现精确延时，让按键的操作更加灵敏。

7.5 /// 任务 7-2　外部中断实现独立按键控制

7.5.1　任务要求

本任务利用单片机的外部中断来检测按键的触发情况，通过 LED 灯的亮灭情况实现对单片机是否进入中断的直观判断。具体要求包括：

(1) 对外部中断的特殊功能寄存器进行配置。

(2) 实现外部中断函数的编程。

(3) 用 Keil 程序编程实现 I/O 口的按键监听。

(4) 用 Proteus 仿真软件搭建最小系统，并验证程序功能。

(5) 完成实物的程序下载及功能调试与验证。

7.5.2 知识链接

根据任务的功能要求，在单片机最小系统的基础上将 LED 灯与单片机的 P1 口 8 个端口相连，P1 口 8 个端口按顺序输出高低电平来控制 LED 灯的点亮与熄灭；将按键与 P3.2 端口相连，通过按键扫描实现按键监听，当有按键按下触发中断函数时，在中断服务程序中实现 LED 的亮灭。外部中断实现独立按键控制的系统框图如图 7-20 所示。

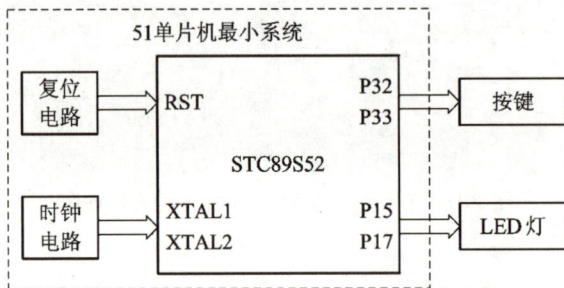

图 7-20　外部中断实现独立按键控制系统框图

C51 编译器允许用 C51 创建中断服务程序，仅需要关心中断号和寄存器组的选择就可以了。编译器自动产生中断向量和程序的入栈及出栈代码。在函数声明时使用 interrupt 关键字将所声明的函数定义为一个中断服务程序。另外，可以用 using 定义此中断服务程序所使用的寄存器组。中断函数的具体形式如下：

函数类型 函数名 (形式参数表) interrupt m using n

在 interrupt m 修饰符中，m 为中断号，取值为 0～31，对应的中断号情况如下：

0——外部中断 0；

1——定时器 / 计数器 T0 中断；

2——外部中断 1；

3——定时器 / 计数器 T1 中断；

4——串行口中断；

5——定时器 / 计数器 T2 中断。

修饰符 using n 用于指定本函数内部使用的工作寄存器组，其中 n 的取值为 0～3，表示寄存器组号。

8051 的中断过程通过使用 interrupt 关键字和中断号来实现，中断号告诉编译器中断程序的入口地址。中断号对应着 IE 寄存器中的使能位，也就是 IE 寄存器中的 0 位对应着外部中断 0，相应的外部中断 0 的中断号是 0。

以下提供两个外部中断的初始化函数以及中断服务函数，供参考学习。

```
1.      void EX0init()
2.      {
3.          EA=1;              // 中断总允许开关
4.          EX0=1;             // 外部中断 0 开关
5.          IT0=1;             // IT0 为 1 时，下降沿触发，IT0 为 0 时低电平触发
6.      }
7.      void exint0()  interrupt 0   // 使用外部中断 0
8.      {
9.          // 需要执行的代码
```

```
10.     }
11.     void EX1init()
12.     {
13.         EA=1;                   // 中断总允许开关
14.         EX1=1;                  // 外部中断 1 开关
15.         IT1=1;                  // IT1 为 1 时，下降沿触发，IT1 为 0 时低电平触发
16.     }
17.     void exint1()  interrupt 2     // 使用外部中断 1
18.     {
19.         // 需要执行的代码
20.     }
```

【注意】

(1) 在设计中断时，要注意的是哪些功能应该放在中断程序中，哪些功能应该放在主程序中。一般来说，中断服务程序应该做最少量的工作，这样做有很多好处。首先，系统对中断的反应面更宽了，有些系统如果丢失中断或对中断反应太慢将产生十分严重的后果，这时有充足的时间等待中断是十分重要的。其次，它可使中断服务程序的结构简单，不容易出错。

中断程序中放入的东西越多，它们之间越容易起冲突。简化中断服务程序意味着软件中将有更多的代码段，但可把这些代码段都放入主程序中。中断服务程序的设计对系统的成败有至关重要的作用，要仔细考虑各中断之间的关系和每个中断执行的时间，特别要注意那些对同一个数据进行操作的 ISR。

(2) 中断函数不能传递参数。

(3) 中断函数没有返回值。

(4) 中断函数若调用其他函数，则要保证使用相同的寄存器组，否则会出错。

(5) 中断函数使用浮点运算时要保持浮点寄存器的状态。

7.5.3　任务实施

1. Proteus 电路设计

利用 Proteus 软件搭建仿真电路，如图 7-21 所示。

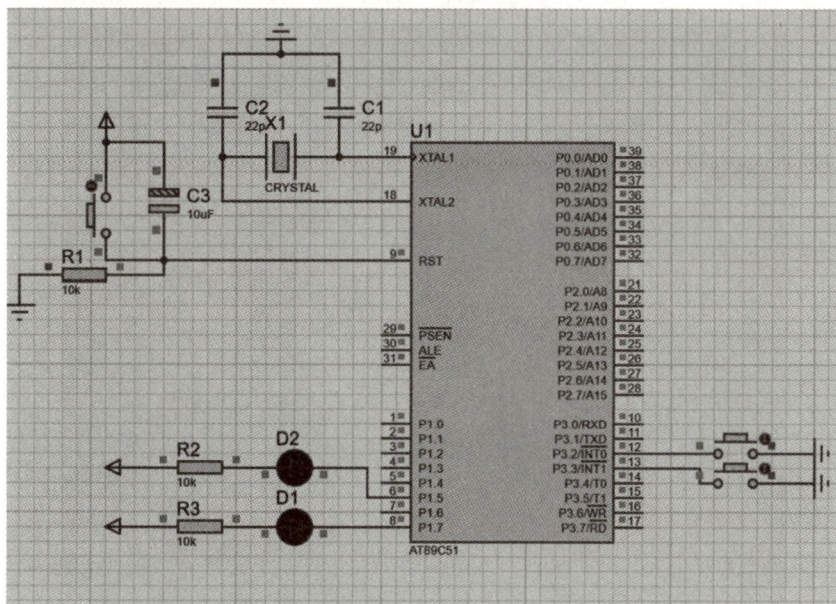

图 7-21　利用外部中断实现独立按键控制的仿真图

2. 源程序设计与目标代码文件生成

以下程序为利用外部中断按键控制 LED 的 C 程序：

```
1    #include "reg51.h"                 // 包含 51 单片机寄存器定义的头文件
2    #include "intrins.h"               // 包含空指令 _nop_() 的头文件
3    sbit LED1 = P1^7;
4    sbit LED2 = P1^5;
5    void Init_external(void)
6    {
7        IT0 = 1;                       // 下降沿触发
8        EX0 = 1;                       // 中断允许控制位
9        IT1 = 1;
10       EX1 = 1;                       // 中断总开关
11       EA = 1;                        // 下降沿触发
12   }
13   void exint0()  interrupt 0
14   {
15       LED1 = ~LED1;
16   }
17   void exint1()  interrupt 2
18   {
19       LED2 = ~LED2;
20   }
21   void main(void)
22   {
23       Init_external();
24       while(1);
25   }
```

3. 开发板烧录

在这一步骤将 .HEX 文件烧录下载进硬件开发板，得到的功能实现效果图如图 7-22 所示。

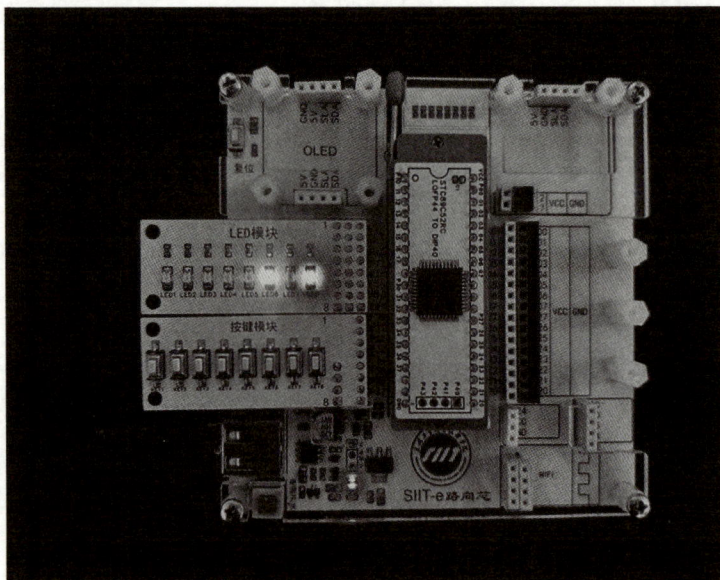

图 7-22　实物效果显示

任务 7-2 外部中断实现独立按键控制效果演示

单 元 小 结

本单元介绍了键盘和外部中断的基本知识，包括独立按键和矩阵键盘、中断配置和外部中断、按键的消抖和释放、中断的配置及运用、函数的建立和相关调用、标志位的条件设置及其使用方法。学完本单元，学生应该能用仿真软件实现矩阵键盘扫描，能用单片机开发板实现中断配置及运用。

单 元 练 习

一、单选题

1. 按键软件消抖一般延时 (　　)。

A. 10 μs
B. 10 ms
C. 1 s
D. 5 ms

2. 4 × 4 矩阵键盘需要 (　　) 根线连接到单片机 I/O 口上。

A. 4
B. 8
C. 16
D. 12

3. 中断是指通过 (　　) 来改变 CPU 的执行方向。

A. 软件
B. 硬件
C. 调用函数
D. 跳转语句

4. 在中断处理过程中，中断服务程序处理完成后，再回到主程序被打断的地方继续运行，则主程序被打断的地方称为 (　　)。

A. 断点
B. 中断源
C. 中断入口地址
D. 中断矢量

5. TCON 中的 (　　) 位用来选择外部中断 0 的触发方式。

A. ES
B. IT1
C. IE0
D. IT0

6. (　　) 请求，CPU 在响应中断后，必须在中断服务程序中用软件将其清除。

A. 外部中断
B. 定时器 / 计数器中断
C. 串行口中断
D. 以上所有

7. 关于中断服务函数，以下说法不正确的是 (　　)。

A. 不能进行参数传递
B. 有返回值
C. 不能指定寄存器组
D. 不可以直接调用

8. 关于中断优先级，下面说法不正确的是 (　　)。

A. 低优先级可以被高优先级中断
B. 外部中断 0 的优先级最高，可以中断其他任意中断源的中断服务程序
C. 高优先级不能被低优先级中断
D. 任何一种中断一旦得到响应，不会再被它的同级中断源中断

9. MCS-51 单片机中若要允许定时器 / 计数器 0 中断和外部中断 1，则 IE 的值为 (　　)。

A. 0x85
B. 0x98
C. 0x83
D. 0x86

二、填空题

1. 按键抖动会造成误读，可采用 ＿＿＿＿ 和 ＿＿＿＿ 方法消抖。

2. 矩阵键盘常用 _____ 扫描和 _____ 扫描方式。

3. 单片机处理中断有 _____、_____、_____ 和 _____ 4 个步骤。

4. STC89C51 系列单片机有 _____、_____、_____、_____ 和 _____ 5 个中断源,有 _____ 个中断优先级,可实现 _____ 级中断服务程序嵌套。

5. 若设置外部中断 1 为高优先级,其余中断为低优先级,则 IP 值为 _____。

6. 当同一优先级的多个中断源同时向 CPU 申请中断时,通过 _____ 确定先响应哪个中断请求。

7. 当系统复位后,寄存器 IP 清零,所有中断源都设定为 _____。

8. C51 中中断函数的定义 "void 函数名 ( ) interrupt n using m" 中,n 是指 _____,其取值范围为 _____,m 是指 _____。

三、简答题

1. 简述按键软件消抖的工作原理。

2. 简述中断的优点及作用。

3. 简述中断的处理过程。

4. 简述 CPU 响应中断的条件。

5. 简述 8051 单片机 5 个中断源在什么情况下中断标志位置 1,向 CPU 申请中断。

四、编程题

1. 实现用一个开关控制 8 个 LED 灯在闪烁和流水灯之间切换。

2. 通过矩阵键盘实现 8 位 LED 灯显示按下按键编号的二进制代码。

习题答案

第8单元 数码管显示与定时中断使用

单元概述

本单元采用STC89C52控制芯片，利用 Proteus 仿真软件和 Keil 编程软件，结合 74HC573 芯片与四位八段数码管的使用，介绍单片机中中断的配置方法和流程。重点介绍几个与定时中断相关的寄存器和中断源，通过 C 语言软件编程控制实现任务：控制一位数码管显示信息；控制八位数码管显示动态信息；使用定时中断实现数码管秒表显示。最后通过软硬件仿真来验证设计项目的合理性和正确性。

科普与思政

在 1960 年的阿波罗登月计划中，宇航员需要实时监控飞船的状态。然而，当时的计算机体积庞大，显示技术也相对落后，这给宇航员的飞行任务带来了巨大挑战。面对这一难题，工程师创新性地采用了数码管作为数据显示终端。由于数码管具有高亮、耐用的特性，因此即使在极端环境下，宇航员也能清晰地读取数据。这一技术突破不仅为阿波罗登月计划的成功提供了有力保障，更推动了航天事业的发展。它启示我们，科技创新需要直面挑战，勇于突破传统思维的束缚。只有敢于在困境中寻找解决方案，才能推动技术的进步，为人类探索未知开辟新的道路。

8.1 /// 锁存芯片 74HC573

8.1.1 芯片简介

74HC573 芯片拥有八路同步输出锁存器，输出为三态门，是一种高性能硅栅 CMOS 器件，如图 8-1 所示。其主要用于数码管、按键 8X8LED 点阵等的控制。

74HC573 工作电压范围为 2.0～6.0 V，最低输入电流为 1.0 μA。

8.1.2 工作原理

74HC573 芯片内部的八个锁存器都是同步输出的 D 型锁存器。当

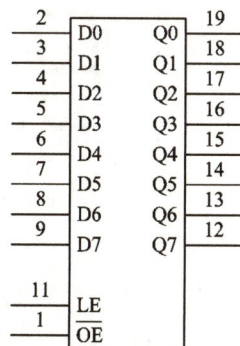

锁存芯片
74HC573
工作原理

图 8-1 74HC573 引脚图

使能为高时，输出将随输入 (D) 的数据而改变；当使能为低时，将输出 (Q) 锁存在已建立的数据电平上。输出控制不影响锁存器的内部工作，即老数据可以保持，新的数据也可以置入。这种电路可以驱动大电容或低阻抗负载，也可以直接与系统总线接口并驱动总线，而不需要外接口。其特别适用于缓冲寄存器、I/O 通道、双向总线驱动器和工作寄存器。

8.2 /// 数 码 管

数码管基础知识

8.2.1 数码管简介

数码管也称作辉光管，是一种可以显示数字和其他信息的电子设备。数码管中包含一个金属丝网制成的阳极和多个阴极。大部分数码管阴极的形状为数字。数码管中充以低压气体，通常大部分为氖加上一些汞或氩。当给某一个阴极充电，数码管就会发出颜色光，视管内气体而定，一般都是橙色或绿色。

尽管在外观上和真空管相似，其原理并非为加热阴极放射电子，因而它被称为冷阴极管或霓虹灯的一个变种。在室温下，即使处于极端的室内工作条件下，这种管子的温度很少超过 40℃。

此开发板使用的是 LED 数码管，LED 数码管 (LED Segment Display) 是由多个发光二极管封装在一起组合而成，四位八段数码管实物如图 8-2 所示。

图 8-2　四位八段数码管实物图

8.2.2 数码管的分类和使用

数码管也称 LED 数码管，按发光二极管单元连接方式可分为共阳极数码管和共阴极数码管。共阳极数码管是指将所有发光二极管的阳极接到一起形成公共阳极 (COM) 的数码管。共阳极数码管在应用时应将公共极 COM 接到 +5 V，当某一字段发光二极管的阴极为低电平时，相应字段就点亮；当某一字段的阴极为高电平时，相应字段就不亮。共阴极数码管是指将所有发光二极管的阴极接到一起形成公共阴极 (COM) 的数码管。共阴极数码管在应用时应将公共极 COM 接到地线 GND 上，当某一字段发光二极管的阳极为高电平时，相应字段就点亮；当某一字段的阳极为低电平时，相应字段就不亮。

使用 LED 数码管时，要注意区分共阴与共阳接法 (如图 8-3 所示)。

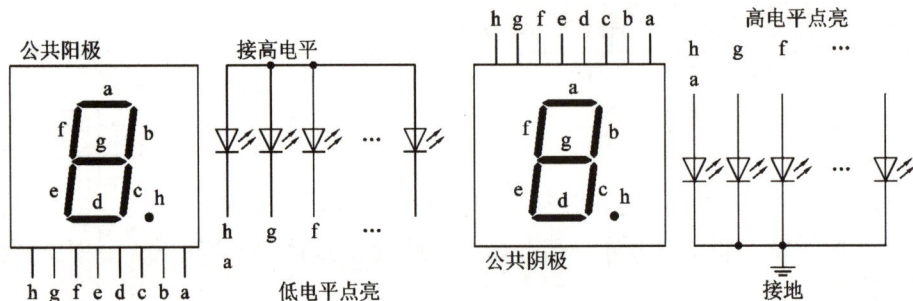

图 8-3　数码管共阴与共阳接法

七段数码管加上一个小数点，共计八段。正好与 LED 显示器提供的编码相同，为一个字节。单片机开发板采用共阴数码管模块。为了显示数字或字符，必须对数字或字符进行编码。例如，对共阴极数码管进行编码显示数字 0，只需要对 dp、g、f～a 端口写入 0X3F(0011

1111) 即可。表 8-1 所示为共阴数码管部分字形码表。

表 8-1　共阴数码管部分字形码表

0x3f	0x06	0x5b	0x4f	0x66	0x6d
0	1	2	3	4	5
0x7d	0x07	0x7f	0x6f	0x77	0x7c
6	7	8	9	A	B
0x39	0x5e	0x79	0x71	0x00	
C	D	E	F	不显示	

单片机开发板所使用的数码管模块为四位八段数码管，引脚图如图 8-4 所示。其控制方式与图 8-3 所示的一位八段数码管控制方式基本相同，A～DP 引脚的控制方法与图 8-3 所示的数码管相同，1、2、3、4 引脚为四位数码管亮灭状态控制位，控制对应引脚即可控制对应数码管的亮灭，具体使用方法见项目一。

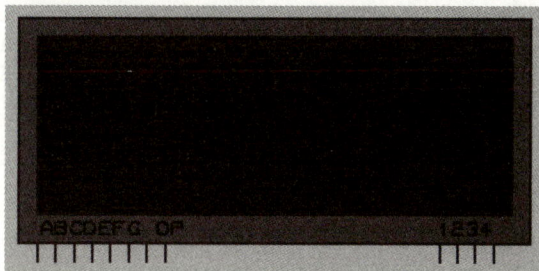

图 8-4　四位八段数码管引脚图

8.3 /// 数码管的静态显示与动态显示

8.3.1　数码管的静态显示

静态显示是指数码管的笔画点亮后，这些笔画一直处于点亮状态，而不是周期性点亮状态。在静态显示电路中，每个数码管的各个段码都由一个单片机的 I/O 端口进行驱动，或者使用如 BCD 码、二－十进制译码器译码进行驱动。

数码管静态显示方式编程简单，显示亮度高。但是占用 I/O 端口多，如驱动 5 个数码管静态显示，则需要 $5 \times 8 = 40$ 个 I/O 端口来驱动，增加了硬件电路的复杂性。

8.3.2　数码管的动态显示

动态显示也称为动态扫描，特点是将所有位数码管的段选线并联在一起，由位选控制决定相应数码管有效。通过轮流向各位数码管送出段选码和相应位选码，利用发光管的余辉和人眼视觉暂留作用，使人感觉好像各位数码管同时都在显示，而实际上多位数码管是一位一位轮流显示的。多位数码管的位选是可独立控制的，而段选是连接在一起的，通过位选信号控制相应数码管点亮，而在同一时刻，位选选通的所有数码管上显示的数字始终都是一样的。

数码管动态显示的外围驱动电路相对简单，占用单片机 I/O 端口较少。但是需要不断刷新数码管显示，因此，占用 CPU 时间较长。

总结来说，数码管静态显示适用于显示内容不频繁变化的场合，而动态显示则适用于显示内容需要快速更新的场合。动态显示通过快速扫描减少了对 I/O 端口的需求，但需要更多的 CPU 资源来刷新显示内容；而静态显示则提供了更简单的编程和更高的显示亮度，但牺牲了 I/O 端口的数量。

8.4 /// 定时中断

定时中断的
使用和配置

8.4.1 中断的定义

所谓中断就是程序执行正常的时候出现了突发事件，CPU 停止当前的程序执行，转去处理突发事件，处理完毕后又返回原程序被中断的位置继续执行。中断可以分为内部中断和外部中断，内部中断来自 CPU 内部 (如软件中断指令、溢出、除法错误等)，外部中断的中断源来自 CPU 外部，由外设提出请求。

8.4.2 计数器的容量

MCS-51 单片机内部有两个计数器，分别称为 T0 和 T1，这两个计数器分别是由两个 8 位的 RAM 单元组成的，即每个计数器都是 16 位的计数器，最大的计数量是 65 536。

8.4.3 任意定时及计算方法

我们得知，计数器的容量是 16 位，也就是最大的计数值为 65 536，因此计数到 65 536 就会产生溢出。

在定时器模式下，计数器由单片机脉冲经 12 分频后计数。因此，定时器定时时间 T 的计算公式为

$$T = (TM - TC)12/f_{OSC} (\mu s) \tag{8-1}$$

式中，TM 为计数器从初值开始作加 1 计数到计满溢出所需要的时间，TM 为模值，与定时器的工作方式有关；f_{OSC} 是单片机晶体振荡器的频率；TC 为定时器的定时初值。在式 (8-1) 中，若设 TC = 0，则定时器定时时间为最大 (初值为 0，计数从全 0 到全 1，溢出后又为全 0)。由于 TM 的值和定时器工作方式有关，因此，不同工作方式下定时器的最大定时时间也不一样。例如，若设单片机主脉冲晶体振荡器频率 f_{OSC} 为 12 MHz，则最大定时时间为

方式 0 时：　　　　　　　　$TM_{max} = 2^{13} \times 1 \mu s = 8192 \mu s$

方式 1 时：　　　　　　　　$TM_{max} = 2^{16} \times 1 \mu s = 65\ 536 \mu s$

方式 2 和 3 时：　　　　　　$TM_{max} = 2^{8} \times 1 \mu s = 256 \mu s$

如要计算晶振频率为 11.0592 MHz 的定时时间，则只需要将 f_{OSC} 替换为 11.0592 MHz 即可。

8.4.4 中断寄存器的配置

单片机中的定时器 / 计数器都可以有多种用途，可以通过定时器 / 计数器的方式控制字来具体设置。在单片机中有两个特殊功能寄存器与定时器 / 计数有关，它们是 TMOD 和 TCON。TMOD 和 TCON 是名称，我们在写程序时就可以直接用这个名称来指定它们，当然也可以直接用它们的地址 89H 和 88H 来指定它们。计时器模式寄存器 (TMOD) 格式如表 8-2 所示。

表 8-2　计时器模式寄存器 (TMOD)

D7	D6	D5	D4	D3	D2	D1	D0
GATE	C/T	M1	M0	GATE	C/T	M1	M0
←――――――计时器 1――――――→				←――――――计时器 0――――――→			

从表 8-2 中我们可以看出，TMOD 被分成两部分，每部分 4 位，分别用于控制 T1 和 T0。其各位功能简述如下：

(1) GATE：门控位。当 GATE = 1 时，T0、T1 是否计数要受到外部引脚输入电平的控制，$\overline{\text{INT0}}$ 引脚控制 T0，$\overline{\text{INT1}}$ 引脚控制 T1。其可用于测量在 $\overline{\text{INT0}}$ 和 $\overline{\text{INT1}}$ 引脚出现的正脉冲的宽度。若 GATE = 0，即不使能门控功能，则定时计数器的运行不受外部输入引脚 $\overline{\text{INT0}}$、$\overline{\text{INT1}}$ 的控制。

(2) C/T：计数器模式和定时器模式的选择位。C/T = 0 为定时器模式，内部计数器对晶振脉冲 12 分频后的脉冲计数，该脉冲周期等于机器周期，可以理解为对机器周期进行计数。从计数值可以求得计数的时间，所以称为定时器模式。C/T = 1 为计数器模式，计数器对外部输入引脚 T0(P3.4) 或 T1(P3.5) 的外部脉冲 (负跳变) 计数，允许的最高计数频率为晶振频率的 1/24。

(3) M1、M0：用来选择计时计数器的工作模式，具体信息如表 8-3 所示。

表 8-3　计时器功能选择

M1	M0	工作模式	说　明
0	0	0	13 位计时计数器 (8192)
0	1	1	16 位计时计数器 (65 536)
1	0	2	8 位计时计数器，可自动重新载入计数值 (256)
1	1	3	当成两组独立的 8 位计时器 (256，T0 和 T1 不能同时用)

特殊功能寄存器 (TCON) 用于控制定时器的操作及对定时器中断的控制，字节地址为 88H，格式如表 8-4 所示。

表 8-4　TCON 寄存器

D7	D6	D5	D4	D3	D2	D1	D0
TF1	TR1	TF0	TR0	IE1	IT1	IE0	IT0
用于定时器 / 计数器				用于中断			

表 8-4 中，TCON 的各位功能简述如下：

(1) TF1：T1 的溢出中断请求标志。T1 计数溢出后，TF1 = 1。

(2) TR1：T1 的运行控制位。当软件使 TR1 = 1 时，T1 启动定时或计数；当软件使 TR1 = 0 时，T1 停止定时或计数 (GATE = 0)。(GATE = 1) 若要同时满足软件使 TR1 = 1，则外部中断 $\overline{\text{INT1}}$ 的引脚为高电平时，T1 才能启动。

(3) TF0：T0 的溢出中断请求标志。T0 计数溢出后，TF0 = 1。

(4) TR0：T0 的运行控制位。其功能同 TR1。

TCON 中的低 4 位用于外部中断工作方式，在此不作讲解。当整机复位后，TMOD 和 TCON 寄存器每一位均被清零。

中断允许寄存器 (IE) 用来设定各个中断源的打开和关闭，它在特殊功能寄存器中字节地址为 0xA8，可位寻址，其复位后 IE 被清零。中断允许寄存器 (IE) 格式如表 8-5 所示。

表 8-5　中断允许寄存器 (IE)

D7	D6	D5	D4	D3	D2	D1	D0
EA	—	ET2	ES	ET1	EX1	ET0	EX0

表 8-5 中，IE 的各位功能简述如下：

(1) EA：整体中断允许位。EA = 1 允许中断。

(2) ET2：T2 中断允许位。ET2 = 1 允许中断 (S52 才有)。

(3) ES：串行中断允许位。ES = 1 允许中断。

(4) ET1：T1 中断允许位。ET1 = 1 允许中断。

(5) EX1：INT1 中断允许位。EX1 = 1 允许中断。

(6) ET0：T0 中断允许位。ET0 = 1 允许中断。

(7) EX0：INT0 中断允许位。EX0 = 1 允许中断。

8.5 /// 任务 8-1 控制一位数码管显示信息

8.5.1 任务要求

本任务通过搭建电路，采用单片机控制 74HC573 芯片，对单片机输出至 74HC573 的信息进行锁定，从而控制八段数码管进行目标信息显示。结合 Keil 编程与 Proteus 仿真软件，实现中断控制一位数码管，具体要求如下：

(1) 搭建 C51 单片机的最小系统。

(2) 实现 74HC573 芯片与数码管的正确连接方式。

(3) 用 Keil 程序编程实现中断控制一位数码管的字形显示。

(4) 用 Proteus 仿真软件搭建最小系统，并验证程序功能。

(5) 完成实物的程序下载及功能调试与验证。

8.5.2 知识链接

根据系统功能要求，用 P0 口对 74HC573 芯片进行信息传输，P2.0 与 P2.1 对两片 74HC573 芯片进行锁存控制，将数码管引脚连接至 74HC573 芯片，具体连接电路见仿真电路图。控制一位数码管显示信息的系统框图如图 8-5 所示。

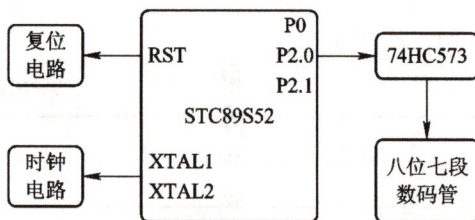

图 8-5 控制一位数码管显示信息的系统框图

8.5.3 任务实施

1. Proteus 电路设计

利用 Proteus 软件搭建仿真电路，如图 8-6 所示。

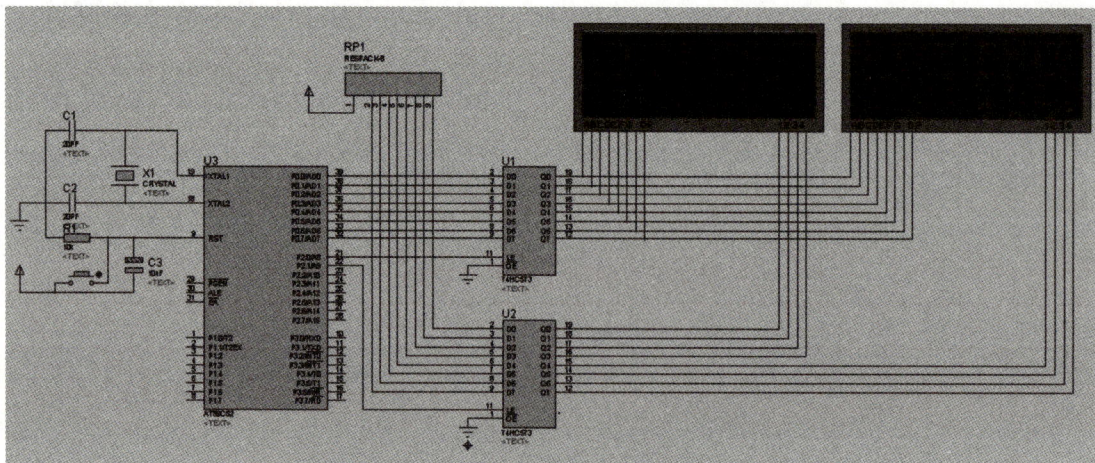

图 8-6 控制一位数码管显示信息系统仿真电路

2. 源程序设计与目标代码文件生成

以下程序为仿真控制一位数码管显示信息项目的 C 程序：

```
1.    //=========================================================
2.    // 文件名称：控制八位数码管显示动态信息
3.    // 功能概要：单片机上电后数码管开始以 1 秒为单位从 0 开始累加数字，至 9 后清零再次累加
4.    //=========================================================
5.    void main(void)
6.    {
7.        DU=1;      // 打开段选锁存（对显示信息进行控制）
8.        P0=0x06;   // 对数码管段选引脚写入数据 (000000110) 显示 1，如要显示不同信息只需修改 0x06 即可
9.        DU=0;      // 关闭段选锁存
10.       WE=1;      // 打开位选锁存（进行亮灭位控制）
11.       P0=0xfe;   // 对数码管位选引脚进行写入数据 (1111 11100)
12.       DU=0;      // 关闭位选锁存
13.       while(1);  // 让程序进入死循环不再对当前数码管显示信息进行更改
14.   }
```

3. Proteus 仿真

在完成程序编译后生成 .HEX 文件，加载进单片机芯片，点击"运行"，所得仿真效果展示如图 8-7 所示。

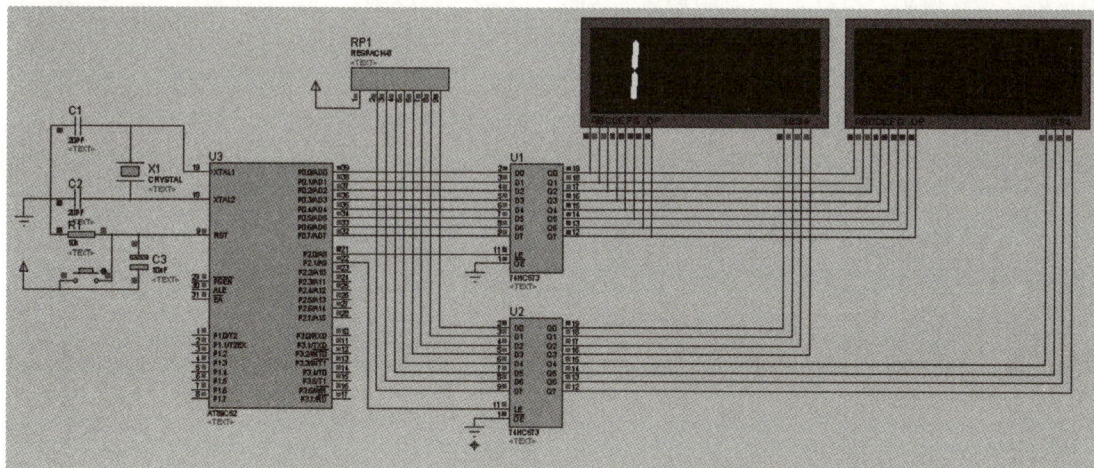

图 8-7　控制一位数码管显示信息系统仿真效果图

4. 开发板烧录

在这一步骤，将 .HEX 文件烧录下载进硬件开发板，得到的功能实现效果图如图 8-8 所示。

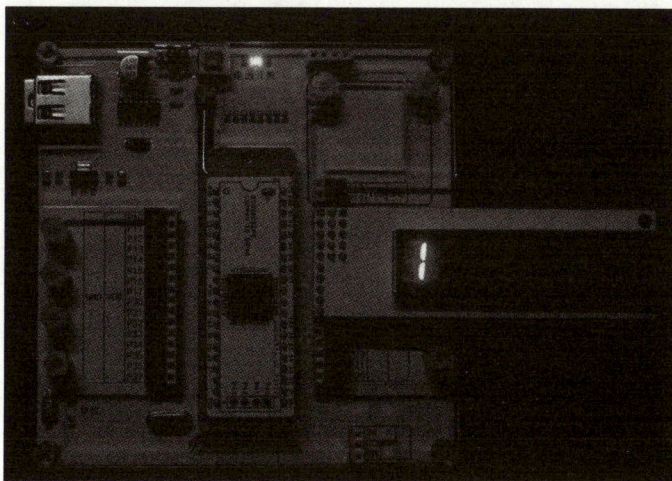

图 8-8　开发板效果显示图

8.6 /// 任务 8-2　控制八位数码管实现秒表显示

8.6.1　任务要求

本任务利用软件延时来控制时间，即利用单片机控制 74HC573 芯片对数码管进行控制，以实现数码管不间断刷新，并通过数码管实现秒表显示。具体要求如下：

(1) 编程实现 C 语言循环语句。

(2) 利用八位数码管实现数字的计数显示。

(3) 用 Keil 程序编程实现 I/O 口的循环控制，实现秒表功能。

(4) 实现数码管的硬件连接与驱动电路的设计。

(5) 用 Proteus 仿真软件搭建最小系统，并验证程序功能。

(6) 完成实物的程序下载及功能调试与验证。

8.6.2　知识链接

根据系统功能要求，用 P0 口对 74HC573 芯片进行信息传输，P2.0 与 P2.1 对两片 74HC573 芯片进行锁存控制，将数码管引脚连接至 74HC573 芯片以控制数码管不间断刷新，控制每一位数码管依次显示、依次熄灭，从而实现不间断刷新，如图 8-9 所示。

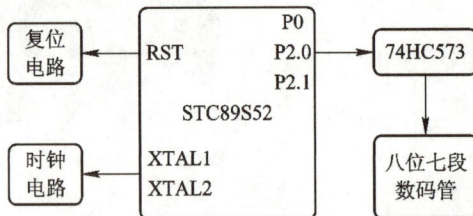

图 8-9　控制八位数码管实现秒表显示系统框图

8.6.3　任务实施

1. Proteus 电路设计

利用 Proteus 软件搭建仿真电路，如图 8-10 所示。

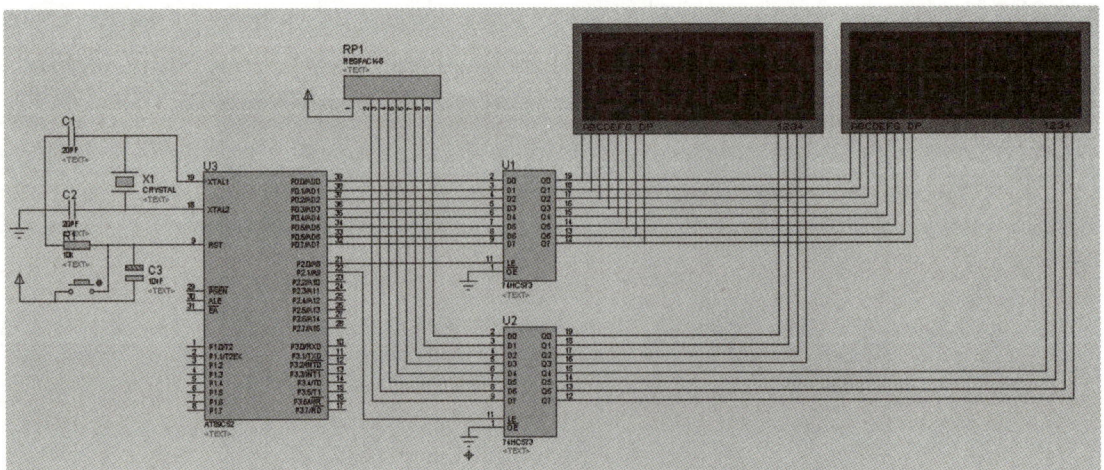

图 8-10　控制八位数码管实现秒表仿真电路

2. 源程序设计与目标代码文件生成

以下程序为仿真控制八位数码管显示信息项目的 C 程序：

```
1.    //============================================
2.    // 文件名称：控制八位数码管秒表显示
3.    // 功能概要：单片机上电后数码管开始以 1 秒为单位从 0 开始累加数字，至 60 后清零再次累加
4.    //============================================
5.    #include "reg52.h"                              // 包含 51 单片机寄存器定义的头文件
6.    #include "intrins.h"                            // 包含空指令 _nop_() 的头文件
7.    sbit DU =P2^7;                                  // 控制数码管显示信息的锁存引脚
8.    sbit WE =P2^6;                                  // 控制数码管亮灭位的锁存引脚
9.    array[]={0X3F,0X06,0X5B,0X4F,0X66,0X6D,0X7D,0X07,0X7F,0X6F};   // 共阴数码管 0～9 字形码
10.   unsigned int time=0;
11.   //============================================
12.   // 函数名称：延时函数
13.   // 功能概要：延时约 x 毫秒，一个单位延时时间约为一个毫秒
14.   // 函数说明：传递形参 ms，无返回值
15.   // 晶振：@11.0592MHz
16.   //============================================
17.   void Delay(unsigned int ms)
18.   {
19.       unsigned char i, j;
20.       unsigned int frequency;
21.   for(frequency=0;frequency<ms;frequency++)
22.           {
23.               _nop_();
24.               i = 2;
25.               i = 3;
26.               i = 4;
27.               i = 5;
28.               while (--j);
29.               } while (--i);
30.   }
31.   //============================================
32.   // 函数名称：显示函数
33.   // 功能概要：对输入的两位数字进行显示
34.   // 函数说明：传递形参 second，无返回值
35.   //============================================
36.           void display(unsigned char second)
37.   {
38.           unsigned char Position,Ten_bits;
39.       Position = second%10;
40.       Ten_bits = second/10;
41.       WE=1;                                       // 打开位选锁存 ( 进行亮灭位控制 )
42.       P0=0XFD;                                     // 控制开发板中四位数码管进行显示 (1111 1101)
43.       WE=0;                                        // 关闭位选锁存
44.       DU=1;                                        // 打开段选锁存 ( 对显示信息进行控制 )
45.       P0=array[Position];                          // 对秒表的个位进行显示
46.       DU=0;                                        // 关闭段选锁存
47.       Delay(10);
48.       DU=1;                                        // 消隐
```

```
49.        P0=0X00;
50.        DU=0;
51.        WE=1;                          // 打开位选锁存 ( 进行亮灭位控制 )
52.        P0=0XFE;                       // 控制开发板中四位数码管进行显示 (1111 1110)
53.        WE=0;                          // 关闭位选锁存
54.        DU=1;                          // 打开段选锁存 ( 对显示信息进行控制 )
55.        P0=array[Ten_bits];            // 对秒表的十位进行显示
56.        DU=0;                          // 关闭段选锁存
57.        Delay(10);
58.        DU=1;                          // 消隐
59.        P0=0X00;
60.        DU=0;
61.    }
62.  //===========================================================
63.  // 函数名称：主函数
64.  //===========================================================
65.    void main(void)
66.    {
67.        unsigned char i;
68.        while(1)
69.          {
70.          for(i=0;i<50;i++)            // 显示函数中有两次延时每次延时 10 ms
71.                                       // 循环 50 次为 1000 ms
72.            {
73.            display(time);             // 调用显示函数显示时间
74.             }
75.          time>=59?time=0:time++;      // 当时间到达 60 s 时清零否则自加一
76.          }
77.    }
```

3. Proteus 仿真

程序编译后生成的 .HEX 文件加载进单片机芯片，点击"运行"，所得仿真效果展示如图 8-11 所示。

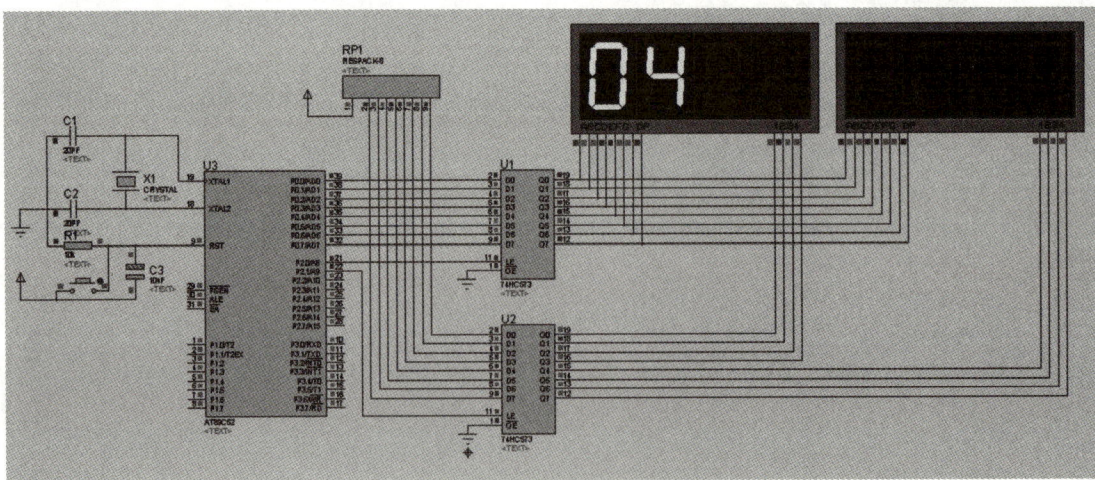

图 8-11　控制八位数码管实现秒表仿真效果

4. 开发板烧录

最后通过开发板实现电路功能，开发板电路图与任务一一致，如图 8-12 所示，这里不再赘述。

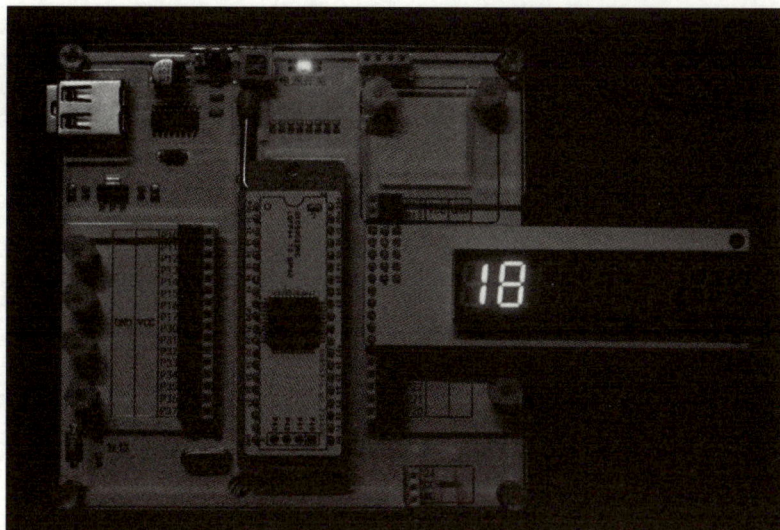

图 8-12　开发板效果展示

8.7 /// 任务 8-3　使用定时中断实现数码管秒表显示

8.7.1　任务要求

本任务利用中断来控制时间，即利用单片机控制 74HC573 芯片对数码管进行控制，以实现数码管的不间断刷新，并通过数码管实现秒表显示。具体要求如下：

(1) 设置定时中断模式。

(2) 用 Keil 程序编程实现 I/O 口的循环控制，实现秒表功能。

(3) 用 Proteus 仿真软件搭建最小系统，并验证程序功能。

(4) 完成实物的程序下载及功能调试与验证。

8.7.2　知识链接

根据系统功能要求，用 P2.0 口对 74HC573 芯片进行信息传输，P2.0 与 P2.1 对两片 74HC573 芯片进行锁存控制，将数码管引脚连接至 74HC573 芯片以控制数码管不间断刷新，控制每一位数码管依次显示、依次熄灭，从而实现不间断刷新，如图 8-13 所示。

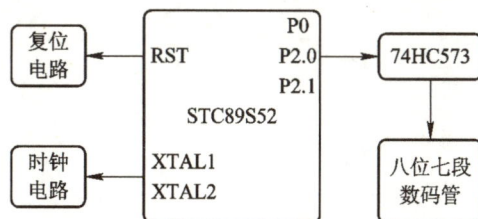

图 8-13　定时中断实现数码管秒表显示系统框图

8.7.3　任务实施

1. Proteus 电路设计

利用 Proteus 软件搭建仿真电路，如图 8-14 所示。

任务 8-3 使用定时中断实现数码管秒表显示程序讲解

任务 8-3 使用定时中断实现数码管秒表显示效果演示

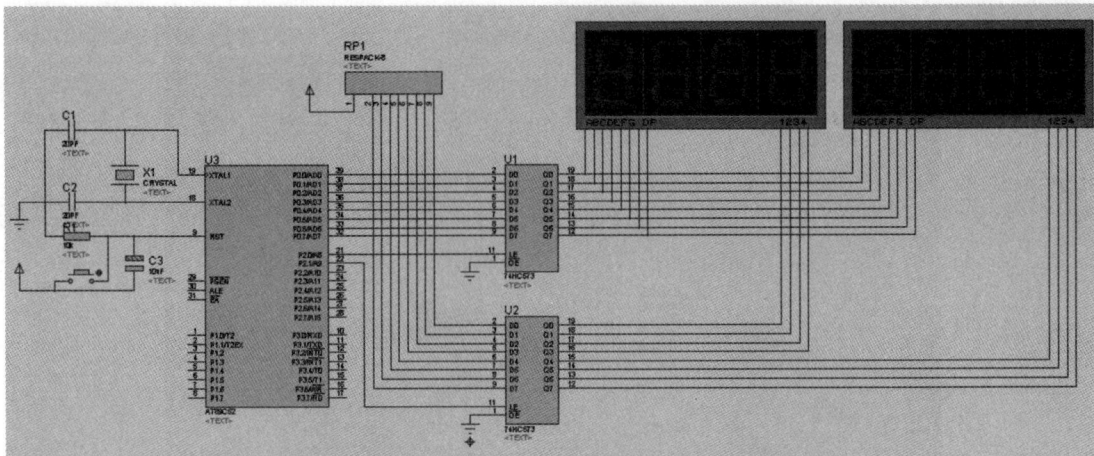

图 8-14　定时中断实现数码管秒表显示仿真电路

2. 源程序设计与目标代码文件生成

以下程序为定时中断实现数码管秒表显示仿真电路的 C 程序：

```
1.    //================================================
2.    // 文件名称：控制八位数码管秒表显示
3.    // 功能概要：单片机上电后数码管开始以 1 s 为单位从 0 开始累加数字，至 60 后清零，再次累加
4.    //================================================
5.    #include "reg52.h"                      // 包含 52 单片机寄存器定义的头文件
6.    #include "intrins.h"                     // 包含空指令 _nop_() 的头文件
7.    sbit DU =P2^7;                           // 控制数码管显示信息的锁存引脚
8.    sbit WE =P2^6;                           // 控制数码管亮灭位的锁存引脚
9.    array[]={0X3F,0X06,0X5B,0X4F,0X66,0X6D,0X7D,0X07,0X7F,0X6F};
10.   // 共阴数码管 0~9 字形码
11.   unsigned int Second=50,Minute=59,Hour=23,frequency=0;
12.   //================================================
13.   // 函数名称：延时函数
14.   // 功能概要：延时约 x 毫秒，一个单位延时时间约为一个毫秒
15.   // 函数说明：传递形参 ms，无返回值
16.   // 晶振：@11.0592MHz
17.   // 版本：2018-08-09  V1.0
18.   //================================================
19.   void Delay(unsigned int ms)
20.   {
21.       unsigned char i, j;
22.       unsigned int frequency;
23.       for(frequency=0;frequency<ms;frequency++)
24.       {
25.       _nop_();
26.       i = 2;
27.       j = 199;
28.       do
29.       {
30.           while (--j);
31.       } while (--i);
```

```
32.              }
33.          }
34.     //==================================================
35.     // 函数名称：数码管显示函数
36.     // 功能概要：通过接收输入的段选与位选信号控制显示
37.     // 函数说明：传递形参 wei、duan，无返回值
38.     //==================================================
39.     void Digital_tube_display(char wei,char duan)
40.     {
41.         WE=1;                          // 打开位选锁存 ( 进行亮灭位控制 )
42.         P0=wei;                        // 控制开发板中四位数码管进行显示 (1111 1101)
43.         WE=0;                          // 关闭位选锁存
44.         Delay(1);
45.         DU=1;                          // 打开段选锁存 ( 对显示信息进行控制 )
46.         P0=duan;                       // 对秒表的个位进行显示
47.         DU=0;                          // 关闭段选锁存
48.         Delay(1);
49.         DU=1;                          // 消隐
50.         P0=0X00;
51.         DU=0;
52.         WE=1;                          // 消隐
53.         P0=0XFF;
54.         WE=0;
55.     }
56.     //==================================================
57.     // 函数名称：显示函数
58.     // 功能概要：对输入的两位数字进行显示
59.     // 函数说明：传递形参 second，无返回值
60.     //==================================================
61.     void display(void)
62.     {
63.         unsigned char Position,Ten_bits;
64.         Position = Second%10;                    // 秒的个位计算
65.         Ten_bits = Second/10;                    // 秒的十位计算
66.         Digital_tube_display(0XBF,array[Ten_bits]);     // 秒的十位显示
67.         Digital_tube_display(0X7F,array[Position]);     // 秒的个位显示
68.         Digital_tube_display(0XDF,0X40);         // 间隔符显示
69.         Position = Minute%10;                    // 分钟的个位计算
70.         Ten_bits = Minute/10;                    // 分钟的十位计算
71.         Digital_tube_display(0XF7,array[Ten_bits]);     // 分钟的十位显示
72.         Digital_tube_display(0XEF,array[Position]);     // 分钟的个位显示
73.         Digital_tube_display(0XFB,0X40);         // 分隔符显示
74.         Position = Hour%10;                      // 小时的个位计算
75.         Ten_bits = Hour/10;                      // 小时的十位计算
76.         Digital_tube_display(0XFE,array[Ten_bits]);     // 小时的十位显示
77.         Digital_tube_display(0XFD,array[Position]);     // 小时的个位显示
78.     }
```

```c
79.   //=====================================================
80.   // 函数名称：中断配置函数
81.   // 功能概要：对中断进行初始化
82.   //=====================================================
83.   void Init_timer0(void)
84.   {
85.       TMOD |= 0X01;                        // 定时器 0 工作方式 1
86.       TH0=(65536-46080)/256;               // 高八位的初值定时 50 ms
87.       TL0=(65536-46080)%256;               // 第八位初值
88.       EA=1;                                // 整体中断允许
89.       ET0=1;                               // 定时器 0 中断允许
90.       TR0=1;                               // 开启定时器 0
91.   }
92.   //=====================================================
93.   // 函数名称：主函数
94.   //=====================================================
95.   void main(void)
96.   {
97.       Init_timer0();
98.       while(1)
99.           {
100.      display();                           // 调用显示函数显示时间
101.          }
102.  }
103.  //=====================================================
104.  // 函数名称：中断服务程序
105.  //=====================================================
106.  void Timer0_isr(void) interrupt 1
107.  {
108.      TH0=(65536-46080)/256;               // 重新赋值初值
109.      TL0=(65536-46080)%256;
110.      frequency++;
111.      if(frequency>=20)
112.      {
113.      frequency=0;
114.      Second++;
115.      if(Second>=60)
116.      {
117.      Second=0;
118.          Minute++;
119.          if(Minute>=60)
120.      {
121.      Minute=0;
122.          Hour++;
123.          if(Hour>=24) Hour=0;
124.      }
125.      }
126.      }
127.  }
```

3. Proteus 仿真

程序编译后生成的 .HEX 文件加载进单片机芯片，点击"运行"，所得仿真效果展示如图 8-15 所示。

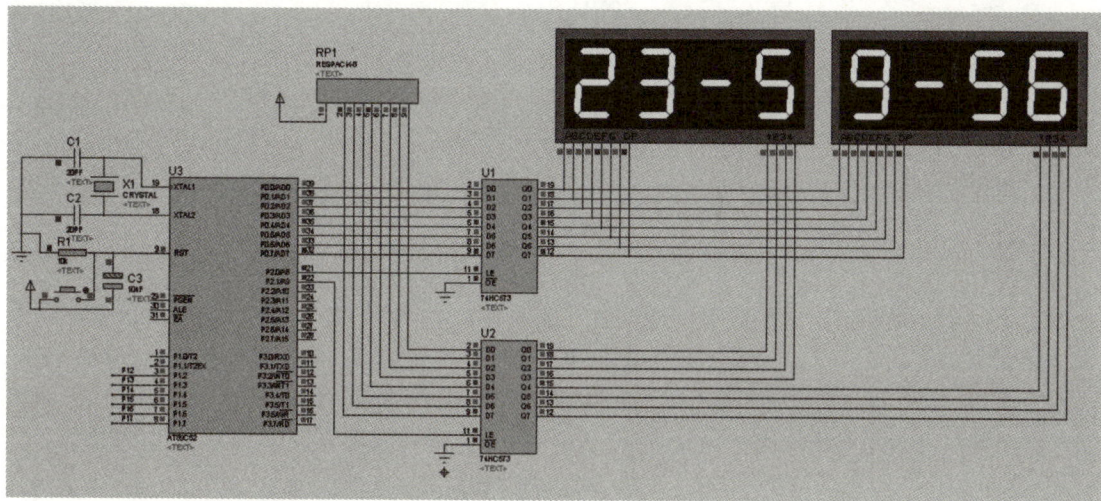

图 8-15　定时中断实现数码管秒表显示仿真效果展示

4. 开发板烧录

通过开发板实现电路功能，开发板电路图如图 8-16 所示。

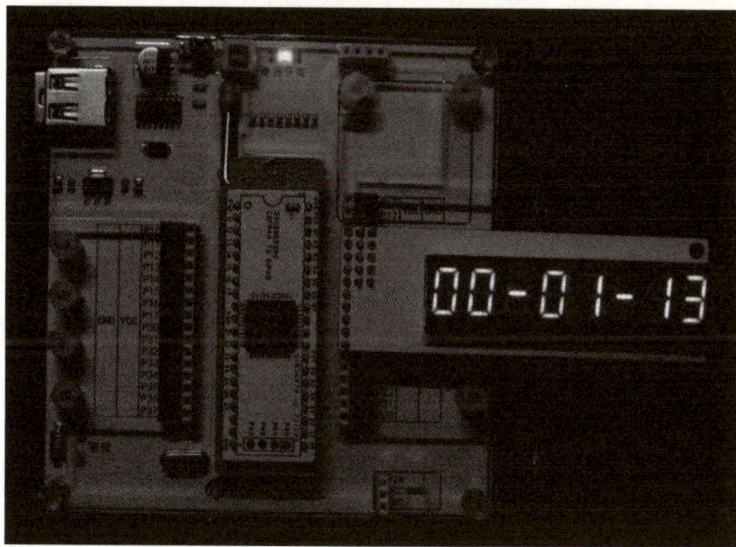

图 8-16　定时中断实现数码管秒表显示开发板效果展示

单 元 小 结

本单元介绍了 C51 单片机定时中断和数码管显示的基本知识，包括八段数码管的发光原理、数码管的类型和编码方式，74HC573IC 的结构和功能，单片机中断的含义，进而掌握定时中断的模式和计算方法，掌握中断寄存器的配置，能编写数码管显示的字形代码，能用软件实现定时中断的配置与应用，能用中断实现一位及多位数码管的控制显示，能编写数码管实现秒表功能的程序，能用仿真软件实现并能用单片机开发板实现功能，完成修改和调试。

单 元 练 习

一、选择题

1. 8051 内部单片机有 2 个 ( ) 可编程定时器／计数器。

A. 4 位
B. 8 位
C. 16 位
D. 32 位

2. 计数器的最大计数个数为 ( )。

A. 2n
B. 8n
C. 2 的 n 次方
D. 2 的八次方

3. 下列 4 个特殊功能寄存器中，可以位寻址的是 ( )。

A. TMOD
B. TL0
C. TH0
D. SCON

4. 定时与计数功能选择由 TMOD 寄存器中的 ( ) 位控制。

A. M0
B. M1
C. GATE
D. C/T

5. 设置 T0 为工作方式 1，定时功能 GATE＝0；T1 为工作方式 2，计数功能 GATE＝0。工作方式控制寄存器 TMOD 应赋值 ( )。

A. Ox20
B. 0x21
C. Ox60
D. 0x61

6. T1 的计数益出标志位是 ( )。

A. TCON 中的 TF0
B. TCON 中的 TF1
C. TCON 中的 TR0
D. TCON 中的 TR1

7. 语句 TR0＝1 的作用是 ( )。

A. 启动 T 计数
B. 启动 T0 计数
C. 停止 T1 计数
D. 停止 T0 计数

8. 中断是指通过 ( ) 来改变 CPU 的执行方向。

A. 硬件
B. 调用函数
C. 软件
D. 选择语句

9. 在中断处理过程中，中断服务程序处理完成后再回到主程序被打断的地方继续运行。主程序被打断的地方称为 ( )。

A. 入口地址
B. 断点
C. 中断源
D. 中断矢量

10. 单片机中断系统有 ( ) 个中断源。

A. 1
B. 2
C. 4
D. 5

11. 当 T1( ) 时，T1 中断请求标志位 TF1 自动置 1，向 CPU 申请中断。

A. 赋初值
B. 计数溢出
C. 启动
D. 设置工作方式

12. TCON 中的 ( ) 位用来选择外部中断 0 触发方式。

A. IT0
B. IT1
C. IE0
D. IE1

13. 单片机系统中总中断允许控制位是 ( )。

A. EA
B. ES

C. EX1
D. ET1

14. 关于中断优先级，下面说法不正确的是 (　　)。

A. 低优先级可被高优先级中断

B. 高优先级不能被低优先级中断

C. 任何一种中断一旦得到响应，不会再被它的同级中断源所中断

D. 自然优先级中的 $\overline{INT0}$ 优先级最高，任何时候它都可以中断其他 4 个中断源正在执行的服务

15. 中断函数定义时，中断类型号的取值范围是 (　　)。

A. 0~1
B. 0~4

C. 0~31
D. 0~256

16. 关于中断服务函数，以下说法不正确的是 (　　)。

A. 不能进行参数传递
B. 无返回值

C. 不可以直接调用
D. 不可以指定工作寄存器组

17. 当 (　　) 发出中断请求，CPU 在响应中断后，必须在中断服务程序中用软件将其清除。

A. T0
B. T1

C. 外部中断
D. 串行口中断

二、填空题

1. 8051 单片机内部的定时器 / 计数器是 _____ 法计数器；可编程为 _____ 位、_____ 位或 _____ 位的计数器。

2. 8051 单片机内部的定时器 / 计数器由 _____、_____、_____、_____ 组成。

3. TMOD 用于 _____、_____ 位寻址；TCON 用于 _____、_____ 位寻址。

4. T0 或 T1 用于计时功能时，对 _____ 进行计数；用于计数功能时，分别对从芯片引脚 _____ 上输入的脉冲进行计数。

5. 当 TMOD 寄存器中的门控位 GATE = 1 时，定时器 / 计数器的启动和停止由 _____ 和 _____ 共同控制。

6. 中断是一种使 CPU 中止 _____ 而转去处理 _____ 的操作。

7. 定义 T0 为工作方式 0，由 _____ 和 _____ 构成 1 个 _____ 位的计数器。

8. 定义 T1 为工作方式 1，由 _____ 和 _____ 构成 1 个 _____ 位的计数器。

9. 定义 T1 为工作方式 2，计数器为 _____ 位，由 _____ 计数，_____ 为初值缓冲器。

10. 除了计数位数不同之外，方式 2 与前两种方式最大的不同是具有 _____。

11. 假定晶振频率为 12 MHz，那么 T0 分别工作在方式 0、方式 1、方式 2 时，最长定时时间分别为 _____、_____、_____。

12. 方式 3 只适用于 T0，T0 被分解成 2 个独立的 8 位计数器 _____ 和 _____，T1 处于方式 3 时 _____。

13. 8051 的中断系统由 _____ 个中断源，_____ 个中断优先级，可实现 _____ 级中断服务程序嵌套。

14. 当计数器计数溢出时，溢出标志位 TFx 由硬件自动置 _____。采用中断方式处理时自动清零。用查询方式处理计数溢出时，只能由 _____ 清零。

三、简答题

1. 简述 8051 定时器 / 计数器的结构和各部分功能。

2. 简述 8051 单片机 5 个中断源在什么情况下中断标志位置为 1，向 CPU 申请中断。

习题答案

第 9 单元　单片机的温度测量系统

单元概述

温度是工农业生产中最常用的参数之一。近年来，随着家用电器、日用装置的自动化，以及无公害、节能运动的日益发展，特别是微控制器的应用，对各类传感器的需求更是大量增加，在 30 多种常用物理量的测量传感器中，对温度传感器的需求占首位，大约占 50%。

本单元主要通过 Proteus 仿真软件和 Keil 编程软件，设计了以 C51 单片机为核心的控制单元，结合 DS18B20 温度传感器的应用，设计温度测量电路，通过 C 语言编程实现温度的测量，通过软硬件仿真验证设计的合理性和正确性。

本单元结合 STC89C52 控制芯片搭配 I/O 端口的使用，运用最小系统硬件设计基础，搭配外设 DS18B20 的工作原理及基本运用的学习，通过软件编程控制实现温度的测量与显示。

科普与思政

DS18B20 是一款集成数字温度传感器，它采用单总线技术与单片机进行通信，能够实现温度的精确测量。单总线技术是 DS18B20 与单片机通信的核心，这种技术采用单根信号线进行数据的发送和接收，不仅简化了硬件连接，还降低了成本，非常适用于需要多点温度测量的应用场景。DS18B20 温度传感器的应用不仅展示了现代传感器技术的先进性和实用性，还体现了科技创新对社会进步的重要推动作用。在课程教学中，可以结合 DS18B20 的工作原理和应用实例，向学生讲解传感器技术的基本原理和实际应用方法，培养他们的实践能力和创新思维。同时，通过介绍 DS18B20 在工业自动化、智能家居等领域的广泛应用，激发学生的爱国情怀和科技报国的热情，引导他们将个人理想与国家需求相结合，为实现中华民族伟大复兴的中国梦贡献力量。

9.1 /// DS18B20 的工作原理

9.1.1　DS18B20 简介

DS18B20
基本知识

DS18B20 是美国 DALLAS 半导体公司生产的单线智能温度传感器，属于新一代适配微处理器的智能温度传感器，能够直接读出被测温度，并且可根据实际要求通过简单的编程实现 9～12 位的数字值读数方式。DS18B20 可以分别在 93.75 ms 和 750 ms 内完成 9 位和 12 位的数字量，并且从 DS18B20 读出的信息或写入 DS18B20 的信息仅需要一根口线 (单线接

口)。温度变换功率来源于数据总线，总线本身也可以向所挂接的 DS18B20 供电，而无须额外电源。因而使用 DS18B20 可使系统的结构更趋简单，可靠性更高。它在测温精度、转换时间、传输距离、分辨率等方面较 DS1820 有了很大的改进，给用户带来了更方便的使用和更令人满意的效果。DS18B20 可广泛用于工业、民用、军事等领域的温度测量及控制仪器、测控系统和大型设备中。

9.1.2　DS18B20 的性能特点

DS18B20 的性能特点如下：

(1) 采用单总线专用技术，既可通过串行口线，也可通过其他 I/O 口线与微机接口，无须经过其他变换电路，直接输出被测温度值 (9 位二进制数，含符号位)。

(2) 测温范围为 −55～+125℃，测量分辨率为 0.0625℃。

(3) 内含 64 位经过激光修正的只读存储器 ROM。

(4) 适配各种单片机或系统机。

(5) 用户可分别设定各路温度的上、下限。

(6) 内含寄生电源。

9.1.3　DS18B20 的外形和内部结构

DS18B20 采用 3 脚 TO-92 封装，外形如同普通的半导体三极管。除此之外，DS18B20 也有 8 脚的 SO 封装和 6 脚的 μSOP 封装形式，如图 9-1 所示。

图 9-1 所示的 DS18B20 引脚定义如下：

(1) DQ：数字信号输入 / 输出端。

(2) GND：电源地。

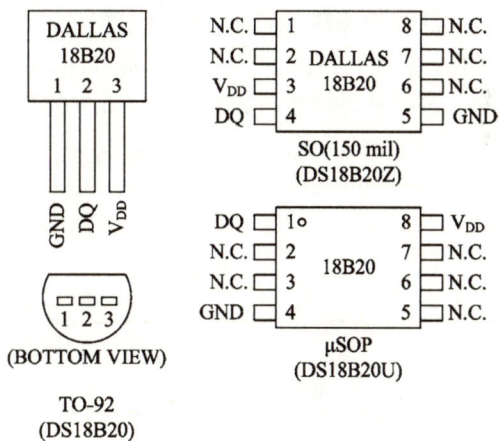

图 9-1　DS18B20 的封装形式

(3) V$_{DD}$：外接供电电源输入端 (在寄生电源接线方式时接地)。

DS18B20 内部结构主要由四部分组成：64 位光刻 ROM 与单总线接口、温度灵敏元件、温度报警触发器 TH 和 TL、高速缓存存储器、存储与控制逻辑、配置寄存器、8 位循环冗余校验码 (CRC)。其内部结构如图 9-2 所示。

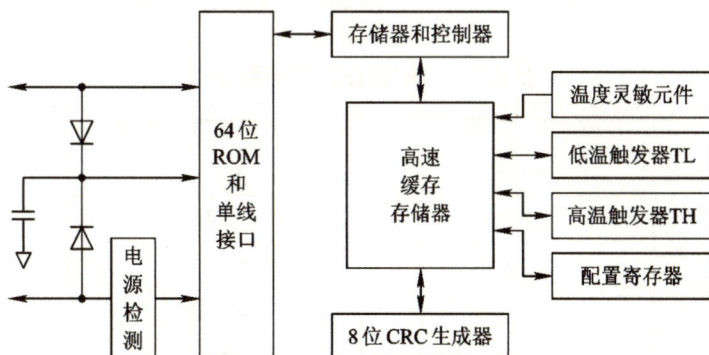

图 9-2　DS18B20 内部结构图

光刻 ROM 中的 64 位序列号是出厂前被光刻好的，它可以看作是该 DS18B20 的地址序列码。64 位光刻 ROM 的排列是：开始的 8 位 (28H) 是产品类型标号，接着的 48 位是该 DS18B20 自身的序列号，最后的 8 位是前面 56 位的循环冗余校验码 (CRC = X8 + X5 + X4 + 1)。光刻 ROM 的作用是使每一个 DS18B20 都各不相同，这样就可以实现一根总线上挂接多个 DS18B20 的目的。

为了满足测温的灵活性，需要在不同的场合选择不同的精度。通过对配置寄存器 (CONFIG) 的编程即可实现上述目的，CONFIG 的格式如图 9-3 所示。其中，R1、R0 决定温度转换的精度位数。R1、R0 与转换位数、转换时间的关系如表 9-1 所示。

0	R1	R0	1	1		1	1	1

图 9-3　配置寄存器 (CONFIG)

表 9-1　分辨率与转换时间的关系

R1	R0	分辨率 / 位	温度最大转换时间 /ms
0	0	9	93.75
0	1	10	187.5
1	0	11	375
1	1	12	750

温度传感器可完成对温度的测量，单片机可以通过单总线接口读到该数据，读取时低位在前，高位在后。表 9-2 所示是分辨率为 12 bit 时的 DS18B20 数据格式，用 16 位符号扩展的二进制补码读数形式提供，以 0.0625℃ /LSB 的形式表达，其中 S 为符号位。

表 9-2　DS18B20 温度值格式表

温度值低位 (LS Byte)							
BIT 7	BIT 6	BIT 5	BIT 4	BIT 3	BIT 2	BIT 1	BIT 0
2^3	2^2	2^1	2^0	2^{-1}	2^{-2}	2^{-3}	2^{-4}
温度值高位 (MS Byte)							
BIT 15	BIT 14	BIT 13	BIT 12	BIT 11	BIT 10	BIT 9	BIT 8
S	S	S	S	S	2^6	2^5	2^4

12 位转化后得到的 12 位数据，存储在 DS18B20 的两个 8 比特的 RAM 中。二进制中的前面 5 位是符号位，如果测得的温度大于 0，则这 5 位为 0，只要将测到的数值乘以 0.0625，即可得到实际温度；如果测得的温度小于 0，则这 5 位为 1，测到的数值需要取反加 1 再乘以 0.0625，即可得到实际温度。温度与数字输出的对应关系如表 9-3 所示，例如，+125℃ 的数字输出为 07D0H，+25.0625℃ 的数字输出为 0191H，−25.0625℃ 的数字输出为 FE6FH，−55℃ 的数字输出为 FC90H。

表 9-3　DS18B20 温度数据表

温 度 值	十六进制输出
+125℃	07D0H
+85℃	0550H
+25.0625℃	0191H
+10.125℃	00A2H
+0.5℃	0008H
0℃	0000H
−0.5℃	FFF8H
−10.125℃	FF5EH
−25.0625℃	FE6FH
−55℃	FC90H

DS18B20 温度传感器的内部存储器包含一个高速暂存 RAM 和一个非易失性的可电擦除的 EEPRAM,后者存放高温度和低温度触发器 TH、TL 以及结构寄存器。

高速缓存存储器由 9 个字节组成,其分配如表 9-4 所示。当温度转换命令发布后,经转换所得的温度值以二字节补码形式存放在高速缓存存储器的第 0 和第 1 个字节中。单片机可通过单线接口读到该数据,读取时低位在前,高位在后。第 9 个字节是冗余检验字节。

表 9-4 DS18B20 缓存寄存器分布

寄存器内容	字节地址
温度值低位 (LS Byte)	0
温度值高位 (MS Byte)	1
高温限值 (TH)	2
低温限值 (TL)	3
配置寄存器	4
保留	5
保留	6
保留	7
CRC 校验值	8

9.1.4 DS18B20 的控制方法

DS18B20 与单片机的连接有两种方法:一种是 V_{DD} 接外部电源供电,GND 接地,DQ 与单片机的 I/O 线相连,如图 9-4 所示;另一种是用寄生电源供电,此时 V_{DD}、GND 接地,DQ 接单片机 I/O,如图 9-5 所示。无论是内部寄生电源还是外部供电,I/O 口线都要接 5 kΩ 左右的上拉电阻。

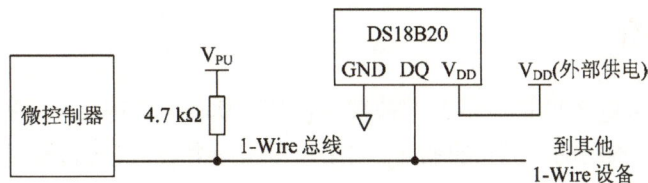

图 9-4 外部电源供电方式

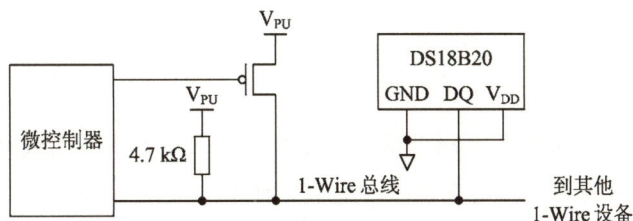

图 9-5 寄生电源供电方式

根据 DS18B20 的通信协议,主机 (单片机) 控制 DS18B20 完成温度转换必须经过三个步骤:① 每一次读写之前都要对 DS18B20 进行初始化操作;② 初始化成功后执行一条对 ROM 的操作指令;③ 最后发送 RAM 指令。这样才能对 DS18B20 进行预定的操作。DS18B20 共有 5 条 ROM 操作命令 (见表 9-5) 和 6 条 RAM 操作命令 (见表 9-6)。

表 9-5　ROM 操作命令

指　令	指令代码	功　　能
读 ROM	33H	读取 ROM 中的 64 位序列号 (用于多点测温)
匹配 ROM	55H	发出此命令之后，接着发出 64 位 ROM 编码，访问单总线上与该编码相对应的 DS18B20 使之作出响应，为下一步对该 DS18B20 的读写作准备
跳过 ROM	CCH	忽略 64 位 ROM 地址，直接向 DS18B20 发出温度变换命令。该指令适用于单片工作
搜索 ROM	F0H	用于确定挂接在同一总线上 DS18B20 的个数和识别 64 位 ROM 地址，为操作各器件作好准备
报警搜索	ECH	执行后只有温度超过设定值上限或下限的片子才作出响应

表 9-6　RAM 操作命令

指　令	约定代码	操作说明
温度转换	44H	启动 DS18B20 进行温度转换
读暂存器	BEH	读暂存器 9 个字节内容
写暂存器	4EH	将数据写入暂存器的 TH、TL 字节
复制暂存器	48H	把暂存器的 TH、TL 字节写到 E^2RAM 中
重新调 EEPROM	B8H	把 EEPROM 中的 TH、TL 字节写到暂存器 TH、TL 字节中
读电源供电方式	B4H	启动 DS18B20 发送电源供电方式的信号给主 CPU

9.2 /// onewire 的通信原理

9.2.1　onewire 简介

DS18B20 的通信协议

onewire，即单线总线，又叫单总线。单总线技术 (1-Wire Bus) 是美国达拉斯半导体公司 (DALLAS SEMICONDUCTOR) 推出的一项特有技术，它采用单根信号线，既可传输时钟，又能传输数据，而且数据传输是双向的，因而这种单总线技术具有线路简单、硬件开销少、成本低廉、便于总线扩展和维护等优点。

9.2.2　onewire 通信协议

DS18B20 与单片机的通信是通过严格的时序来实现的，每次传送数据或命令都是由一系列的时序信号组成，其共有三种基本时序：初始化时序；写 0、1 时序；读 0、1 时序。

1. 初始化时序

onewire 初始化时序如图 9-6 所示。单片机先发一个复位脉冲，保持低电平时间最少 480 μs，最多不能超过 960 μs。然后，单片机释放总线，等待 DS18B20 的应答脉冲。DS18B20 在接收到复位脉冲后等待 15 ~ 60 μs 才能发出应答脉冲。应答脉冲能保持 60 ~ 240 μs。单片机从发送完复位脉冲到再次控制总线至少要等待 480 μs。

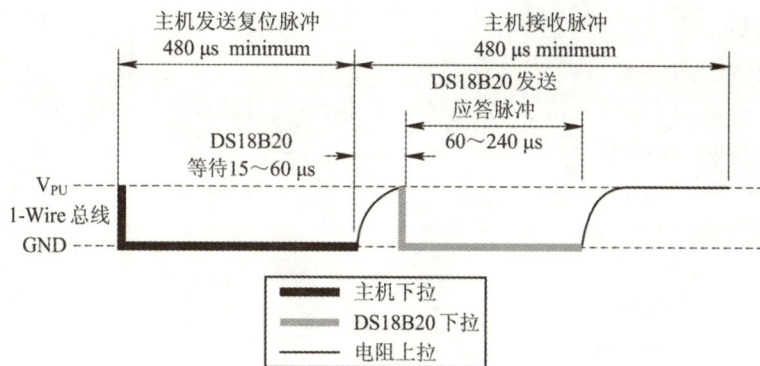

图 9-6　onewire 初始化时序

初始化参考程序如下：

```
1.   void delay_us(uchar us)        // μs 延时
2.   {    while(us--);
3.   }
4.   bit reset()
5.   { bit flag;
6.       dq=1;                      // dq 复位
7.       delay_us(1);               // 稍作延时
8.       dq=0;                      // 单片机将 dq 拉低
9.       delay_us(80);              // 精确延时大于 480 μs
10.      dq=1;                      // 拉高总线
11.      delay_us(8);
12.      flag=dq;                   // flag=0 初始化成功，flag=1 则初始化失败
13.      delay_us(20);
14.      return flag;
15.  }
```

2. 写时序

onewire 写时序如图 9-7 所示。写时序分为写 0 和写 1 两个过程。当要写 0 时，单总线要被拉低至少 60 μs，保证 DS18B20 能够在 15～45 μs 之间正确地采样总线上的 0 电平。当要写 1 时，单总线被拉低之后，在 15 μs 之内就得释放总线。写 0 时序和写 1 时序两个过程可以合并为一个子程序，分别在 DS18B20 的采样区送 0 和 1。

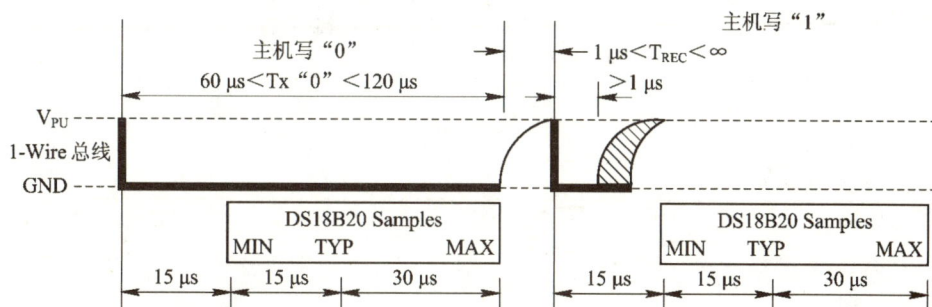

图 9-7　onewire 写时序

写时序参考程序如下：

```
1.   void  write_byte(uchar dat)    // 写一个字节
2.   {
3.       uchar i;
```

```
4.          bit onebit;
5.          for(i=1;i<=8;i++)
6.          {
7.              onebit=dat&0x01;
8.              dat=dat>>1;
9.              if(onebit)                    // 写 1
10.                 {
11.                     dq=0;
12.                     _nop_();
13.                     _nop_();
14.                     dq=1;
15.                     delay_us(5);
16.                 }
17.             else                          // 写 0
18.                 {
19.                     dq=0;
20.                     delay_us(8);
21.                     dq=1;
22.                     _nop_();
23.                     _nop_();
24.                 }
25.         }
26.     }
```

3. 读时序

onewire 读时序如图 9-8 所示。读时序分为读 0 和读 1 两个过程。DS18B20 的读时序是从主机把单总线拉低之后，在 15 μs 之内就得释放总线，以使 DS18B20 把数据传输到单总线上。DS18B20 完成一个读时序过程至少需要 60 μs。这两个时序可以合并为一个子程序。

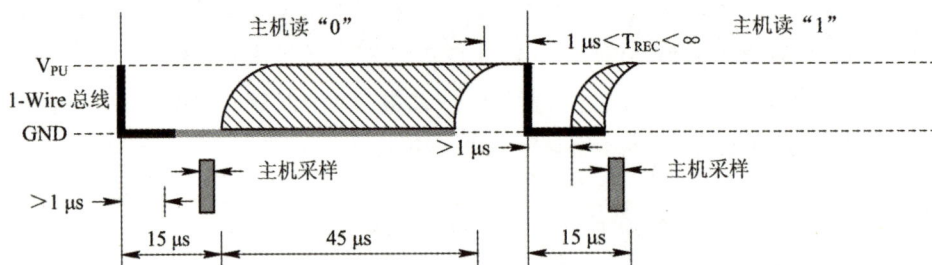

图 9-8　onewire 读时序

读时序参考程序如下：

```
1.      bit read_bit()                    // 读一个位
2.      {
3.          bit dat;
4.          dq=0;
5.          _nop_();
6.          dq=1;
7.          _nop_();
8.          _nop_();
```

```
9.          dat=dq;
10.         delay_us(10);
11.         return(dat);
12.     }
13.     uchar read_byte()                    // 读一个字节
14.     {
15.         uchar value,i,j;
16.         value=0;
17.         for(i=0;i<8;i++)                  // 写 0
18.         {
19.             j=read_bit();
20.             value=(j<<7)|
21.         (value>>1);
22.         }
23.         return(value);
24.     }
```

9.3 /// 任务 9-1　设计一个温度测量系统

9.3.1　任务要求

本任务通过单总线采集数字温度传感器 DS18B20 的温度，并通过数码管显示，具体要求如下：

(1) 实现温度信号的采集与转换。

(2) 实现数码管的显示。

(3) 用 Proteus 仿真软件搭建温度测量系统，并验证程序功能。

(4) 完成实物的程序下载及功能调试与验证。

9.3.2　知识链接

根据系统的功能要求，采用 DS18B20 温度传感器采集环境温度，将温度传感器的输出端直接与单片机的 P2.4 端口相连接。利用单片机控制温度信号的采集与接收，再通过单片机将接收的数字信号转换成相应的温度值送至数码管显示电路显示。单片机检测温度的系统框图如图 9-9 所示。

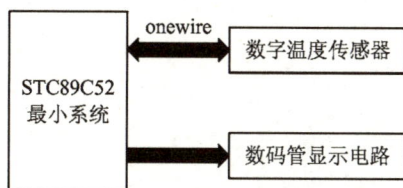

图 9-9　单片机检测温度的系统框图

实现项目功能仿真的电路图如图 9-10 所示。在仿真运行时可以通过鼠标调节 DS18B20 上的温度，温度可以通过数码管实时显示。

任务 9-1DS18B20 测量温度的程序讲解

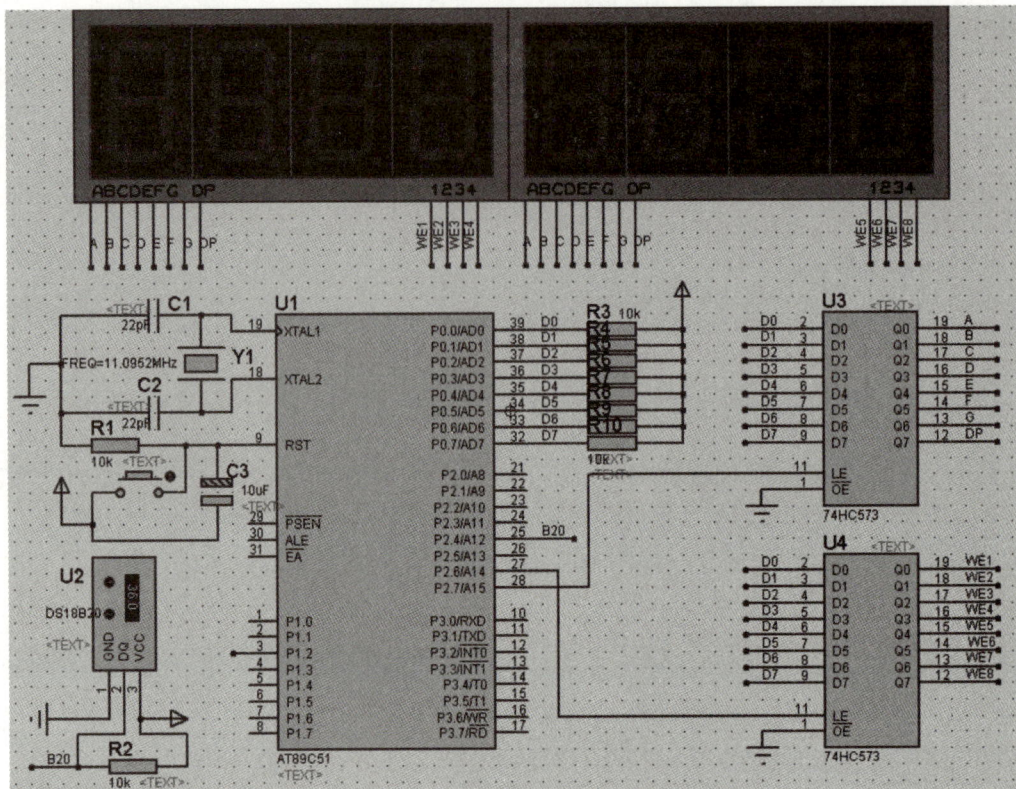

图 9-10 仿真电路图

9.3.3 任务实施

以下程序为利用 DS18B20 传感器测量温度值的 C 程序，通过 DS18B20 测量环境温度，单片机控制温度信号的采集并接收后进行处理，最后通过数码管显示。

```
1.   #include <reg52.h>                        // 包含单片机寄存器的头文件
2.   #define uchar unsigned char               // 宏定义
3.   #define uint unsigned int
4.   sbit dula=P2^7;                           // 数码管段选
5.   sbit wela=P2^6;                           // 数码管位选
6.   sbit DQ = P2^4;
7.   uchar code table[ ]={0x3f,0x06,0x5b,0x4f,  // 0 1 2 3 4 5 6 7 8 9 - C 段码表
     0x66,0x6d,0x7d,0x07,0x7f,0x6f,0x40,0x39};
8.   uchar dspbuf[8]=0;                         // 段选变量
9.   uchar dspcom=0;                           // 位选循环变量
10.  uchar temperature=0,flag;                 // 温度变量，温度值正负的标志变量
11.  /*-----------------------m 毫秒延时函数 -----------------------*/
12.  void Delay(uint m)
13.  {
14.      uint n;
15.      for(;m>0;m--)
16.          for(n=124;n>0;n--)
17.              ;
18.  }
19.  /*-----------------------t×10 μs 延时函数 -----------------------*/
20.  void Delay_OneWire(uchar t)
```

```
21.        {
22.            do
23.            {
24.                _nop_();
25.                _nop_();
26.                _nop_();
27.                _nop_();
28.                _nop_();
29.                _nop_();
30.                _nop_()
31.                _nop_();
32.            }while(--t);
33.        }
34.    /*---------------------DS18B20 初始化 ------------------------*/
35.    bit init_ds18b20( )
36.    {
37.        bit initflag = 0;                    // 储存 DS18B20 是否存在标志，initflag=0，表示存在；initflag=
                                                    1，表示不存在
38.        EA=0;
39.        DQ = 0;                              // 先将数据线拉低
40.        Delay_OneWire(50);                   // 延时 500 μs，要求保持 480～960 μs
41.        DQ = 1;                              // 再将数据线从低拉高
42.        Delay_OneWire(6);                    // 延时
43.        initflag = DQ;                       // initflag 等于 1 初始化失败，等于 0 初始化成功
44.        while(!DQ);                          // 等待 DS18B20 释放总线
45.        EA=1;
46.        return initflag;                     // 返回检测成功标志
47.    }
48.    /*----------------- 通过单总线向 DS18B20 写一个字节 ----------------------*/
49.    void Write_DS18B20(uchar dat)
50.    {
51.        uchar i;
52.        EA=0;
53.        for(i=0;i<8;i++)
54.        {
55.            DQ = 0;                          // 将数据线从高拉低时即启动写时序
56.            _nop_();
57.            _nop_();
58.            DQ=dat&0x01;                     // 利用与运算取出最低位，并将其送到数据线上等待 DS18B20
                                                    采样
59.            Delay_OneWire(6);                // 延时约 60 μs，DS18B20 在拉低后的约 15～60 μs 期间从数
                                                    据线上采样
60.            DQ = 1;                          // 释放数据线
61.            dat >>= 1;                       // 将 dat 中的各二进制位数据右移 1 位
62.        }
63.        EA=1;
64.    }
65.
66.    /*--------------------- 从 DS18B20 读取一个字节 ------------------------*/
```

```
67.    uchar Read_DS18B20( )
68.    {
69.        uchar i;
70.        uchar dat;                          // 储存读出的一个字节数据
71.        EA=0;
72.        for(i=0;i<8;i++)
73.          {
74.            DQ = 0;                          // 先将数据线拉低
75.            _nop_();
76.            _nop_();
77.            DQ = 1;                          // 将数据线"人为"拉高，为单片机检测 DS18B20 的输出
                                                  电平作准备
78.            dat >>= 1;
79.            _nop_();
80.            if(DQ)
81.              {
82.                dat |= 0x80;                 // 如果读到的数据是 1，则将 1 存入 dat
83.              }
84.                Delay_OneWire(6);            // 延时，两个读时序之间必须有大于 1 μs 的恢复期
85.          }
86.        EA=1;
87.        return dat;                          // 返回读出的十进制数据
88.    }
89.    /*-------------------- DS18B20 温度转换程序 -------------------------*/
90.    uchar rd_temperature( )
91.    {
92.        uchar a,b;
93.        uint temp;
94.        init_ds18b20();                      // 将 DS18B20 初始化
95.        Write_DS18B20(0xCC);                 // 跳过读序号列号的操作
96.        Write_DS18B20(0x44);                 // 启动温度转换
97.        init_ds18b20();                      // 将 DS18B20 初始化
98.        Write_DS18B20(0xCC);                 // ROM 指令，对 DS48B20 进行操作
99.        Write_DS18B20(0xbe);                 // 读取温度转换后的值
100.       a=Read_DS18B20();                    // 先读取低位
101.       b=Read_DS18B20();
102.       temp=b;
103.       temp<<=8;
104.       temp=temp|a;                         // temp 为 16 位，所以读取 2 次，相或形成 16 位数据
105.       if(temp&0x8000)                      // 判断读取的温度值是正值还是负值，最高位为 1 对应负值
106.         {
107.             temp=~(temp-1);
108.             flag=1;
109.         }
110.       temp=temp*0.0625;
111.       return temp;
112.    }
113.    /*-------------- 界面函数，数组中存放各数码管显示的字符 ------------------*/
114.    void interface(void)
```

```
115.    {
116.        dspbuf[0]=10;                       // 提示符 "-"
117.        dspbuf[1]=10;                       // 提示符 "-"
118.        dspbuf[2]=10;                       // 提示符 "-"
119.        dspbuf[3]=10;                       // 提示符 "-"
120.        dspbuf[4]=10;                       // 提示符 "-"
121.        dspbuf[5]=temperature%100/10;       // 十位
122.        dspbuf[6]=temperature%10;           // 个位
123.        dspbuf[7]=11;                       // 温度符号 "C"
124.    }
125.    /*------------------------ 数码管显示函数 ------------------------*/
126.    void display( )
127.    {
128.        wela=0;                             // 关闭位选寄存器
129.        P0=0xff;                            // 数码管消隐
130.        wela=1;                             // 打开位选寄存器
131.        wela=0;                             // 关闭位选寄存器
132.        wela=0;                             // 关闭位选寄存器
133.        P0=~(0x01<<dspcom);                 // 数码管位选
134.        wela=1;                             // 打开位选寄存器
135.        wela=0;                             // 关闭位选寄存器
136.        dula=0;                             // 关闭段选寄存器
137.        P0=table[dspbuf[dspcom]];           // 数码管段选
138.        dula=1;                             // 打开段选寄存器
139.        dula=0;                             // 关闭段选寄存器
140.        if(++dspcom==8)                     // 八位数码管循环点亮
141.            dspcom=0;
142.    }
143.    /*------------------------- 主函数 ------------------------------*/
144.    void main()
145.    {
146.        TMOD = 0x01;                        // 设置定时器模式 T0,方式 1
147.        TH0 =(65536-922)/256;               // 设置 1 ms 定时初值 922=1000 μs/(12/11.0592)
148.        TL0 =(65536-922)%256;               // 设置 1 ms 定时初值
149.        EA=1;                               // 打开总中断
150.        ET0=1;                              // 打开定时器中断
151.        TR0 = 1;                            // 定时器 0 开始计时
152.        while(1)
153.        {
154.            temperature=rd_temperature();   // 读取温度值
155.            Delay(800);                     // 延时 800 ms
156.            interface();                    // 调用界面函数
157.        }
158.    }
159.    /*------------------------ 定时器中断服务函数 ------------------------*/
160.    void times(void) interrupt 1
161.    {
162.        TH0 =(65536-922)/256;               // 设置 1 ms 定时初值
```

```
163.        TL0 =(65536-922)%256;           // 设置 1 ms 定时初值
164.        display();                       // 调用数码管显示函数
165.    }
```

任务功能仿真效果图如图 9-11 所示。效果图显示了当前温度传感器上设置的温度值，改变温度传感器上的温度值同时可以改变数码管显示的温度值。

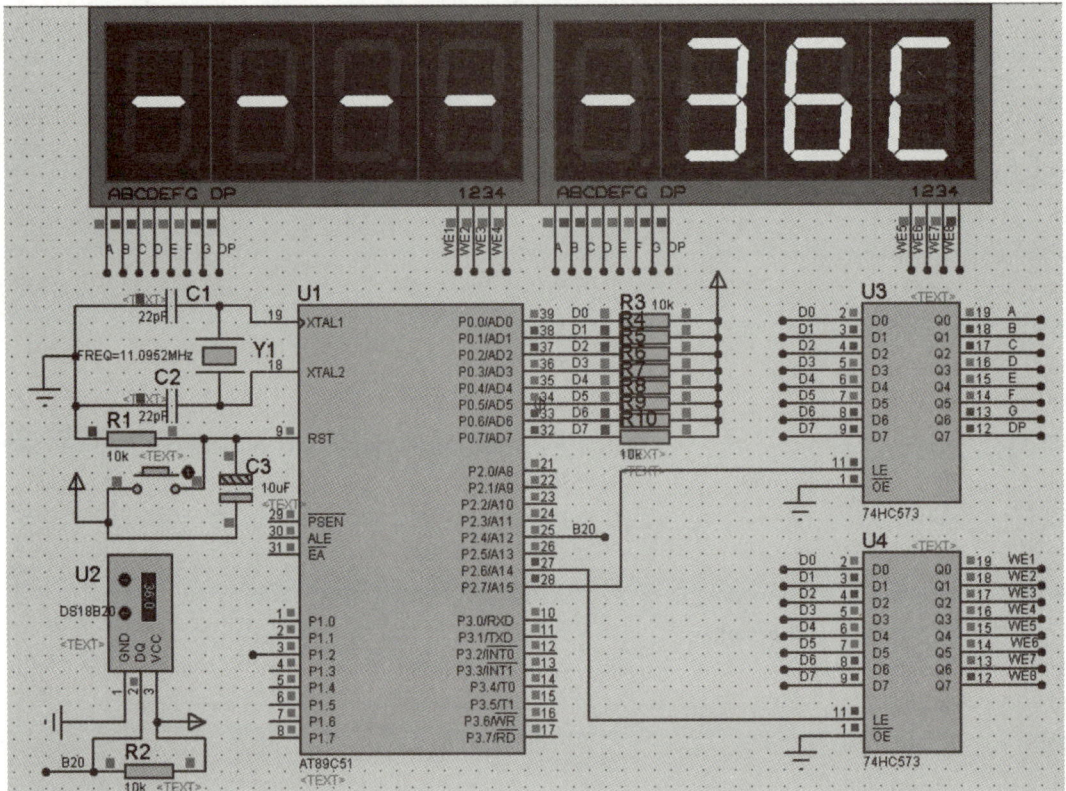

图 9-11　仿真效果图

在完成程序编译后生成 .HEX 文件，随后完成硬件开发板的烧录下载，可得到如图 9-12 所示的功能实现效果图。

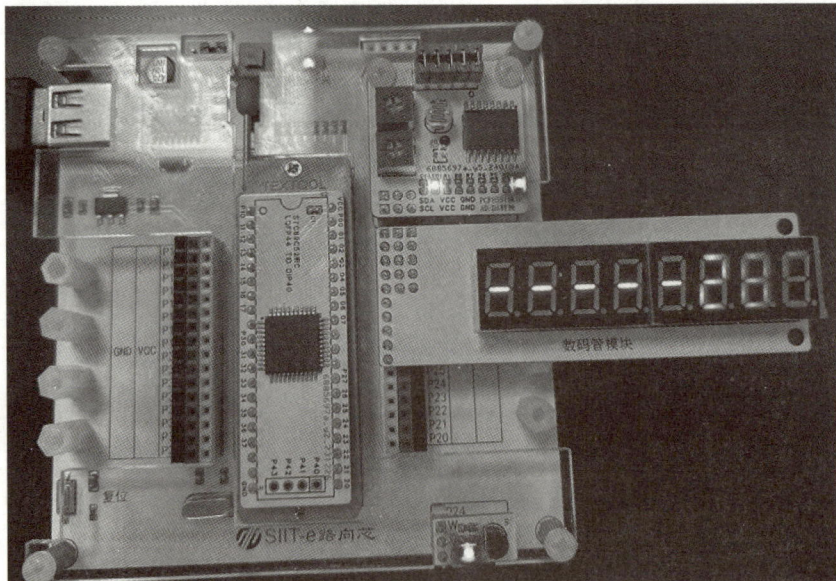

图 9-12　开发板效果图

单 元 小 结

本单元介绍了 DS18B20 传感器的工作原理，利用 DS18B20 温度传感器测量温度，并在数码管上进行显示。本单元的主要内容如下：

(1) DS18B20 传感器的工作原理。

(2) 单片机与 1-Wire 单总线协议的接口设计方法与信号采集。

(3) 定时器 / 计数器和中断模块的应用。

(4) 数码管的显示原理。

单 元 练 习

一、单选题

1. DS18B20 数据总线是 (　　)。

A. RS232C　　　　　　　　　B. RS485

C. CAN　　　　　　　　　　D. 1-Wire

2. DS18B20 测温范围是 (　　)。

A. 0～+120℃　　　　　　　　B. −40～+200℃

C. −55～+125℃　　　　　　　D. −10～+85℃

3. DS18B20 属于智能集成温度传感器，其温度测量原理是 (　　)。

A. 热阻变换　　　　　　　　　B. 热电效应

C. 热辐射　　　　　　　　　　D. 压电效应

4. DS18B20 温度传感器为 12 位分辨率时，转换时间最大为 (　　)。

A. 480 μs　　　　　　　　　　B. 480 ms

C. 750 μs　　　　　　　　　　D. 750 ms

5. DS18B20 温度传感器的 12 位存储器的数值是 0550H，温度是 (　　)℃。

A. 70　　　　　　　　　　　　B. 75

C. 80　　　　　　　　　　　　D. 85

6. DS18B20 温度传感器包括一个唯一的 (　　) 位序号。

A. 16　　　　　　　　　　　　B. 32

C. 64　　　　　　　　　　　　D. 128

7. DS18B20 温度传感器当设定为 9 位时，其分辨率为 (　　)℃。

A. 0.25　　　　　　　　　　　B. 0.5

C. 0.125　　　　　　　　　　D. 1.5

8. DS18B20 温度传感器当设定为 12 位时，其分辨率为 (　　)℃。

A. 0.0125　　　　　　　　　　B. 0.025

C. 0.0625　　　　　　　　　　D. 0.150

9. DS18B20 的工作协议为 (　　)。

A. 初始化、处理数据、ROM 操作命令、存储器操作命令

B. 初始化、ROM 操作命令、存储器操作命令、处理数据

C. 初始化、存储器操作命令、ROM 操作命令、处理数据

D. 初始化、存储器操作命令、处理数据、ROM 操作命令

10. 以下关于 DS18B20 叙述正确的是 (　　)。

A. DS18B20 是美国 DALLAS 公司推出的单线数字温度传感器

B. DS18B20 温度值是通过输出端直接输入到 CPU，无须 A/D 转换

C. DS18B20 具有温度测量精确，不受外界干扰的优点

D. DS18B20 可以通过数据线提供能量

二、填空题

1. 单总线系统只有一条数据输入 / 输出 _____，总线上的所有器件都挂在该线上，电源也通过这条信号线供给。

2. 单总线系统中配置的各种器件，由 DALLAS 公司提供的专用芯片实现。每个芯片都有 _____ 位 ROM，用激光烧写编码，其中存有 _____ 位十进制编码序列号，它是器件的 _____ 编号，确保它挂在总线上后，可唯一地被确定。

3. DS18B20 是 _____ 温度传感器，温度测量范围为 _____ ℃，在 -10～+85℃ 范围内，测量精度可达 _____ ℃。DS18B20 体积小，功耗低，非常适合于 _____ 的现场温度测量，也可用于各种 _____ 空间内设备的测温。

4. 单总线系统中的各器件 _____ 单独的电源供电，电能是由器件内的 _____ 提供。

5. DS18B20 对温度的转换时间与 _____ 有关。

6. DS18B20 温度传感器有 _____ 根引脚，用于通信的引脚有 _____ 根。

三、简答题

1. DS18B20 温度传感器的特点是什么？

2. 分析 DS18B20 温度传感器的初始化时序。

3. 分析 DS18B20 温度传感器的写时序。

4. 分析 DS18B20 温度传感器的读时序。

5. DS18B20 温度传感器是如何进行温度测量的？

习题答案

第 10 单元 A/D 转换及应用

单元概述

单片机只能输入和输出数字量。因此在实际应用中，一些控制需要把外部检测到的模拟量信号，如温度、压力、流量和速度等，转换成数字量后输入单片机进行处理。所以，在单片机应用系统设计中，经常需要处理模拟量和数字量之间的转换。

本单元主要通过 Proteus 仿真软件和 Keil 编程软件，设计了以 C51 单片机为核心的控制单元，结合 I^2C 串行总线应用，以 PCF8591 设计转换电路，通过 C 语言编程实现电压和温度的测量，通过软硬件仿真验证设计的合理性和正确性。

本单元结合 STC89C52 控制芯片搭配 PCF8591 芯片的使用，运用最小系统硬件设计基础，搭配外设 PCF8591、电位器和热敏电阻构成硬件系统，通过软件编程控制实现任务：测量可调电位器上的电压值；热敏电阻 (NTC) 测量温度。

科普与思政

A/D 模数转换、I^2C 总线通信原理和用 PCF8591 测量电压与温度的知识是电子技术领域的基础知识。通过学习这些知识，可以了解电子系统如何实现对模拟信号的采集和处理，以及如何通过 I^2C 总线实现微控制器与外围设备的通信。这些知识对于理解现代电子系统的工作原理和应用具有重要意义。通过介绍 PCF8591 等芯片在工业自动化、智能家居等领域的应用实例，激发学生的爱国情怀和科技报国的热情。同时，通过讨论 I^2C 总线通信原理中的多主机操作和地址识别等机制，培养学生的团队协作精神和创新意识，引导学生将个人成长融入国家发展大局，为实现科技强国梦想贡献青春力量。

10.1 /// A/D 转换芯片 PCF8591

10.1.1 I^2C 总线通信原理

1. I^2C 总线简介

I^2C(Inter Integrated Circuit) 总线是由 Philips 公司开发的一种简单、双向二线制同步串行

I^2C 总线协议

总线。它只需要两根线即可在连接于总线上的器件之间传送信息，是微电子通信控制领域广泛采用的一种总线标准。I²C 总线具有接口线少，控制方式简单，器件封装尺寸小，通信速率较高等优点，传送速度可达 400 kb/s，标准速率为 100 kb/s。

2. I²C 总线工作原理

I²C 总线硬件结构如图 10-1 所示。

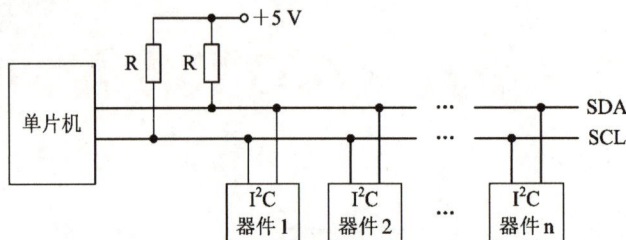

图 10-1　I²C 总线硬件结构图

SDA(串行数据线) 和 SCL(串行时钟线) 都是双向 I/O 线，接口电路为开漏输出，需通过上拉电阻接电源 VCC。当总线空闲时，两根线都是高电平，连接总线的外围器件都是 CMOS 器件，输出级也是开漏电路，在总线上消耗的电流很小，因此，总线上扩展的器件数量主要由电容负载来决定 (因为每个器件的总线接口都有一定的等效电容，而线路中电容会影响总线传输速度)。当电容过大时，有可能造成传输错误，所以，其负载能力为 400 pF，因此可以估算出总线允许长度和所接器件数量。

主器件用于启动总线传送数据，并产生时钟以开放传送的器件，此时任何被寻址的器件均被认为是从器件。在总线上主和从、发和收的关系不是恒定的，而是取决于此时数据的传送方向。如果主机要发送数据给从器件，则主机首先寻址从器件，然后主动发送数据至从器件，最后由主机终止数据传送；如果主机要接收从器件的数据，则首先由主器件寻址从器件，然后主机接收从器件发送的数据，最后由主机终止接收过程。在这种情况下，主机负责产生定时时钟和终止数据传送。

3. I²C 总线的特征

I²C 总线的特征如下：

(1) 只要求两条总线线路：一条串行数据线 SDA，一条串行时钟线 SCL。

(2) 每个连接到总线的器件都可以通过唯一的地址和一直存在的简单的主机从机关系，通过软件设定地址，主机可以作为主机发送器或主机接收器。

(3) I²C 是一个真正的多主机总线，如果两个或更多主机同时初始化，则数据传输可以通过冲突检测和仲裁防止数据被破坏。

(4) 串行的 8 位双向数据传输位速率在标准模式下可达 100 kb/s，快速模式下可达 400 kb/s，高速模式下可达 3.4 Mb/s。

(5) 片上的滤波器可以滤去总线数据线上的毛刺波，能够保证数据的完整。

(6) 连接到相同总线的 I²C 数量只受到总线的最大电容 400 pF 限制。

4. I²C 总线协议

I²C 总线在传送数据过程中共有三种类型信号：起始信号、停止信号和应答信号。

1) 起始信号、停止信号和应答信号

(1) 起始信号：在 SCL 保持高电平的状态下，SDA 出现下降沿。出现开始信号以后，总线被认为 "忙"。起始信号时序图如图 10-2 所示。

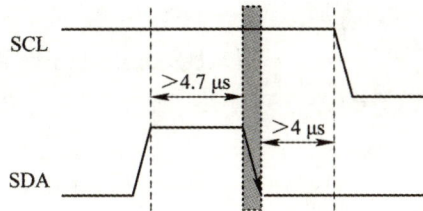

图 10-2　起始信号时序

起始信号参考程序如下：

```
1.    void iic_start(void)                                    // 启动 I²C 总线子程序
2.    {   SDA = 1;
3.        SCL = 1;
4.        delayNOP();                                         // 延时 5 µs
5.        SDA = 0;
6.        delayNOP();
7.        SCL = 0;                                            // SCL 为低电平时，SDA 上数据才允许
                                                                  变化 ( 即允许以后的数据传递 )
8.    }
9.    #define delayNOP()  {_nop_();_nop_();_nop_();_nop_(); _nop_();}
```

(2) 停止信号：在 SCL 保持高电平的状态下，SDA 出现上升沿。停止信号过后，总线被认为"空闲"。停止信号时序图如图 10-3 所示。

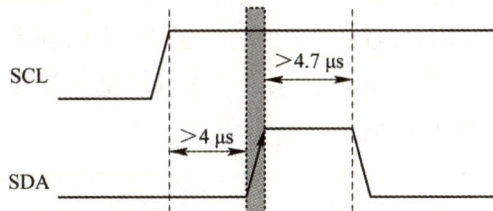

图 10-3　停止信号时序

停止信号参考程序如下：

```
1.    void iic_stop(void)                                     // 停止 I²C 总线数据传送子程序
2.    {   SDA = 0;
3.        SCL = 1;
4.        delayNOP();                                         // 延时 5 µs
5.        SDA = 1;
6.        delayNOP();
7.        SDL = 0;
8.        SCL =0;
9.    }
```

(3) 应答信号：接收数据的器件在接收到 8 位数据后，向发送数据的器件发出特定的电平脉冲。在第 9 个 SCL 保持高电平时，若 SDA 为低电平，则产生应答，表示已收到数据；否则产生非应答信号，表示没有收到数据。应答信号时序如图 10-4 所示。

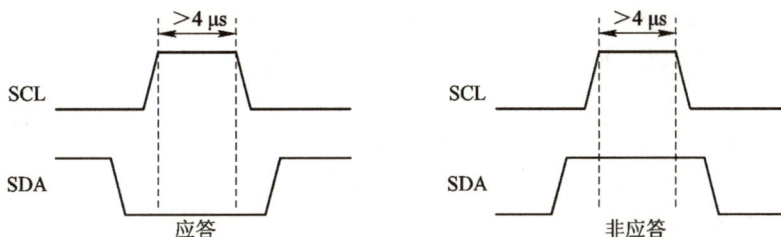

图 10-4　应答信号时序

应答信号参考程序如下：

```
1.     void slave_ACK(void)              // 从机发送应答位子程序
2.     {
3.         SDA = 0;
4.         SCL = 1;
5.         delayNOP();
6.         SCL = 0;
7.     }
8.     void slave_NOACK(void)            // 从机发送非应答位子程序，迫使数据传输过程结束
9.     {
10.        SDA = 1;
11.        SCL = 1;
12.        delayNOP();
13.        SDA = 0;
14.        SCL = 0;
15.    }
```

2) 数据传送

在 I²C 总线上，数据是伴随着时钟脉冲，一位一位由高到低传送，每位数据占一个时钟脉冲。在 I²C 总线上的 SCL 高电平期间，SDA 的状态就表示要传送的数据，高电平为数据 1，低电平为数据 0。在数据传送时，SDA 上数据的改变只能在时钟线为低电平时完成，而 SCL 为高电平时，SDA 必须保持稳定，否则 SDA 上的变化会被当作起始或终止信号而导致数据传输停止。数据传送时序如图 10-5 所示。

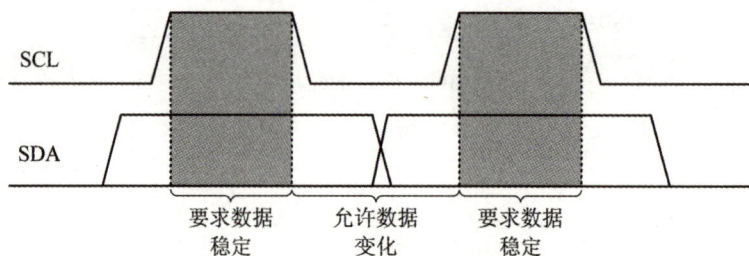

图 10-5　数据传送时序

数据传送参考程序如下：

```
1.     void IICSendByte(uchar ch)        // 发送一个字节
2.     { unsigned char idata n=8;        // 向 SDA 上发送一个数据字节，共八位
3.         while(n--)
4.             { if((ch&0x80) == 0x80)   // 若要发送的数据最高位为1，则发送位1
5.             {SDA = 1;                  // 传送位1
6.                 SCL = 1;
7.             delayNOP();
8.                 SCL = 0;
9.         }
10.            else
11.            {   SDA = 0;               // 否则传送位0
12.            SCL = 1;
13.            delayNOP();
```

```
14.              SCL = 0;
15.          }
16.          ch = ch<<1;                    // 数据左移一位
17.      }
18.  }
19.  uchar IICreceiveByte(void)            // 接收一个字节子程序
20.  { uchar idata n=8;                    // 从 SDA 线上读取一个数据字节，共八位
21.      uchar tdata=0;
22.      while(n--)
23.      {
24.          SDA = 1;
25.          SCL = 1;
26.          tdata =tdata<<1;              // 左移一位
27.          if(SDA == 1)
28.              tdata=tdata|0x01;         // 若接收到的位为 1，则数据的最后一位置 1
29.          else
30.              tdata=tdata&0xfe;         // 否则数据的最后一位置 0
31.          SCL = 0;
32.      }
33.      return(tdata);
34.  }
```

3) I²C 总线通信过程

I²C 总线的通信过程如下：

(1) 启动总线。

(2) 发送一位地址帧，并指明操作类型 (读或写)。

(3) 相应从机应答。

(4) 发送数据。

(5) 每一帧的应答。

(6) 数据传送完毕后，主机发送停止总线信号。

其中 (4)、(5) 步可执行多次。

I²C 总线的地址帧格式如图 10-6 所示，采用 7 位的寻址字节，最低位为读或写控制位 (0 为写数据，1 为读数据)。

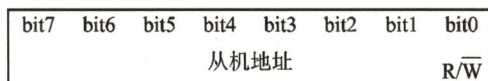

bit7	bit6	bit5	bit4	bit3	bit2	bit1	bit0
			从机地址				$R/\overline{W}$

图 10-6　I²C 总线的地址帧格式

10.1.2　PCF8591

1. PCF8591 介绍

PCF8591 是一个单片集成、单独供电、低功耗、8 bit 精度的 AD/DA 器件。PCF8591 具有 4 个模拟输入、1 个模拟输出和 1 个串行 I²C 总线接口。PCF8591 的 3 个地址引脚 A0、A1 和 A2 用于硬件地址编程，允许在同个 I²C 总线上接入 8 个 PCF8591 器件，而无须额外的硬件。在

PCF8591
基本知识

PCF8591 器件上，输入 / 输出地址、控制和数据信号都是通过双线双向 I²C 总线以串行的方式传输的。PCF8591 的引脚图如图 10-7 所示，各引脚的功能如下：

(1) AIN0～AIN3：模拟信号输入端。

(2) A0～A2：引脚地址端。

(3) V_{DD}、V_{SS}：电源端 (2.5～6 V)。

(4) SDA、SCL：I²C 总线的数据线、时钟线。

(5) OSC：外部时钟输入端、内部时钟输出端。

(6) EXT：内部、外部时钟选择线，使用内部时钟时 EXT 接地。

(7) AGND：模拟信号地。

(8) AOUT：D/A 转换输出端。

(9) V_{REF}：基准电源端。

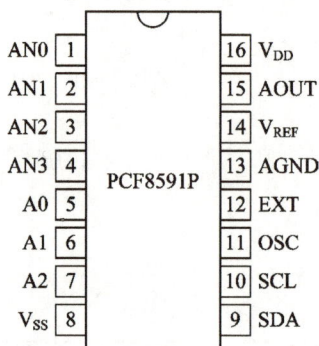

图 10-7　PCF8591 引脚

2. 寻址地址

该地址包括固定部分和可编程部分。可编程部分必须根据地址引脚 A0、A1 和 A2 设置。飞利浦公司规定，A/D 器件的固定地址为 1001。PCF8591 的地址帧格式如图 10-8 所示。

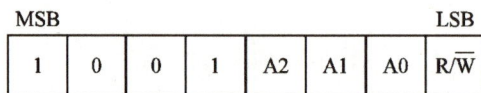

MSB							LSB
1	0	0	1	A2	A1	A0	R/$\overline{W}$

图 10-8　PCF8591 的地址帧格式

3. 控制字节

发送到 PCF8591 的第二个字节为控制字节，将被存储在控制寄存器，用于控制器件功能。控制字节如图 10-9 所示，功能如下：

(1) bit1、bit0：A/D 通道选择位，其包含 00 时选择通道 0、01 时选择通道 1、10 时选择通道 2、11 时选择通道 3。

(2) bit2：自动增量选择位，有效为 1。如果自动增量标志置 1，则每次 A/D 转换后将自动选择下一个通道。

(3) bit5、bit4：模拟输入编程，为单端或差分输入。

00 为四路单端输入；

01 为三路差分输入；

10 为单端与差分配合输入；

11 为独立两路差分输入。

(4) bit6：允许模拟输出，有效为 1。

(5) bit7、bit3：留给未来使用，必须设置为 0。

MSB							LSB
0	x	x	x	0	x	x	x

A/D 通道选择位：
　00　通道 0
　01　通道 1
　10　通道 2
　11　通道 3

自动增量选择位：
(有效为 1)

模拟输入编程：
00　单端或差分输入
　AIN0 ———————— 通道 0
　AIN1 ———————— 通道 1
　AIN2 ———————— 通道 2
　AIN3 ———————— 通道 3

01　三路差分输入
　AIN0 +
　　　　　　　通道 0
　AIN1 +
　　　　　　　通道 1
　AIN2 +
　　　　　　　通道 2
　AIN3 −

10　单端与差分配合输入
　AIN0 ———————— 通道 0
　AIN1 ———————— 通道 1
　AIN2 +
　　　　　　　通道 2
　AIN3 −

11　独立两路差分输入
　AIN0 +
　　　　　　　通道 0
　AIN1 −
　AIN2 +
　　　　　　　通道 1
　AIN3 −

允许模拟输出：

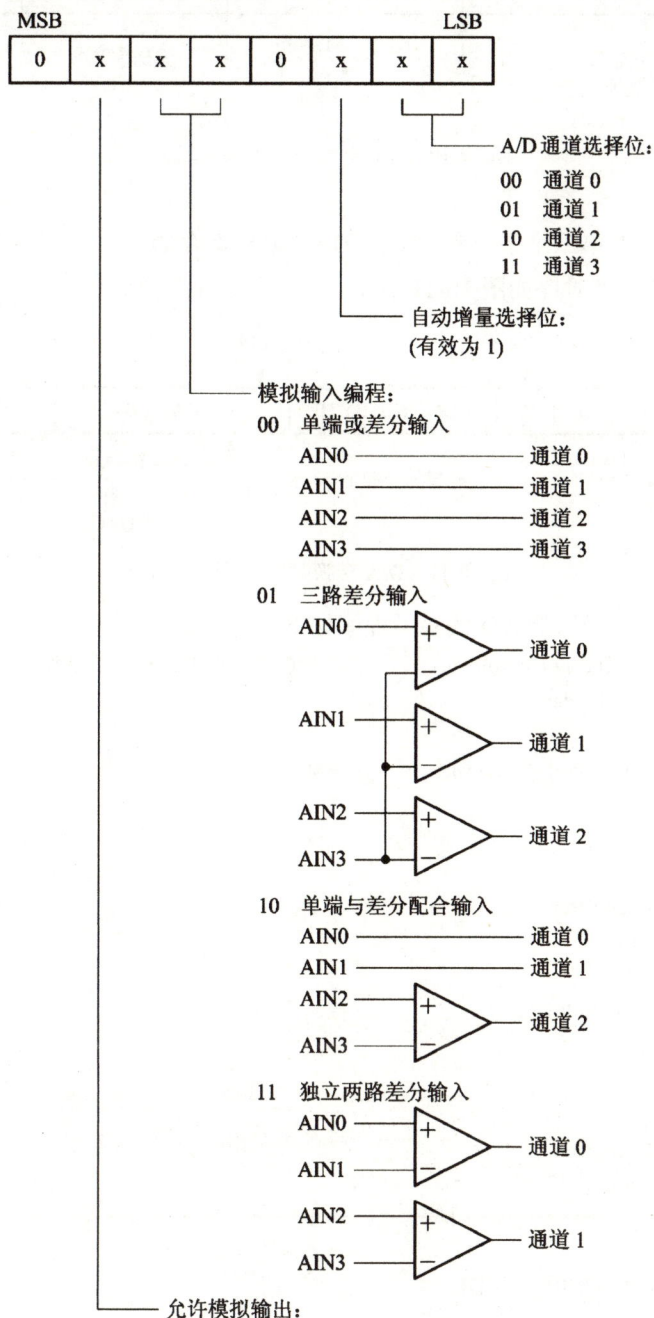

图 10-9　PCF8591 控制字节

4. A/D 与 D/A 转换

1) A/D 转换

A/D 转换器采用逐次逼近转换技术。在 A/D 转换周期时，使用片上 D/A 转换器和高增益比较器。一个 A/D 转换周期总是开始于发送一个有效读模式地址给 PCF8591 产生应答后开始转换，并先传送前一次转换的结果。芯片刚上电复位读取的第一个字节是 0x80。

最高 A/D 转换速率取决于实际 I^2C 的总线速度。其时序如图 10-10 所示。当要结束读取数据时，主机必须发送非应答信号，才可以停止总线。

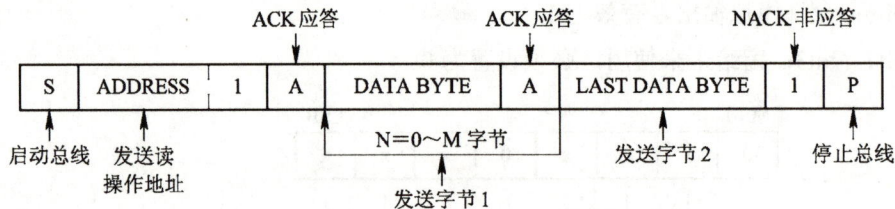

图 10-10　A/D 转换时序（读模式）

2) D/A 转换

发送给 PCF8591 的第三个字节被存储到 DAC 数据寄存器中，并使用片上 D/A 转换器转换成对应的模拟电压。其时序如图 10-11 所示。

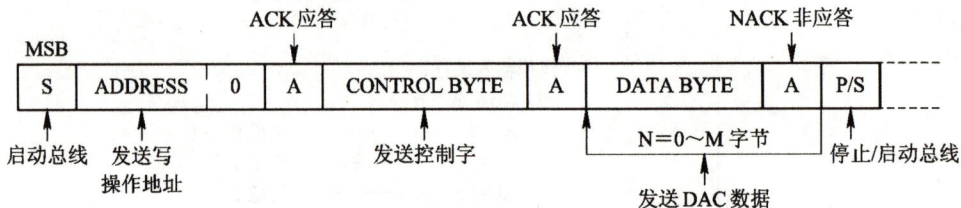

图 10-11　D/A 转换时序（写模式）

读取 PCF8591 指定通道的 AD 值参考程序如下：

```
1.    Void ADC_PCF8591(uchar controlbyte)      // 读入通道 0 的 A/D 转换结果到 receivebuf
2.    {   uchar idata receive_da;
3.        iic_start();
4.        IICSendByte(PCF8591_WRITE);           // 控制字
5.        check_ACK();
6.        if(F0 == 1)
7.          {
8.              SystemError = 1;
9.              return;
10.         }
11.       IICSendByte(controlbyte);             // 控制字
12.       check_ACK();
13.       if(F0 == 1)
14.         {
15.             SystemError = 1;
16.             return;
17.         }
18.       iic_start();                          // 重新发送开始命令
19.       IICSendByte(PCF8591_READ);            // 控制字
20.       check_ACK();
21.       if(F0 == 1)
22.         {
23.             SystemError = 1;
24.             return;
25.         }
26.       IICreceiveByte();                     // 空读一次，调整读顺序，为上一次的转换值
27.       slave_ACK();                          // 收到一个字节后发送一个应答位
28.       receive_da=IICreceiveByte();          // 接收第二字节数据，为转换值
29.       slave_NOACK();                        // 收到最后一个字节后发送一个非应答位，停止数据传送
30.       iic_stop();
31.    }
```

10.2 /// 可调电位器和热敏电阻

10.2.1　可调电位器

1. 概述

可调电位器是在裸露的电阻体上紧压着一至两个可移金属触点，通过触点位置确定电阻体任一端与触点间的阻值。当电阻体的两个固定触点之间外加一个电压时，通过转动或滑动系统改变触点在电阻体上的位置，转动触点与固定触点之间便可得到一个与动触点位置成一定关系的电压。电位器类似滑动变阻器，它有多种结构样式，如图 10-12 所示。

图 10-12　可调电位器结构

2. 电压计算

当可调电阻固定触点两端加一电压 V 时，标称阻值为 R_p，接入电路阻值为 R_1，则滑动触点端得到的电压 V_1 为

$$V_1 = V \times \frac{R_1}{R_p}$$

当我们用 PCF8591 采集电压转换时，因 PCF8591 是 8 位 AD 器件，所以得到的 AD 值为

$$AD = \frac{V_1}{V_{REF}} \times (2^8 - 1)$$

式中，V_{REF} 为 PCF8591 芯片的参考电压。

通过得到的 AD 值求电压 V_1 为

$$V_1 = \frac{V_{REF}}{(2^8 - 1)} \times AD$$

10.2.2　热敏电阻

1. 热敏电阻概述

负温度系数 (Negative Temperature Coefficient，NTC) 是指随温度上升电阻呈指数关系减小，具有负温度系数的热敏电阻现象和材料。该材料是利用锰、铜、硅、钴、铁、镍、锌等两种或两种以上的金属氧化物进行充分混合、成型、烧结等工艺而成的半导体陶瓷，可制成具有负温度系数的热敏电阻。其电阻值随温度变化可近似表示为

$$R_t = R_0 \times e^{\left(B \times \left(\frac{1}{T} - \frac{1}{T_0} \right) \right)}$$

测量可调电位器的电压值的程序讲解

式中，R_t、R_0 分别为温度 T、T_0 时的电阻值，B 为材料常数，一般 T_0 为 25℃，R_0 为在 T0 时的标称值。注：式中温度都是开尔文温度，需减去 273.15。

2. 温度计算

根据上式可以得到：

$$T = \cfrac{1}{\cfrac{\lg\cfrac{R_t}{R_0}}{B} + \cfrac{1}{T_0}}$$

而通过转换得到的 AD 值为

$$AD = \frac{R_t}{R_5 + R_t} \times \frac{V}{V_{REF}} \times (2^8 - 1)$$

本电路设计中 $V = V_{REF}$，R5 为串联在 NTC 上的电阻，得到 R_t 为

$$R_t = \frac{AD \times R_5}{(2^8 - 1) - AD}$$

将两式联立就可以得到温度值。

10.3 /// 任务 10-1　测量可调电位器的电压值

10.3.1　任务要求

本任务通过调节可调电位器 W1，测得电位器两端电压转换的 AD 值后计算采样的电压值，并通过数码管跟踪显示，具体要求如下：

(1) 实现电压信号的采集与转换。

(2) 实现数码管的显示。

(3) 用 Proteus 仿真软件搭建测量电压系统，并验证程序功能。

(4) 完成实物的程序下载及功能调试与验证。

10.3.2　知识链接

根据系统的功能要求，将电位器 W1 上的电压信号输入到 PCF8591 的输入通道 AIN0 中，PCF8591 的 SDA 和 SCL 端分别与单片机的 P1.2 和 P1.7 端口相连接，利用 PCF8591 的 I^2C 串行通信功能将模拟电压信号转换成 8 位数字量给单片机，单片机再通过接收到的数字量转换成相应的电压值送数码管电路显示。测量可调电位器 W1 上的电压值的结构框图如图 10-13 所示。

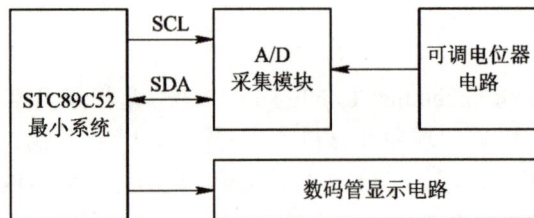

图 10-13　测量可调电位器的电压值的结构框图

实现项目功能仿真的电路图如图 10-14 所示。在仿真运行时可以通过鼠标调节电位器，数

码管可以跟踪显示电压,而且旁边增加了模拟电压表,可以将数码管显示电压与电压表电压比对。

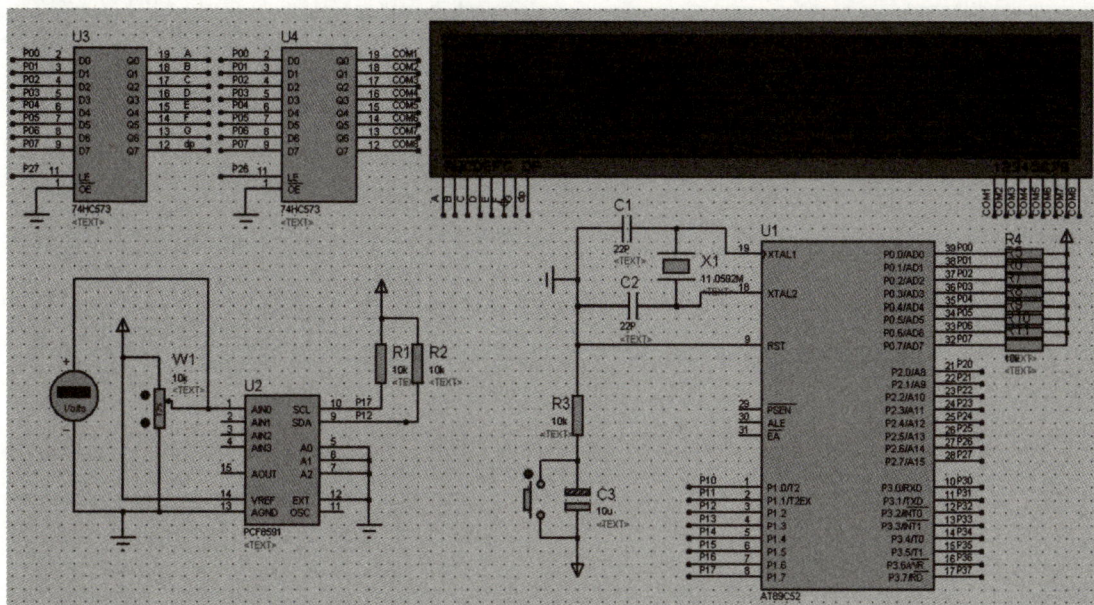

图 10-14 测量可调电位器的电压值仿真图

10.3.3 任务实施

以下程序为测量可调电位器 W1 上的电压值的 C 程序,通过 AD 测量电位器 W1 上的电压值,测量电位器两端电压转换的 AD 值后计算采样的电压值,并通过数码管显示。

1.	`#include "reg52.h"`	// 包含 51 单片机寄存器定义的头文件
2.	`#include "intrins.h"`	// 包含 _nop_() 定义的头文件
3.	`#define somenop` `{_nop_();_nop_();_nop_();_nop_();_nop_();}`	// 宏定义一些延时约 5 μs
4.	`#define VREF 5000.0`	// 宏定义基准电压值 (参考电压是 5 V,定义 5000 后测量电压三位小数)
5.	`#define PCF8591_AddrW 0x90`	// 宏定义 PCF8591 的写地址
6.	`#define PCF8591_AddrR 0x91`	// 宏定义 PCF8591 的读地址
7.	`#define control_word 0x40`	// 宏定义 PCF8591 控制字 (允许模拟输出、四通道都为单端输入、不允许自动增量)
8.	`sbit DU=P2^7;`	// 数码管段选锁存控制引脚
9.	`sbit WE=P2^6;`	// 数码管位选锁存控制引脚
10.	`sbit SDA = P1^2;`	// 数据线
11.	`sbit SCL = P1^7;`	// 时钟线
12.	`unsigned char code tab[]={ 0x3f,0x06,0x5b,0x4f,0x6` `6,0x6d,0x7d,0x07,0x7f, 0x6f, 0x00,0x3e,0x39,0x38};`	// 数码管显示码 0 1 2 3 4 5 6 7 8 9 熄灭 U C L
13.	`unsigned char code weima[]={0xfe,0xfd,` `0xfb,0xf7,0xef,0xdf,0xbf,0x7f};`	// 位选码
14.	`unsigned char dspbuf[]={10,10,10,10, 10,10,10,11};`	// 数码管显示缓冲区,控制数码管初始显示状态
15.	`unsigned char dspcom=0,ms=0;`	// dspcom 位选变量,ms 计时变量
16.	`unsigned int V;`	// 电压变量
17.	`bit read=0;`	// 允许读 AD 标志位
18.	`/*------------------------ 总线起始条件 ------------------------*/`	

```
19.    void IIC_Start(void)
20.    {
21.        SDA = 1;                              // SDA 初始化为高电平 "1"，为产生下降沿准备
22.        SCL = 1;                              // SCL 保持为高电平 "1"
23.        somenop;                              // 延时 5 μs>4.7 μs
24.        SDA = 0;                              // SDA 为低电平，产生下降沿，为起始条件
25.        somenop;                              // 延时 5 μs>4 μs
26.        SCL = 0;                              // SDA 为低电平
27.    }
28.    /*------------------------ 总线终止条件 ----------------------*/
29.    void IIC_Stop(void)
30.    {
31.        SDA = 0;                              // SDA 初始化为低电平 "0"，为产生上升沿准备
32.        SCL = 1;                              // SCL 保持为高电平 "1"
33.        somenop;                              // 延时 5 μs>4 μs
34.        SDA = 1;                              // SDA 为高电平，产生上升沿，为终止条件
35.    }
36.    /*------------------------ 主机应答位控制 ----------------------*/
37.    void IIC_Ack(unsigned char ackbit)        // 形参：ackbit，应答信号控制
                                                 // 说明：ackbit=1，发送应答信号；ackbit=0，发送
                                                 //       非应答信号
38.    {
39.      if(ackbit)
40.      {
41.        SDA = 0;
42.      }
43.      else
44.      {
45.        SDA = 1;
46.      }
47.      somenop;
48.      SCL = 1;
49.      somenop;
50.      SCL = 0;
51.      SDA = 1;
52.      somenop;
53.    }
54.    /*------------------------ 等待从机应答 ----------------------*/
55.    bit IIC_WaitAck(void)                     // 返回值：1- 产生应答；0- 非应答
56.    {
57.        SDA = 1;
58.        somenop;
59.        SCL = 1;
60.        somenop;
61.            if(SDA)
62.            {
63.                SCL = 0;
```

```
64.                        IIC_Stop();
65.                        return 0;
66.                    }
67.            else
68.                {
69.                    SCL = 0;
70.                    return 1;
71.                }
72.    }
73.    /*-------------------- 通过 I²C 总线发送数据 ----------------------*/
74.    void IIC_SendByte(unsigned char byt)              // 形参 byt，待发送的数据
75.    {
76.        unsigned char i;
77.        for(i=0;i<8;i++)                              // 连续发送 8 位
78.            {
79.                if(byt&0x80)                          // 先送最高位
80.                    {
81.                        SDA = 1;
82.                    }
83.                else
84.                    {
85.                        SDA = 0;
86.                    }
87.                somenop;                              // 延时
88.                SCL = 1;                              // SCL 置高，SDA 数据不能改变
89.                somenop;                              // 延时，保持 SCL 为高，数据写入
90.                SCL = 0;                              // SCL 置低，数据可以改变
91.                byt <<= 1;                            // 数据左移一位，为发下一位数据准备
92.            }
93.    }
94.    /*---------------------- 从 I²C 总线上接收数据 -----------------------*/
95.    unsigned char IIC_RecByte(void)                   // 返回值 dat，接收的数据
96.    {
97.        unsigned char dat;
98.        unsigned char i;
99.        for(i=0;i<8;i++)                              // 连续接收 8 位，先读最高位
100.            {
101.                dat <<= 1;                           // 数据左移一位，为读取下一位数据准备
102.                SCL = 1;                             // SCL 置高，SDA 数据不能改变
103.                somenop;                             // 延时，保持 SCL 为高，开始数据读取
104.                if(SDA)                              // 数据读取
105.                    dat |= 0x01;
106.                SCL = 0;                             // SCL 置低，数据可以改变
107.                somenop;                             // 延时
108.            }
109.        return dat;                                  // 返回 dat
110.    }
111.    /*------------------ 读取 PCF8591 指定通道的 AD 值 --------------------*/
```

```
112.    unsigned char read_pcf8591(unsigned char AIN)     // 函数说明: 传递形参 AIN, 有返回值 dat  AIN:
                                                          //           0~3
113.    {
114.        unsigned char dat,F0;
115.        IIC_Start();                                   // 启动总线
116.        IIC_SendByte(PCF8591_AddrW);                   // 进行寻址, 写数据
117.        F0=IIC_WaitAck();
118.        if(F0 == 0)                                    // 等待应答
119.        {
120.        return;
121.        }
122.        IIC_SendByte(control_word|AIN);                // 选中传入的通道
123.        F0=IIC_WaitAck();                              // 等待应答
124.        if(F0 == 0)
125.            {
126.                return;
127.            }
128.        IIC_Start();                                   // 重复启动总线
129.        IIC_SendByte(PCF8591_AddrR);                   // 进行寻址, 读数据
130.        F0=IIC_WaitAck();                              // 等待应答, 并启动 A/D 转换, 开始传送第一字节
131.        if(F0 == 0)
132.            {
133.                return;
134.            }
135.        IIC_RecByte();                                 // 接收第一字节, 为上一次的转换值, 不是我们想
                                                          //   要的, 剔除此次数据
136.        IIC_Ack(1);                                    // 发送应答信号
137.        dat=IIC_RecByte();                             // 接送第二字节数据
138.        IIC_Ack(0);                                    // 发送非应答信号, 停止数据传送
139.        IIC_Stop();                                    // 停止总线
140.        return dat;                                    // 返回 AD 值
141.    }
142.    /*------------------------ 数码管显示函数 ------------------------*/
143.    void display(void)                                 // 显示 *.***U
144.    {
145.        P0=0xff;                                       // 关数码管消隐
146.        WE=1;                                          // 开位选锁存, 数据写入
147.        WE=0;                                          // 关位选锁存
148.        if(dspcom==3)                                  // 若是第三位, 则加小数点
149.            P0=tab[dspbuf[dspcom]]|0x80;
150.        else
151.            P0=tab[dspbuf[dspcom]];                    // 送段码
152.        DU=1;                                          // 开段选锁存, 数据写入
153.        DU=0;                                          // 关段选锁存
154.        P0=weima[dspcom];                              // 送位码
155.        WE=1;                                          // 开位选锁存, 数据写入
156.        WE=0;                                          // 关位选锁存
```

```
157.        (dspcom==7)?(dspcom=0):(dspcom++);              // 重复选中每一位
158.    }
159.    /*----------------------- 数码管数据更新函数 -----------------------*/
160.    void init_dspbuf(void)                              // 更改指定位上的数值
161.    {
162.        dspbuf[3]=V/1000;
163.        dspbuf[4]=V/100%10;
164.        dspbuf[5]=V/10%10;
165.        dspbuf[6]=V%10;
166.    }
167.    /*---------------------------- 主函数 ----------------------------*/
168.    void main()
169.    {
170.        unsigned char ad;                               // 读取 ad 值变量
171.        TMOD=0x01;                                      // 定时器 0 为 16 位定时器
172.        TH0=(65536-922)/256;                            // 填入初始装载值 1ms@11.0592MHz
173.        TL0=(65536-922)%256;
174.        EA=1;                                           // 开总中断
175.        ET0=1;                                          // 允许定时器 0 中断
176.        TR0=1;                                          // 启动定时器 0
177.        while(1)                                        // 进入循环
178.        {
179.            if(read==1)                                 // 读一次 AD 值 (200 ms 读一次 )
180.            {
181.                read=0;
182.                ad=read_pcf8591(0);                     // 获取 AD 值
183.                V=VREF/255*ad;                          // 计算电压值
184.                init_dspbuf();                          // 显示数据更新
185.            }
186.        }
187.    }
188.    /*----------------------- 定时器 0 中断服务函数 -----------------------*/
189.    void insr_T0(void) interrupt 1                      // 进行数码管动态显示, 200 ms 置 read 为 1
190.    {
191.        TH0=(65536-922)/256;                            // 重装定时器初值
192.        TL0=(65536-922)%256;
193.        display();                                      // 数码管显示
194.        ms++;
195.        if(ms==200)                                     // 200 ms 到置 read 为 1
196.        {
197.            ms=0;
198.            read=1;
199.        }
200.    }
```

任务功能仿真效果图如图 10-15 所示。效果图显示了当前 W1 上测得的电压值，调节电位器 W1 的同时可以改变显示的电压值。

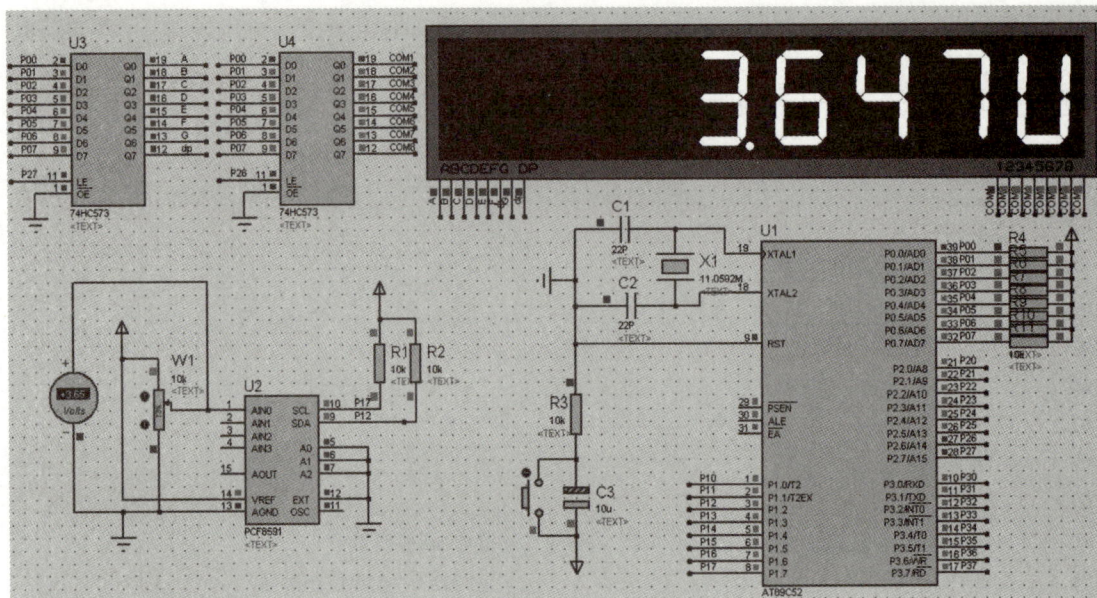

图 10-15 测量可调电位器 W1 上的电压值仿真效果图

在完成程序编译后生成 .HEX 文件，随后完成硬件开发板的烧录下载，可得到的功能实现效果图如图 10-16 所示。

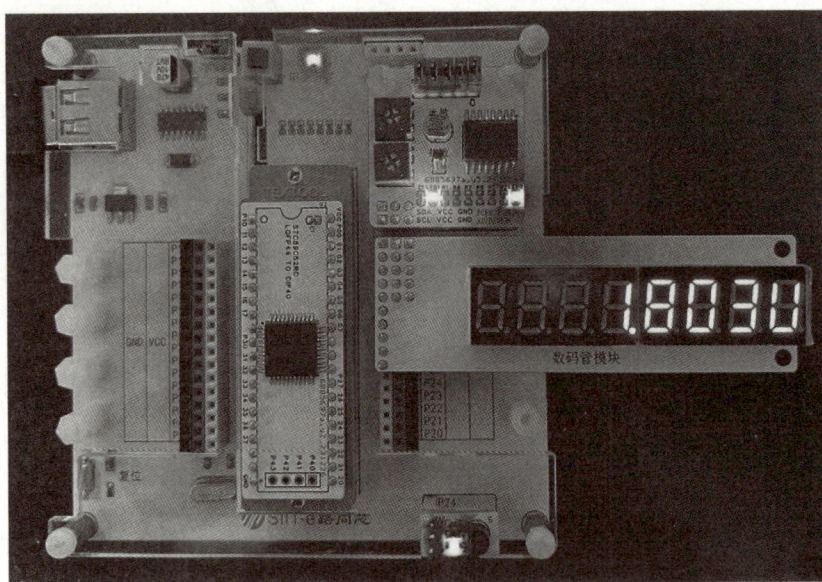

图 10-16 开发板效果展示图

10.4 /// 任务 10-2 热敏电阻测量温度

热敏电阻 (NTC) 测量温度的程序讲解

10.4.1 任务要求

本任务通过测得热敏电阻两端电压转换的 AD 值后计算当前热敏电阻的阻值，并通过热敏电阻温度计算公式推出实时温度，并在数码管上显示，具体要求如下：

(1) 实现温度信号的采集与转换。

(2) 实现数码管的显示。

(3) 用 Proteus 仿真软件搭建热敏电阻测量温度的系统，并验证程序功能。

(4) 完成实物的程序下载及功能调试与验证。

10.4.2　知识链接

根据系统的功能要求，将热敏电阻上的电压信号输入到 PCF8591 的输入通道 AIN2 中，PCF8591 的 SDA 和 SCL 端分别与单片机的 P1.2 和 P1.7 端口相连接，利用 PCF8591 的 I²C 串行通信功能将模拟的电压信号转换成 8 位数字量给单片机，单片机再通过接收到的数字量转换成相应的温度值送数码管电路显示。用热敏电阻测量温度的结构框图如图 10-17 所示。

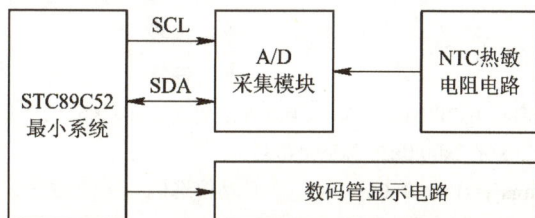

图 10-17　用热敏电阻测量温度的结构框图

实现项目功能仿真的电路如图 10-18 所示。在仿真前可以双击"NTC 元件"，打开编辑元件窗口，可以更改其元件仿真温度值。

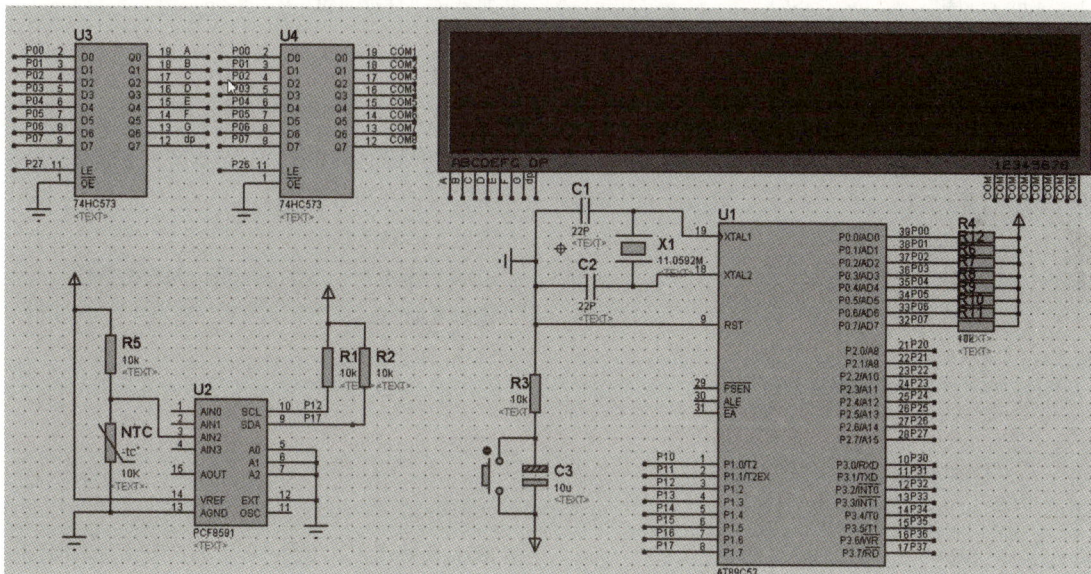

图 10-18　用热敏电阻测量温度仿真图

10.4.3　任务实施

以下程序为用热敏电阻测量温度项目的 C 程序，通过 AD 测量热敏电阻上的温度值，测量热敏电阻两端电压转换的 AD 值后计算当前热敏电阻的阻值，并通过热敏电阻温度计算公式推出实时温度。

1.	`#include "reg52.h"`	// 包含 51 单片机寄存器定义的头文件
2.	`#include "intrins.h"`	// 包含 _nop_() 定义的头文件
3.	`#include "math.h"`	
4.	`#define somenop {_nop_();_nop_();_nop_();_nop_();` `_nop_();}`	// 宏定义一些延时约 5 μs
5.	`#define Rp 10000.0`	// 宏定义热敏电阻在 25℃ 时常温阻值

热敏电阻 (NTC) 测量温度的效果演示

6.	#define R5 10000.0	// 宏定义限流电阻 R5 的阻值
7.	#define T0 298.15	// 为 25℃时开尔文温度
8.	#define B 3300.0	// 热敏电阻的 B 值
9.	#define PCF8591_AddrW 0x90	// 宏定义 PCF8591 的写地址
10.	#define PCF8591_AddrR 0x91	// 宏定义 PCF8591 的读地址
11.	#define control_word 0x40	// 宏定义 PCF8591 控制字（允许模拟输出、四通道都为单端输入、不允许自动增量）
12.	sbit DU=P2^7;	// 数码管段选锁存控制引脚
13.	sbit WE=P2^6;	// 数码管位选锁存控制引脚
14.	sbit SDA = P1^2;	// 数据线
15.	sbit SCL = P1^7;	// 时钟线
16.	unsigned char code tab[]={ 0x3f,0x06,0x5b,0x4f,0x66,0x6d,0x7d,0x07,0x7f, 0x6f, 0x00,0x3e,0x39,0x38};	// 数码管显示码 0 1 2 3 4 5 6 7 8 9 熄灭 U C L
17.	unsigned char code weima[]={0xfe,0xfd, 0xfb,0xf7,0xef,0xdf,0xbf,0x7f};	// 位选码
18.	unsigned char dspbuf[]={10,10,10,10, 10,10,10,12};	// 数码管显示缓冲区，控制数码管初始显示状态
19.	unsigned char dspcom=0,ms=0;	// dspcom 位选变量，ms 计时变量
20.	unsigned int T;	// 温度变量
21.	bit read=0;	// 允许读 AD 标志位
22.	/*----------------------- 总线起始条件 ----------------------------*/	
23.	void IIC_Start(void)	
24.	{	
25.	SDA = 1;	// SDA 初始化为高电平"1"，为产生下降沿准备
26.	SCL = 1;	// SCL 保持为高电平"1"
27.	somenop;	// 延时 5 μs>4.7 μs
28.	SDA = 0;	// SDA 为低电平，产生下降沿，为起始条件
29.	somenop;	// 延时 5 μs>4 μs
30.	SCL = 0;	// SDA 为低电平
31.	}	
32.	/*----------------------- 总线终止条件 ----------------------------*/	
33.	void IIC_Stop(void)	
34.	{	
35.	SDA = 0;	// SDA 初始化为低电平"0"，为产生上升沿准备
36.	SCL = 1;	// SCL 保持为高电平"1"
37.	somenop;	// 延时 5 μs>4 μs
38.	SDA = 1;	// SDA 为高电平，产生上升沿，为终止条件
39.	}	
40.	/*----------------------- 主机应答位控制 ----------------------------*/	
41.	void IIC_Ack(unsigned char ackbit)	// 形参 ackbit，应答信号控制 // 说明：ackbit=1，发送应答信号；ackbit=0，发送非应答信号
42.	{	
43.	if(ackbit)	
44.	{	
45.	SDA = 0;	
46.	}	

```
47.     else
48.         {
49.             SDA = 1;
50.         }
51.     somenop;
52.     SCL = 1;
53.     somenop;
54.     SCL = 0;
55.     SDA = 1;
56.     somenop;
57.     }
```

58. /*------------------------ 等待从机应答 -------------------------*/

```
59. bit IIC_WaitAck(void)                          // 返回值：1- 产生应答；0- 非应答
60. {
61.     SDA = 1;
62.     somenop;
63.     SCL = 1;
64.     somenop;
65.     if(SDA)
66.         {
67.             SCL = 0;
68.             IIC_Stop();
69.             return 0;
70.         }
71.     else
72.         {
73.             SCL = 0;
74.             return 1;
75.         }
76. }
```

77. /*---------------------- 通过 I²C 总线发送数据 ------------------------*/

```
78. void IIC_SendByte(unsigned char byt)           // 形参 byt，待发送的数据
79. {
80.     unsigned char i;
81.     for(i=0;i<8;i++)                            // 连续发送 8 位
82.         {
83.             if(byt&0x80)                        // 先送最高位
84.                 {
85.                     SDA = 1;
86.                 }
87.             else
88.                 {
89.                     SDA = 0;
90.                 }
91.             somenop;                            // 延时
```

```
92.              SCL = 1;                          // SCL 置高，SDA 数据不能改变
93.              somenop;                          // 延时，保持 SCL 为高，数据写入
94.              SCL = 0;                          // SCL 置低，数据可以改变
95.              byt <<= 1;                        // 数据左移一位，为发下一位数据准备
96.          }
97.      }
98.  /*--------------------- 从 I²C 总线上接收数据 ----------------------*/
99.  unsigned char IIC_RecByte(void)              // 返回值 dat，接收的数据
100. {
101.     unsigned char dat;
102.     unsigned char i;
103.     for(i=0;i<8;i++)                         // 连续接收 8 位，先读最高位
104.         {
105.             dat <<= 1;                       // 数据左移一位，为读取下一位数据准备
106.             SCL = 1;                         // SCL 置高，SDA 数据不能改变
107.             somenop;                         // 延时，保持 SCL 为高，开始数据读取
108.             if(SDA)                          // 数据读取
109.                 dat |= 0x01;
110.             SCL = 0;                         // SCL 置低，数据可以改变
111.             somenop;                         // 延时
112.         }
113.     return dat;                              // 返回 dat
114. }
115. /*------------------ 读取 PCF8591 指定通道的 AD 值 --------------------*/
116. unsigned char read_pcf8591(unsigned char AIN)    // 函数说明：传递形参 AIN，有返回值 dat AIN:0～3
117. {
118.     unsigned char dat,F0;
119.     IIC_Start();                             // 启动总线
120.     IIC_SendByte(PCF8591_AddrW);             // 进行寻址，写数据
121.     F0=IIC_WaitAck();
122.     if(F0 == 0)                              // 等待应答
123.         {
124.             return;
125.         }
126.     IIC_SendByte(control_word|AIN);          // 选中传入的通道
127.     F0=IIC_WaitAck();                        // 等待应答
128.     if(F0 == 0)
129.         {
130.             return;
131.         }
132.     IIC_Start();                             // 重复启动总线
133.     IIC_SendByte(PCF8591_AddrR);             // 进行寻址，读数据
134.     F0=IIC_WaitAck();                        // 等待应答，并启动 A/D 转换，开始传送第一字节
135.     if(F0 == 0)
136.         {
137.             return;
```

```
138.                    }
139.              IIC_RecByte();                          // 接收第一字节，为上一次的转换值，不是我们想
                                                          要的，剔除此次数据
140.              IIC_Ack(1);                             // 发送应答信号
141.              dat=IIC_RecByte();                      // 接送第二字节数据
142.              IIC_Ack(0);                             // 发送非应答信号，停止数据传送
143.              IIC_Stop();                             // 停止总线
144.              return dat;                             // 返回 AD 值
145.        }
146.  /*------------------------ 数码管显示函数 ------------------------*/
147.  void display(void)                                 // 显示 **.*C
148.  {
149.        P0=0xff;                                      // 关数码管消隐
150.        WE=1;                                         // 开位选锁存，数据写入
151.        WE=0;                                         // 关位选锁存
152.        if(dspcom==5)                                 // 若是第五位，则加小数点
153.              P0=tab[dspbuf[dspcom]]|0x80;
154.        else
155.              P0=tab[dspbuf[dspcom]];                 // 送段码
156.        DU=1;                                         // 开段选锁存，数据写入
157.        DU=0;                                         // 关段选锁存
158.        P0=weima[dspcom];                             // 送位码
159.        WE=1;                                         // 开位选锁存，数据写入
160.        WE=0;                                         // 关位选锁存
161.  (dspcom==7)?(dspcom=0):(dspcom++);                 // 重复选中每一位
162.  }
163.  /*------------------------ 数码管数据更新函数 ------------------------*/
164.  void init_dspbuf(void)                             // 更改指定位上的数值
165.  {
166.        dspbuf[4]=T/100;
167.        dspbuf[5]=T/10%10;
168.        dspbuf[6]=T%10;
169.  }
170.  /*-------------------------- 主函数 --------------------------*/
171.  void main()
172.  {
173.        unsigned char ad;                             // 读取 ad 值变量
174.        float Rt,Temp;                                // Rt 热敏电阻实时阻值，中间运算变量
175.        TMOD=0x01;                                    // 定时器 0 为 16 位定时器
176.        TH0=(65536-922)/256;                          // 填入初始装载值 1ms(11.0592MHz)
177.        TL0=(65536-922)%256;
178.        EA=1;                                         // 开总中断
179.        ET0=1;                                        // 允许定时器 0 中断
180.        TR0=1;                                        // 启动定时器 0
181.        while(1)                                      // 进入循环
182.              {
```

```
183.          if(read==1)                          // 读一次 AD 值 (200 ms 读一次 )
184.          {
185.              read=0;
186.              ad=read_pcf8591(2);              // 获取 AD 值
187.              Rt=(ad*R5)/(255-ad);             // 计算热敏电阻实时阻值
188.              Temp=1/(log(Rt/Rp)/B+1/T0);
189.              T=(unsigned int)((Temp-          // 计算实时温度精确到小数点后一位
                  273.15)*10);
190.              init_dspbuf();                   // 显示数据更新
191.          }
192.       }
193. }
194. /*---------------------- 定时器 0 中断服务函数 ----------------------*/
195. void insr_T0(void) interrupt 1                // 进行数码管动态显示，200 ms 置 read 为 1
196. {
197.    TH0=(65536-922)/256;                       // 重装定时器初值
198.    TL0=(65536-922)%256;
199.    display();                                 // 数码管显示
200.    ms++;
201.    if(ms==200)                                // 200 ms 到置 read 为 1
202.    {
203.        ms=0;
204.        read=1;
205.    }
206. }
```

任务功能仿真效果图如图 10-19 所示。效果图显示了当前热敏电阻上测得的温度值，改变环境温度的同时可以改变显示的温度值。

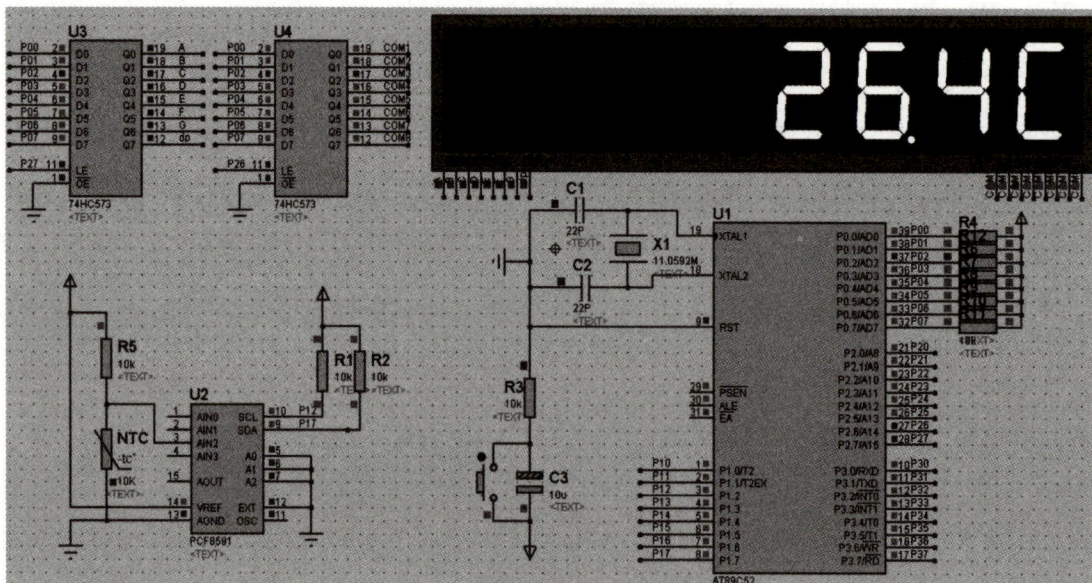

图 10-19　热敏电阻测量温度仿真效果图

在完成程序编译后生成 .HEX 文件，随后完成硬件开发板的烧录下载，可得到的功能实现效果图如图 10-20 所示。

图 10-20　开发板效果展示图

单 元 小 结

本单元介绍了模数转换的基本工作原理，利用 A/D 转换将模拟的电压信号转换成数字信号，经过单片机处理后转换成被测量的电压值和温度值，并在数码管上进行显示。本单元主要内容如下：

(1) A/D 转换的基本原理。

(2) I²C 总线的基本原理和操作。

(3) PCF8591 芯片的基本结构和应用。

(4) 利用 A/D 转换实现电压和温度测量的电路设计。

单 元 练 习

一、单选题

1. 已知一个 8 位 A/D 转换电路的量程为 0～6.4 V，当输入电压为 5 V 时，A/D 转换值为（　　）。

A. 00H

B. 64H

C. 7DH

D. 0C8H

2. PCF8591 的 A2、A1、A0 引脚接地，由单片机从 PCF8591 读取 AD 转换结果，则地址应为（　　）。

A. 0x01

B. 0x91

C. 0x90

D. 0x00

3. 8051 单片机只能输出（　　）量。

A. 数字

B. 模拟

C. 数字与模拟

D. 串行

4. A/D 转换的精度由（　　）确定。

A. A/D 转换位数

B. 转换时间

C. 转换方式

D. 查询方式

5. PCF8591 芯片是 (　　)A/D 和 D/A 芯片。

A. 串行　　　　　　　　　　　B. 并行

C. 通用　　　　　　　　　　　D. 专用

6. I²C 总线在通信时，数据传输的引脚是 (　　)。

A. SCK　　　　　　　　　　　B. SDA

C. Data　　　　　　　　　　　D. 都不是

7. I²C 总线共有 (　　) 条信号线。

A. 2　　　　　　　　　　　　B. 1

C. 5　　　　　　　　　　　　D. 8

8. PCF8591 转换器与单片机通信总线为 (　　)。

A. RS232　　　　　　　　　　B. I²C

C. SPI　　　　　　　　　　　D. USB

9. D/A 转换的波纹消除方法是 (　　)。

A. 比较放大　　　　　　　　　B. 电平抑制

C. 低通滤波　　　　　　　　　D. 高通滤波

10. D/A 转换器的主要参数有 (　　)、转换精度和转换速度。

A. 分辨率　　　　　　　　　　B. 输入电阻

C. 输出电阻　　　　　　　　　D. 参考电压

二、填空题

1. I²C 系统中的主器件通常由 _____ 来担当，从器件必须带有 _____ 总线接口。

2. 如果一个 I²C 器件的 7 位寻址位有 4 位是固定位，3 位是可编程位，则这时仅能寻址 _____ 个同样的器件。

3. SCL 线为高电平期间，SDA 线由低电平向高电平的变化表示 _____ 信号，SCL 线为高电平期间，SDA 线由高电平向低电平的变化表示 _____ 信号。

4. A/D 转换器的作用是将 _____ 量转为 _____ 量；D/A 转换器的作用是将 _____ 量转为 _____ 量。

5. 当 I²C 总线进行数据传输时，在时钟信号为 _____ 期间，数据线上的数据必须保持稳定，只有在时钟线上的信号为 _____ 期间，数据线上的高电平或低电平状态才允许变化。

三、简答题

1. 写出采用 51 单片机模拟 I²C 总线的开始信号和结束信号的函数。

2. 单片机如何对 I²C 总线中的器件进行寻址？

3. I²C 总线在数据传送时，应答是如何进行的？

4. 利用 PCF8591 的 A/D 转换如何进行电位器上电压的测量？

5. 利用 PCF8591 的 A/D 转换和热敏电阻 NTC 如何进行温度的测量？

习题答案

第 11 单元　单片机控制步进电机

单元概述

电动技术发展日新月异，步进电机作为第三类电动机，继承了交流电动机和直流电动机的优秀特性，在数字化控制方面也展现了其优势，实现了与嵌入式系统和步进电机系统的良好融合。用单片机实现的步进电机控制系统具有成本低、使用灵活的特点，广泛应用于数控机床、机器人、工业自动控制以及各种可控的有定位要求的机械工具等领域。步进电机是数字控制电机，它将脉冲信号转换成角位移，由于电机的转速、停止的位置在非超载状态下不受负载变化影响，所以根据上述线性关系，再加上步进电机只有周期性误差而无累积误差，因此非常适用于对单片机进行控制。

本单元主要通过 Proteus 仿真软件和 Keil 编程软件，设计了以 C51 单片机为核心的控制单元，结合 P0、P1、P3 口的应用，以步进电机作为执行器件设计输出电路，通过软硬件仿真及硬件调试验证设计的合理性和正确性。

本单元结合 74HC14 器件和 ULN2003A 芯片的使用，运用最小系统硬件设计基础，搭配外设步进电机，通过编程让单片机控制步进电机并实现任务：让步进电机动起来；通过按键控制步进电机正反转及加减速。

科普与思政

中国高铁的"步进电机突围战"

2004 年，中国引进了高铁技术，但列车门控系统的精密步进电机却长期依赖德国进口。为打破垄断，中车工程师团队历时 3 年，通过数万次脉冲信号调试，最终研发出了国产高精度步进电机控制器，使车门开合误差小于 0.1 毫米。这一历程诠释了自主创新的必要性。

11.1 /// 步进电机

11.1.1 步进电机的定义

步进电机是将电脉冲信号转变为角位移或线位移的开环控制电机，是现代数字程序控制系统中的主要执行元件，应用极为广泛。在非超载的情况下，电机的转速、停止的位置只取决于脉冲信号的频率和脉冲数，而不受负载变化的影响。当步进驱动器接收到一个脉冲信号时，它就驱动步进电机按设定的方向转动一个固定的角度，这个角度称为"步距角"，步进电机的旋转是以固定的角度一步一步运行的。步进电机可以通过控制脉冲个数来控制角位移量，从而达到准确定位的目的；同时可以通过控制脉冲频率来控制电机转动的速度和加速度，从而达到调速的目的。

步进电机的内部构造如图 11-1(a) 所示，外部构造如图 11-1(b) 所示。

(a) 内部构造　　　　　　　　　　(b) 外部构造

图 11-1　步进电机构造图

11.1.2　步进电机的种类

步进电机从其结构形式上可分为反应式步进电机、永磁式步进电机、混合式步进电机、单相步进电机、平面步进电机等多种类型，在我国步进电机的应用中以反应式步进电机为主。

下面分别介绍几种常用的步进电机的类型。

(1) 反应式步进电机：反应式步进电机的定子上由绕组、转子 (软磁材料) 组成。其结构简单，成本低，步距角小，可达 1.2°，但动态性能差，效率低，发热大，可靠性难以保证。

(2) 永磁式步进电机：永磁式步进电机的转子用永磁材料制成，转子的极数与定子的极数相同。其特点是动态性能好、输出力矩大，但这种电机精度差，步矩角大 (一般为 7.5° 或 15°)。

(3) 混合式步进电机：混合式步进电机综合了反应式和永磁式的优点，其定子上有多相绕组，转子上采用永磁材料，转子和定子上均有多个小齿以提高步矩精度。其特点是输出力矩大、动态性能好，步距角小，但结构复杂，成本相对较高。

按定子上绕组来分，步进电机共有二相、三相和四相等系列。最受市场欢迎的是两相混合式步进电机，约占 97% 以上的市场份额，其原因是性价比高，配上细分驱动器后效果良好。

11.1.3　步进电机的基本参数

步进电机的参数如下：

(1) 相数：产生不同对极 N、S 磁场的激磁线圈对数，常用 m 表示。

(2) 拍数：完成一个磁场周期性变化所需的脉冲数，用 n 表示，或指电机转过一个齿距角所需的脉冲数。

(3) 步距角：对应一个脉冲信号，电机转子转过的角位移用 θ 表示，θ = 360° /(转子齿数 × 运行拍数)。以常规二、四相，转子齿为 50 齿的电机为例，四拍运行时步距角为 θ = 360° / (50 × 4) = 1.8° (俗称整步)，八拍运行时步距角为 θ = 360° /(50 × 8) = 0.9° (俗称半步)。

(4) 定位转矩：电机在不通电状态下，电机转子自身的锁定力矩。

(5) 静转矩：电机在额定静态电压作用下，电机不作旋转运动时，电机转轴的锁定力矩。此力矩是衡量电机体积的标准，与驱动电压及驱动电源等无关。

11.2 /// 步进电机的控制方法

11.2.1　五线四相步进电机的控制原理

本单元项目采用的是五线四相步进电机，所以介绍四相步进电机的控制原理，其示意图如图 11-2 所示。

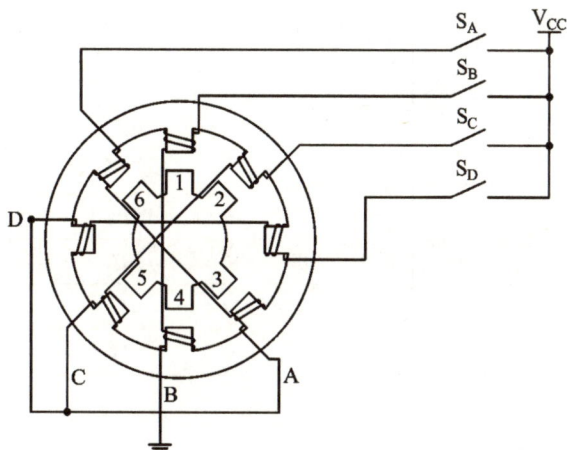

图 11-2　四相步进电机步进示意图

当开关 SB 接通电源时，SA、SC、SD 断开，B 相磁极和转子 0、3 号齿对齐，而转子的 1、4 号齿就和 C、D 相绕组磁极产生错齿，2、5 号齿就和 D、A 相绕组磁极产生错齿。

当开关 SC 接通电源时，SB、SA、SD 断开，由于 C 相绕组的磁力线和 1、4 号齿之间磁力线的作用，使转子转动，因此 1、4 号齿和 C 相绕组的磁极对齐。而 0、3 号齿和 A、B 相绕组产生错齿，2、5 号齿就和 A、D 相绕组磁极产生错齿。依次类推，A、B、C、D 四相绕组轮流供电，使转子沿着 A、B、C、D 方向转动。

11.2.2　四相步进电机的工作方式

四相步进电机按照通电顺序的不同可分为单四拍、双四拍、八拍三种工作方式。

(1) 单四拍：也叫一相励磁，通电顺序为 A→B→C→D；特点是精度好，功耗小，但输出转矩小，振动较大。步距角等于电机标称的步距角。

(2) 双四拍：也叫二相励磁，通电顺序为 AB→BC→CD→DA；特点是输出转矩大，振动小，但功耗大。步距角等于电机标称的步距角。

(3) 八拍：也叫一二相励磁，通电顺序为 A→AB→B→BC→C→CD→D→DA；特点是分辨率高，运转平滑。步距角等于电机标称的 1/2。

本单元项目采用双四拍工作方式，电机是带减速比的 64 拍电机，减速比为 1∶64，步进角为 5.625°，型号是 28BYJ-48。

11.3 /// 74HC14 和 ULN2003A 芯片

11.3.1　74HC14 器件

74HC14 是一款兼容 TTL 器件的高速 CMOS 器件，逻辑功能为 6 路斯密特触发反相器，其

耗电量低，速度快，可将缓慢变化的输入信号转换成清晰、无抖动的输出信号。

　　74HC14 器件引脚布局如图 11-3(a) 所示，内部结构如图 11-3(b) 所示。

　　74HC14 器件真值表如表 11-1 所示。

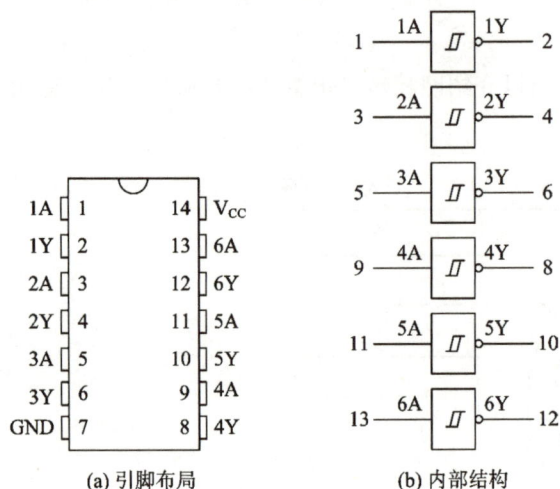

(a) 引脚布局　　　　(b) 内部结构

图 11-3　74HC14 器件引脚结构图

表 11-1　74HC14 真值表

INPUT	OUTPUT
nA	nY
L	H
H	L

11.3.2　ULN2003A 芯片

　　ULN2003A 芯片集成了达林顿管 IC，内部还集成了一个消线圈反电动势的二极管，可用来驱动继电器、电机等。它是双列 16 脚插针式封装，NPN 晶体管矩阵，最大驱动电压为 50 V，电流为 500 mA，输入电压为 5 V，兼容 TTL、CMOS 电平。ULN2003A 是一个 7 路反向器电路，当输入端为高电平时，ULN2003A 输出端为低电平；当输入端为低电平时，ULN2003A 输出端为高组态，所以 ULN2003A 没有输出能力，只能吸入电流。

　　ULN2003A 引脚布局如图 11-4(a) 所示，内部结构如图 11-4(b) 所示。

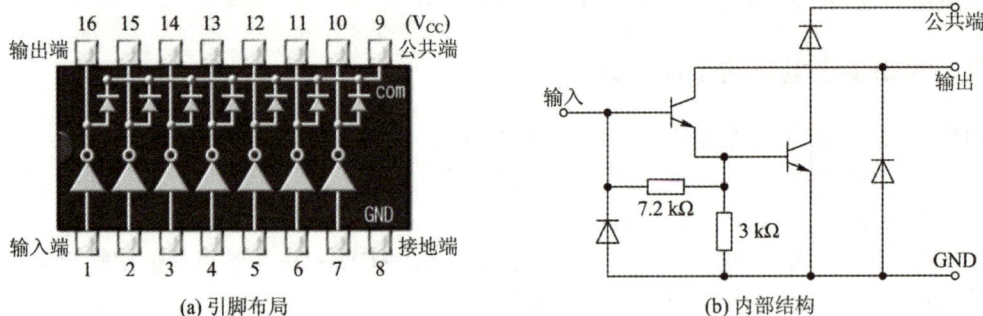

(a) 引脚布局　　　　　　　　　　　(b) 内部结构

图 11-4　ULN2003A 引脚布局和内部结构图

11.4 /// 任务 11-1　让步进电机动起来

11.4.1　任务要求

　　本任务通过搭建单片机电路控制 6 个 74HC14 和 ULN2003A 芯片，从而控制步进电机的四相依次导通，达到正向旋转的目的。通过 Keil 编程与 Proteus 仿真，实现让步进电机动起来，具体要求如下：

　　(1) 搭建硬件 C51 单片机的最小系统。

(2) 实现硬件 74HC14 与 ULN2003A 芯片和步进电机的正确连接方式。

(3) 用 Keil 程序编程，实现中断控制一位数码管的字形显示。

(4) 用 Proteus 仿真软件搭建最小系统，并验证程序功能。

(5) 完成实物的程序下载及功能调试与验证。

11.4.2　知识链接

根据任务的功能要求，在单片机最小系统的基础上将 P1 口 6 个端口按顺序连接电机驱动电路来控制步进电机。单片机最小系统产生脉冲信号，首先送给步进电机驱动电路，进行电流的放大，然后控制步进电机运动。控制步进电机运动的结构框图如图 11-5 所示。

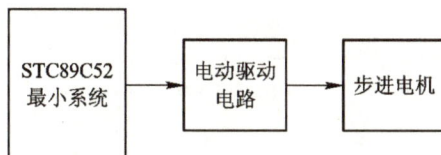

图 11-5　步进电机运动的结构框图

11.4.3　任务实施

1. Proteus 电路设计

利用 Proteus 软件搭建仿真电路，如图 11-6 所示。

由电路图 11-6 可知，步进电机 ABCD 四相分别通过 ULN2003A 和 74HC14 芯片连接在单片机的 P14、P15、P16、P17 端口，若想要步进电机正向旋转，则需要让 ABCD 四相以 AB→BC→CD→DA→AB… 的顺序导通，所以我们让单片机 P1 口的输出电平脉冲信号为 11001111→10011111→00111111→01101111→11001111→…，每送出一组脉冲后，步进电机做相应的延时，让转子受磁力旋转到位后，再送出下一组脉冲信号。若延时太短，转子没有旋转到位，则会导致电机不旋转。

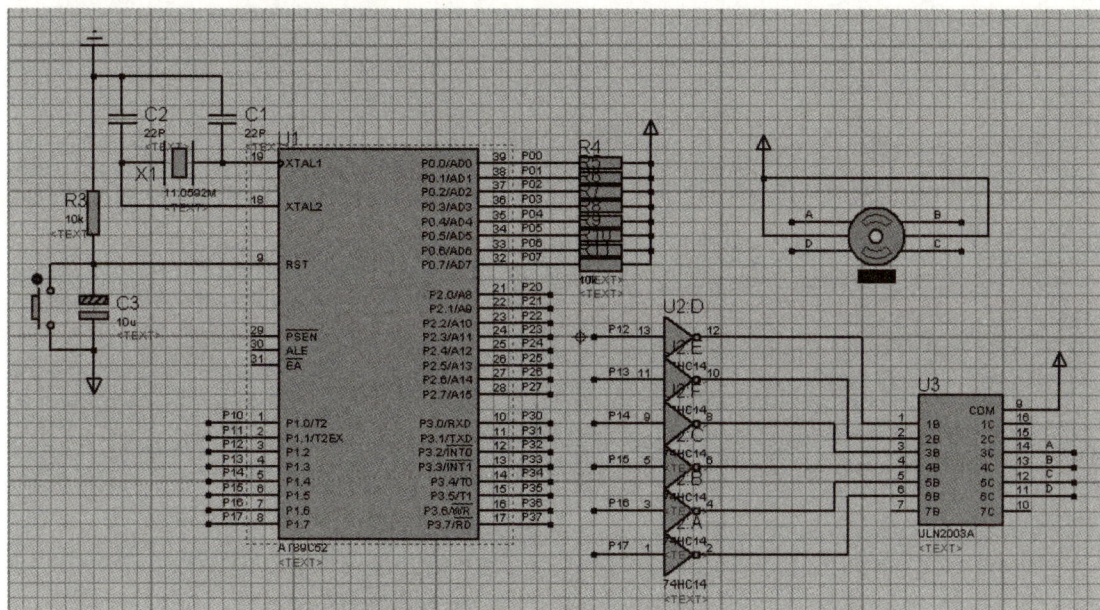

图 11-6　步进电机运动仿真电路图

2. 源程序设计与生成目标代码文件

以下程序为让步进电机动起来的 C 程序：

```
1.   // 文件头注释
2.   //=========================================
3.   // 文件名称：让步进电机动起来
4.   // 功能概要：单片机上电后步进电机开始正转
5.   //=========================================
```

```
6.    #include "reg52.h"                              // 包含 51 单片机寄存器定义的头文件
7.    unsigned char code cw[]={0xcf,0x9f,0x3f,0x6f};  // 正转数组
8.    // 函数头注释
9.    //========================================
10.   // 函数名称: 延时函数
11.   // 功能概要: 延时约 x 毫秒
12.   // 函数说明: 传递形参 x, 无返回值
13.   //========================================
14.   void delay_ms(unsigned int x)
15.   {
16.       int i,j;
17.       for(i=0;i<x;i++)
18.           for(j=0;j<125;j++);
19.   }
20.   // 主函数开始
21.   void main(void)
22.   {
23.       unsigned char i;                            // 定义变量 i, 用来取数组中的值
24.       while(1)                                    // 进入循环
25.       {
26.           for(i=0;i<4;i++)                        // 不断进入 for 循环
27.           {
28.               P1=cw[i];                           // 取正转数组中的值并从 P1 口输出
29.               delay_ms(6);                        // 延时
30.           }
31.       }
32.   }                                               // 主函数结束
```

3. Proteus 仿真

在完成程序编译后生成 .HEX 文件, 加载进单片机芯片, 点击 "运行", 所得仿真效果展示如图 11-7 所示。

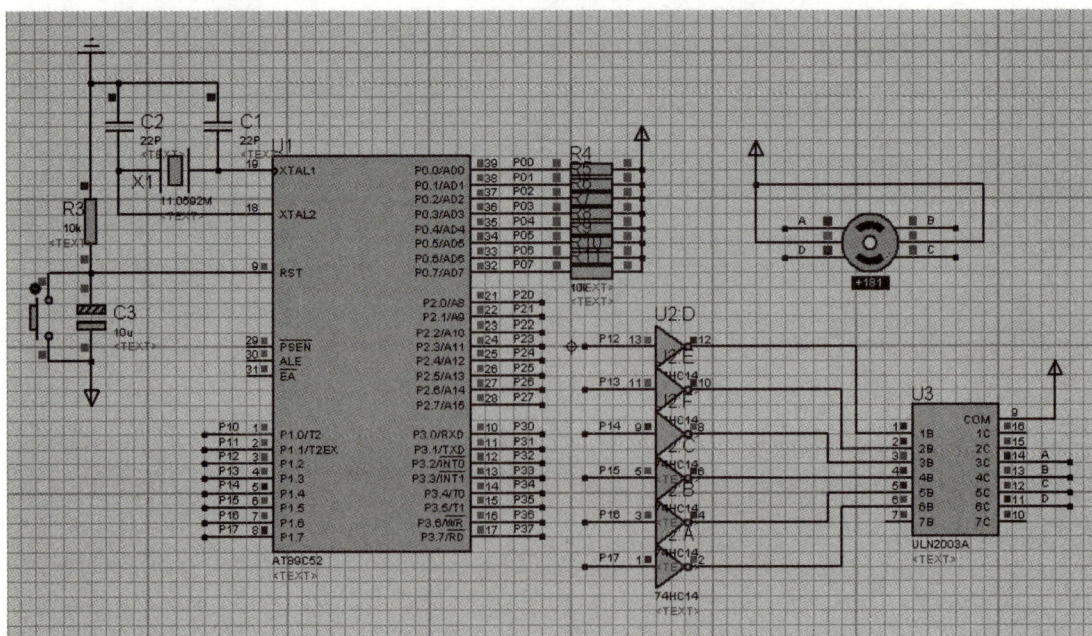

图 11-7　步进电机运动仿真效果图

4. 开发板烧录

在这一步骤将 .HEX 文件烧录下载进硬件开发板，得到的功能实现效果图如图 11-8 所示。

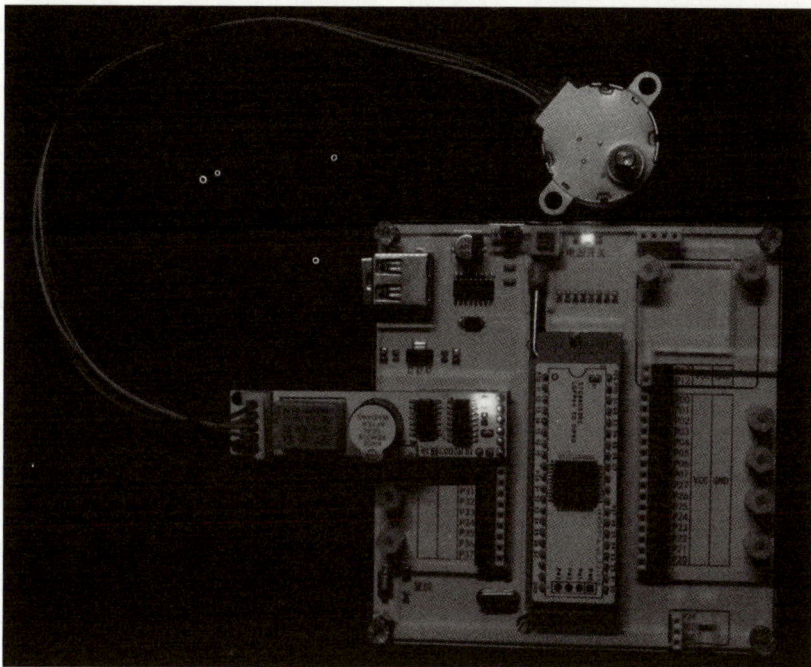

图 11-8　让步进电机动起来开发板效果展示图

11.5 /// 任务 11-2　通过按键控制步进电机正反转及加减速

11.5.1　任务要求

本任务通过搭建电路在上个任务的基础上在 P3 口加入四个按键：key_2、key_4、key_6、key_8。其中，按键 key_2 为开始、停止按键；key_4 为正、反转控制按键；key_6 为加速按键；key_8 为减速按键。通过单片机控制 6 个 74HC14 和 ULN2003A 芯片控制步进电机，结合 Keil 编程与 Proteus 仿真实现步进电机正转、反转、加速和减速。默认单片机上电后步进电机不动作，正转状态，最低转速。任务具体要求如下：

(1) 搭建硬件 C51 单片机的最小系统。

(2) 实现 4 个按键、74HC14 与 ULN2003A 芯片和步进电机的正确连接方式。

(3) 用 Keil 程序编程实现中断控制一位数码管的字形显示。

(4) 用 Proteus 仿真软件搭建最小系统，并验证程序功能。

(5) 完成实物的程序下载及功能调试与验证。

11.5.2　知识链接

根据任务的功能要求，在单片机最小系统的基础上将按键与单片机 P3 口的 4 个端口相连，P1 口的 6 个端口按顺序连接电机驱动电路来控制步进电机。按键控制步进电机运动的结构框图如图 11-9 所示。

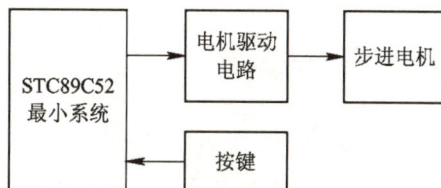

任务 11-2　通过按键控制步进电机正反转及加减速

图 11-9　按键控制步进电机运动的结构框图

11.5.3　任务实施

1. Proteus 电路设计

利用 Proteus 软件搭建仿真电路，如图 11-10 所示。若想让电机反向旋转，则 ABCD 四相以 DA→CD→BC→AB→DA→…顺序导通，即输出电平脉冲信号为 01101111→00111111→10011111→11001111→01101111→…，速度的变化只需改变每一组脉冲信号间的延时。若延时变长，则速度慢，相反速度变快。

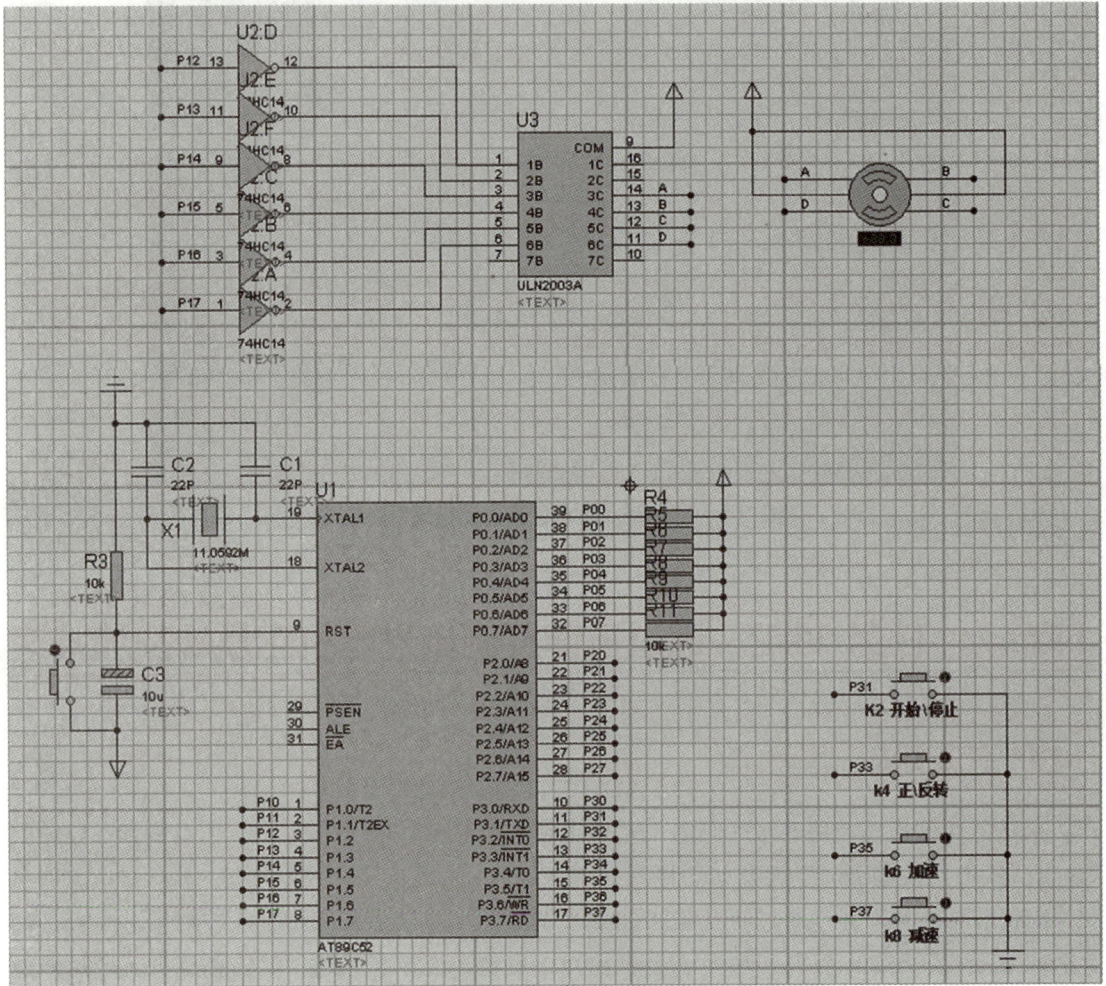

图 11-10　按键控制步进电机运动仿真电路图

2. 源程序设计与目标代码文件生成

以下程序为按键控制步进电机运动的 C 程序：

```
1.    // 文件头注释
2.    //============================================
3.    // 文件名称：通过按键控制步进电机正反转及加减速
4.    // 功能概要：按键 key_2 为开始、停止按键，key_4 为正、反转控制按键，key_6 为加速按键，key_8
5.        为减速按键，单片机上电后步进电机默认为不动作，正转状态，最低转速
6.    //============================================
7.    #include "reg52.h"                              // 包含 51 单片机寄存器定义的头文件
8.    unsigned char code cw[]={0xcf,0x9f,0x3f,0x6f};  // 正转数组
9.    unsigned char code ccw[]={0x6f,0x3f,0x9f,0xcf}; // 反转数组
10.   sbit key_2=P3^1;                                // 定义按键端口
```

```
11.    sbit key_4=P3^3;
12.    sbit key_6=P3^5;
13.    sbit key_8=P3^7;
14.    // 函数头注释
15.    //========================================================
16.    // 函数名称：延时函数
17.    // 功能概要：延时约 x 毫秒
18.    // 函数说明：传递形参 x, 无返回值
19.    //========================================================
20.    void delay_ms(unsigned int x)
21.    {
22.        int i,j;
23.        for(i=0;i<x;i++)
24.        for(j=0;j<125;j++);
25.    }
26.    // 主函数开始
27.    void main(void)
28.    {
29.        unsigned char i;                    // 定义变量 i，用来取数组中的值
30.        unsigned char ms=10;                // 定义延时变量 ms
31.        bit star=0,F=1;                     // 定义位变量 star、F
32.        while(1)                            // 进入循环
33.            {
34.                if(star==1)                 // 若 star( 开始 ) 为 1，则进入
35.                {
36.                    if(F==1)                // 若 F 为 1( 正转状态 )，则进入
37.                    {
38.                        P1=cw[i];           // 取正转数组中的值使 P1 口输出
39.                        delay_ms(ms);       // 延时
40.                    }
41.                    else                    // 否则 ( 即 F 为 0- 反转状态 ) 进入
42.                    {
43.                        P1=ccw[i];          // 取反转数组中的值使 P1 口输出
44.                        delay_ms(ms);       // 延时
45.                    }
46.                    (i==3)?(i=0):(i++);     // i 不断从 0～3
47.                }
48.            else                            // 否则 ( 即 star 为 0，即停止 ) 进入
49.            P1=0xff;                        // P0 口输出 0xff，电机停止
50.            if(key_2==0)                    // 启动 / 停止
51.                {
52.                    delay_ms(20);           // 消除按键抖动
53.                    if(key_2==0)
54.                    star=~star;
55.                    while(!key_2);          // 等待按键释放
56.                }
57.            if(key_4==0)                    // 正转或反转
58.                {
59.                    delay_ms(20);
60.                    if(key_4==0)
61.                    F=~F;
```

```
62.              while(!key_4);
63.          }
64.          if(key_6==0)                          // 加速
65.          {
66.              delay_ms(20);
67.              if(key_6==0)
68.              (ms==5)?(ms=5):(ms--);
69.              while(!key_6);
70.          }
71.          if(key_8==0)                          // 减速
72.          {
73.              delay_ms(20);
74.              if(key_8==0)
75.              (ms==10)?(ms=10):(ms++);
76.              while(!key_8);
77.          }
78.      }
79.  }                                            // 主函数结束
```

3. Proteus 仿真

在完成程序编译后生成 .HEX 文件，加载进单片机芯片，点击"运行"，所得仿真效果展示如图 11-11 所示。

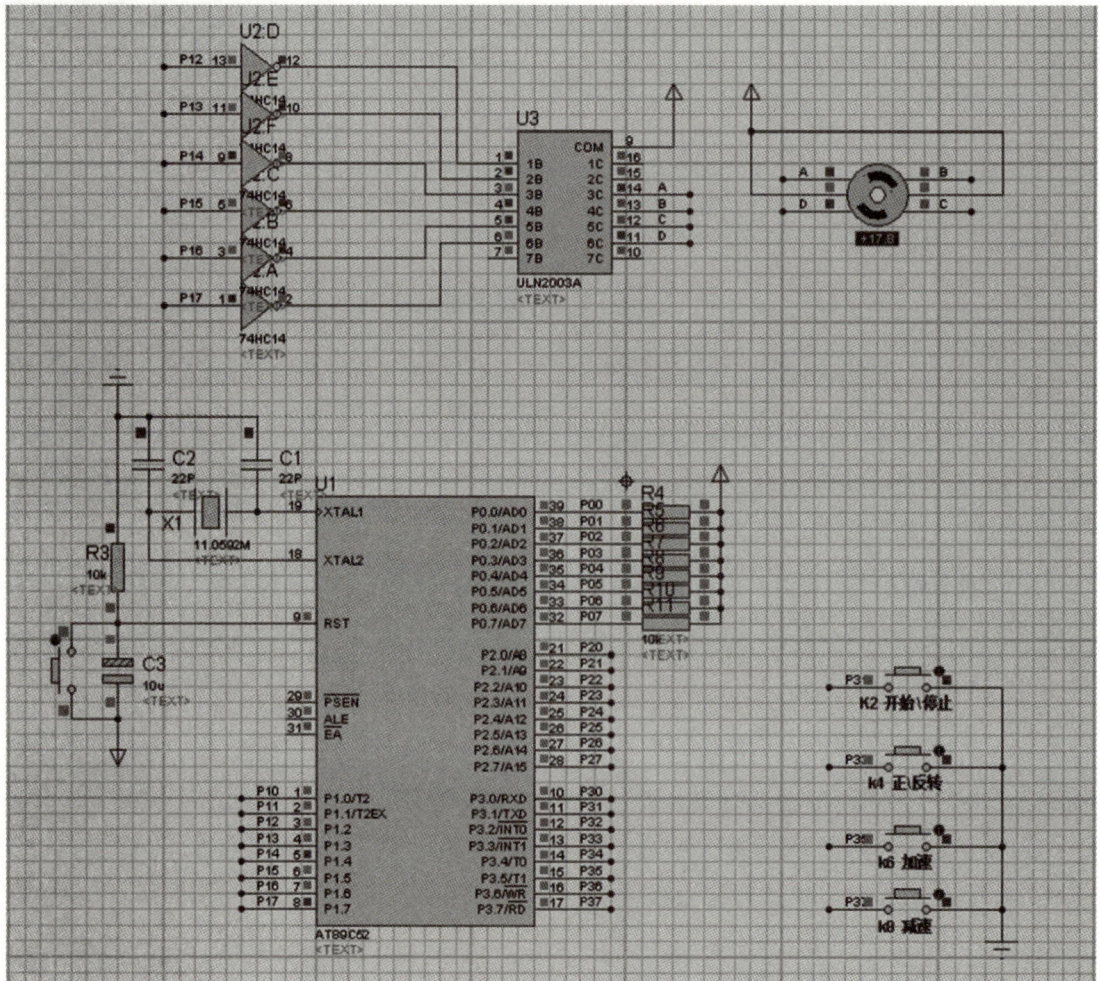

图 11-11　按键控制步进电机运动仿真效果图

4. 开发板烧录

在这一步骤将 .HEX 文件烧录下载进硬件开发板，得到的功能实现效果图如图 11-12 所示。

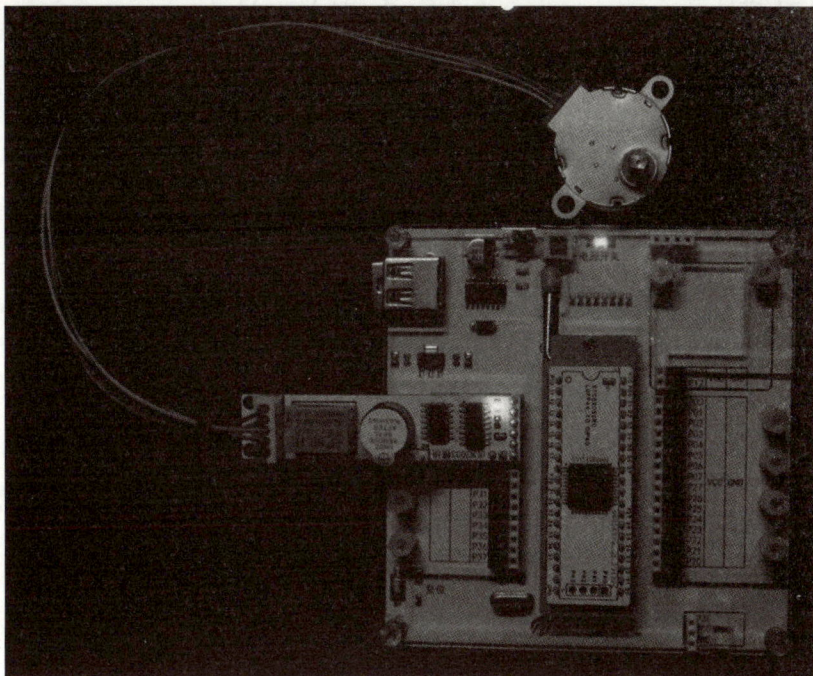

图 11-12　按键控制步进电机运动开发板效果展示图

单 元 小 结

本单元介绍了 C51 单片机控制步进电机运动的基本知识，包括步进电机的控制原理和工作方式，74HC14 器件和 ULN2003A 芯片的工作原理，进而掌握五线四相步进电机的通电顺序和连接，掌握 74HC14 器件与 ULN2003A 芯片和单片机接口的连接，能编写步进电机正转、反转及加减速的代码程序，能用软件定位电机的旋转角度和速度，能用仿真软件实现并能用单片机开发板实现功能，完成程序的修改和调试。

单 元 练 习

一、选择题

1. 正常情况下步进电机的转速取决于（　　　）。

A. 控制绕组通电频率　　　　　　　B. 绕组的通电方式

C. 负载大小　　　　　　　　　　　D. 绕组的电流

2. 以下（　　　）步进电机的特点是结构简单，成本低，步距角小。

A. 反应式　　　　　　　　　　　　B. 永磁式

C. 混合式

3. 以常规二、四相，转子齿为 50 齿的电机为例，四拍运行时步距角 θ 为（　　　）度。

A. 0.9　　　　　　　　　　　　　　B. 1.8

C. 3.6　　　　　　　　　　　　　　D. 7.2

4. 定位转矩：电机在（　　　）状态下，电机转子（　　　）的锁定力矩。

A. 通电，自身　　　　　　　　　　B. 不通电，自身

C. 通电，受外界　　　　　　　　　　D. 不通电，受外界

5. 双四拍通电顺序为（　　）。

A. A→B→C→D　　　　　　　　　　B. AB→BC→CD→DA

C. A→AB→B→BC→C→CD→D→DA

6. 下列（　　）步进电机的工作方式的特点是精度好，功耗小，振动大。

A. 单四拍　　　　　　　　　　　　B. 双四拍

C. 八拍　　　　　　　　　　　　　D. 十六拍

二、填空题

1. 步进电机是一种 ＿＿＿＿＿＿＿＿＿＿＿＿＿＿＿ 的器件。

2. 反应式步进电机的定子上由 ＿＿＿＿ 和 ＿＿＿＿ 组成。

3. 在非超载的情况下，电机的转速、停止的位置只取决于脉冲信号的 ＿＿＿＿ 和 ＿＿＿＿，而不受负载变化的影响。

4. 四相步进电机按照通电顺序的不同，可分为 ＿＿＿＿、＿＿＿＿、＿＿＿＿ 三种工作方式。

5. 步进电机工作在四相八拍方式时，正转一个齿距角的通电顺序依次为 A→AB→B→BC→C→CD→D→DA，反转的通电顺序为 A→DA→D→CD→C→BC→＿＿＿＿，通过改变步进脉冲的 ＿＿＿＿ 可以调节步进电机的转速。

三、简答题

1. 如何控制步进电机的角位移和转速？步进电机有哪些优点？

2. 步进电机的转速和负载大小有关系吗？怎样改变步进电机的转向？

3. 简述五线四相步进电机的控制原理。

4. 反应式步进电机的步距角和哪些因素有关？

习题答案

第12单元　单片机的串口通信

单元概述

串口通信 (Serial Communication) 的概念非常简单，串口按位 (bit) 发送和接收字节。尽管串口通信比按字节 (byte) 的并行通信慢，但是串口可以在使用一根线发送数据的同时用另一根线接收数据。它很简单并且能够实现远距离通信。在串行通信中，数据是二进制脉冲的形式。换句话说，我们可以说二进制数 1 表示逻辑高电平或 5 V，0 表示逻辑低电平或 0 V。串行通信可以采用多种形式，具体取决于传输模式和数据传输的类型。传输模式主要有单工、半双工和全双工。每种传输模式都有一个源 (也称为发送器) 和目的地 (也称为接收器)。

本单元主要通过 Keil 编程软件和 STC 烧录程序结合，设计了以 C51 单片机为核心的控制单元，结合串口通信和发光二极管应用，以发光二极管和电脑为主要载体，通过 C 语言编程实现 LED 的点亮和串口的接收功能，通过软硬件实践验证设计的合理性和正确性。

本单元通过 STC89C52 控制芯片搭配 I/O(Input/Output) 端口，运用最小系统硬件和芯片本身的特殊寄存器，通过软件编程控制实现：从单片机向 PC 端发送数据；从 PC 端下发数据给单片机；通信交互实验。

科普与思政

串口通信作为计算机与外部设备之间数据传输的重要方式，其高效、准确的通信机制对于信息系统的稳定运行至关重要。这一技术不仅应用于工业自动化、医疗设备、视频监控等领域，还促进了信息的快速处理和物料加工的速度提升。在信息时代，良好的沟通与合作精神是实现信息共享和资源优化配置的基础，我们在学习实践中应具备跨文化交流和团队协作的能力，不断提升自己的综合素质，为推动信息社会的繁荣与发展贡献自己的力量。

12.1 /// 串口通信的基础知识

12.1.1 串口通信的实现原理

MCS-51 单片机内部有一个全双工的串行通信口，即串行接收和发送缓冲器 (SBUF)，这

串口通信的
基础知识

两个在物理上是独立的接收 - 发送器，既可以接收数据，也可以发送数据，它们都是字节寻址的寄存器，字节地址均为 99H。其区别在于：接收缓冲器只能读出不能写入，而发送缓冲器则只能写入不能读出。这个通信口既可以用于网络通信，亦可实现串行异步通信，还可以构成同步移位寄存器。如果在串行口的输入 / 输出引脚上加上电平转换器，就可方便地构成标准的 RS-232 接口。

12.1.2 串口通信的基本概念

常用于数据通信的传输方式有单工、半双工、全双工和多工方式。

(1) 单工方式 (Simplex Communication)：数据仅按一个固定方向传送。通信双方中，一方固定为发送端，另一方则为固定接收端。信息只能沿一个方向传输，使用一根传输线。因而这种传输方式的用途有限，常用于串行口的打印数据传输与简单系统间的数据采集。

(2) 半双工方式 (Half Duplex)：允许数据在两个方向上传输，既可以使用一条数据线，也可以使用两条数据线。当使用同一根传输线通信时，既可以发送数据又可以接收数据，但不能同时发送和接收。在任何时刻只能由其中的一方发送数据，另一方接收数据。因此半双工通信中，每端需有一个收发切换电子开关，通过切换来决定数据向哪个方向传输。因为有切换，所以会产生时间延迟，从而使得信息传输效率低。数据可实现双向传送，但不能同时进行，实际应用中采用某种协议实现收 / 发开关转换。

(3) 全双工方式 (Full Duplex)：允许数据同时在两个方向上传输。因此，全双工方式是两个单工方式的结合，它要求发送设备和接收设备都有独立的接收和发送能力。在全双工方式中，每一端都有发送器和接收器，有两条传输线，信息传输效率高。全双工方式允许双方同时进行数据双向传送，但一般全双工方式的线路和设备较复杂。显然，在其他参数都一样的情况下，全双工方式比半双工方式传输速度要快，效率要高。

(4) 多工方式：以上三种传输方式都是用同一线路传输一种频率信号，为了充分地利用线路资源，可通过使用多路复用器或多路集线器，采用频分、时分或码分复用技术，实现在同一线路上共享资源，我们称之为多工方式。

12.1.3 串行数据的两种通信形式

串行数据的通信形式主要有两种：异步通信和同步通信。

1. 异步通信

异步通信方式见图 12-1，接收器和发送器都有各自的时钟，它们的工作是非同步的。异步通信用一帧来表示一个字符。其内容如下：一个起始位，紧接着是若干数据位。图 12-2 所示是传输 35H 的数据格式。

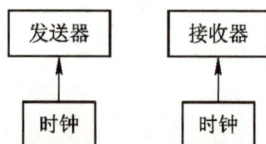

图 12-1 异步通信方式

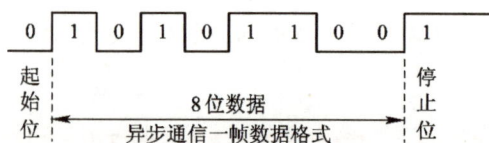

图 12-2 异步通信示例

2. 同步通信

同步通信方式见图 12-3，发送器和接收器由同一个时钟源控制。为了克服在异步通信中每传输一帧字符都必须加上起始位和停止位，从而占用传输时间，在要求传送数据量较大的场合，如图 12-4 所示，同步传输方式去掉了这些起始位和停止位，只在传输数据块时先送出一个同步头 (字符) 标志。

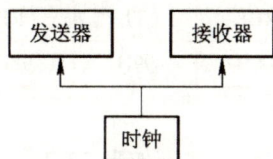

图 12-3　同步通信方式　　　　　　　　　图 12-4　同步通信示例

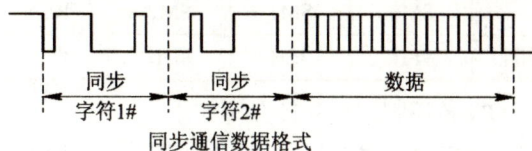

串行数据传输速率有两个概念，即每秒传送的位数 b/s(bit per second) 和每秒符号数——波特率 (Band Rate)。在具有调制解调器的通信中，波特率与调制速率有关。

【注意】

同步通信与异步通信的区别如下：

(1) 同步通信要求接收端时钟频率和发送端时钟频率一致，发送端发送连续的比特流；异步通信时不要求接收端时钟和发送端时钟同步，发送端发送完一个字节后，可经过任意长的时间间隔再发送下一个字节。

(2) 同步通信效率高；异步通信效率较低。

(3) 同步通信较复杂，双方时钟的允许误差较小；异步通信简单，允许双方时钟有一定的误差。

(4) 同步通信可用于点对多点；异步通信只适用于点对点。

12.1.4　C51 的串行口和控制寄存器

1. 串行口控制寄存器

MCS-51 单片机的串行口控制寄存器的结构如图 12-5 所示。SBUF 为串行口的收发缓冲器，它是一个可位寻址的专用寄存器，其中包含了接收器寄存器和发送器寄存器，可以实现全双工通信。MCS-51 的串行数据传输很简单，只要向发送缓冲器写入数据即可发送数据，而从接收缓冲器读出数据即可接收数据。

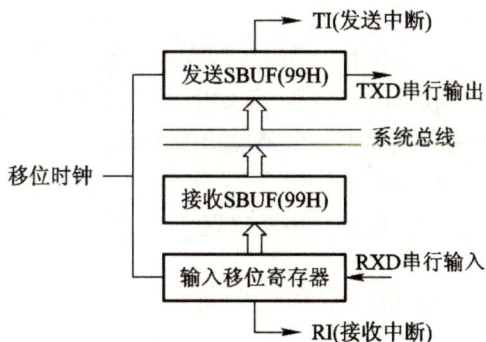

图 12-5　MCS-51 单片机的串行口控制寄存器的结构

此外，从图 12-5 中可看出，接收缓冲器前还加上一级输入移位寄存器，其目的在于接收数据时避免发生数据帧重叠现象，以免出错，部分文献称这种结构为双缓冲器结构。

2. 串行通信控制寄存器

串行通信控制寄存器 (SCON) 是一个可位寻址的专用寄存器，用于串行数据的通信控制，单元地址是 98H～9FH，其结构如表 12-1 所示。

表 12-1　SCON 的结构

SCON	D7	D6	D5	D4	D3	D2	D1	D0
	SM0	SM1	SM2	REN	TB8	RB8	TI	RI
位地址	9FH	9EH	8DH	9CH	9BH	9AH	99H	98H

SCON 各控制位的功能介绍如下：

SM0、SM1：串行口工作方式控制位。SM0、SM1 用于选择工作方式，如表 12-2 所示。

表 12-2　工作方式的选择

SM0 SM1	工作方式
00	方式 0
01	方式 1
10	方式 2
11	方式 3

SM2：多机通信控制位。多机通信工作于方式 2 和方式 3。当串行口工作于方式 2 或方式 3 且 SM2＝1 时，只有接收到的第 9 位数据 (RB8) 为 1，才把接收到的前 8 位数据送入 SBUF，且置位 RI 发出中断申请，否则会将接收到的数据丢弃。当 SM2＝0 时，不管第 9 位数据是 0 还是 1，都将数据送入 SBUF，并发出中断申请。当串行口工作于方式 0 时，SM2 必须为 0。

REN：允许接收位。REN 用于控制数据接收的允许和禁止。REN＝1 时，允许接收；REN＝0 时，禁止接收。

TB8：发送数据位 8。在方式 2 和方式 3 下，TB8 是要发送的数据位 (第 9 位数据)，其值可以通过软件设置为 1 或 0。在多机通信中，它用来表示主机发送的是地址还是数据，TB8＝0 时为数据，TB8＝1 时为地址。在双机串行通信中，TB8 一般作为奇偶校验位使用。

RB8：接收数据位 8。在方式 2 和方式 3 下，RB8 存放接收到的第 9 位数据，用以识别接收到的数据特征。

TI：发送中断标志位。工作于方式 0 时，发送完第 8 位数据后或在其他方式下发送停止位开始时，硬件置位 TI。TI＝1 表示帧发送结束，但 CPU 响应中断时并不清除 TI，必须在中断服务程序中由软件对 TI 清“0”。

RI：接收中断标志位。在方式 0 下，当串行接收第 8 位数据结束时或在其他方式下串行接收停止位开始时，由内部硬件使 RI 置“1”，向 CPU 发中断申请。RI＝1 表示帧接收完成，必须在中断服务程序中用软件将其清“0”，取消此中断申请。

在串口中断处理时，TI、RI 都需要软件清“0”，硬件置位后不可能自动清“0”。此外，在进行缓冲区操作时，需要 ES＝0，以防止中断出现。

12.1.5　C51 的电源管理寄存器和中断允许寄存器

1. 电源管理寄存器 (PCON)

PCON 主要是为 CHMOS 型单片机的电源控制而设置的专用寄存器，单元地址是 87H，其结构如表 12-3 所示。

表 12-3　PCON 的结构

PCON	D7	D6	D5	D4	D3	D2	D1	D0
位符号	SMOD	—	—	—	GF1	GF0	PD	IDL

在 CHMOS 型单片机中，除 SMOD 位外，其他位均为虚设的。SMOD 是串行口波特率倍增位。当 SMOD = 1 时，串行口波特率加倍。系统复位默认为 SMOD = 0。

2. 中断允许寄存器 (IE)

IE 的结构如表 12-4 所示，其内容在前面已阐述，这里重述一下对串行口有影响的位 ES。ES 为串行中断允许控制位，ES = 1 允许串行中断，ES = 0 禁止串行中断。

表 12-4　IE 的结构

位符号	EA	—	—	ES	ET1	EX1	ET0	EX0
位地址	AFH	AEH	ADH	ACH	ABH	AAH	A9H	A8H

12.2 /// 任务 12-1　从单片机向 PC 端发送数据

12.2.1　任务要求

本任务搭建单片机最小系统，结合 Keil 编程实现向 PC 端发送数据的功能，具体要求如下：
(1) 搭建硬件 C51 单片机的最小系统。
(2) 用 Keil 程序编程实现寄存器的输出控制，实现向 PC 端发送数据。
(3) 通过串口助手进行监控，并验证程序功能。
(4) 完成实物的程序下载及功能调试与验证。

12.2.2　知识链接

根据系统的功能要求，将实验板接到 PC 端上，打开并设置烧录器，见图 12-6。

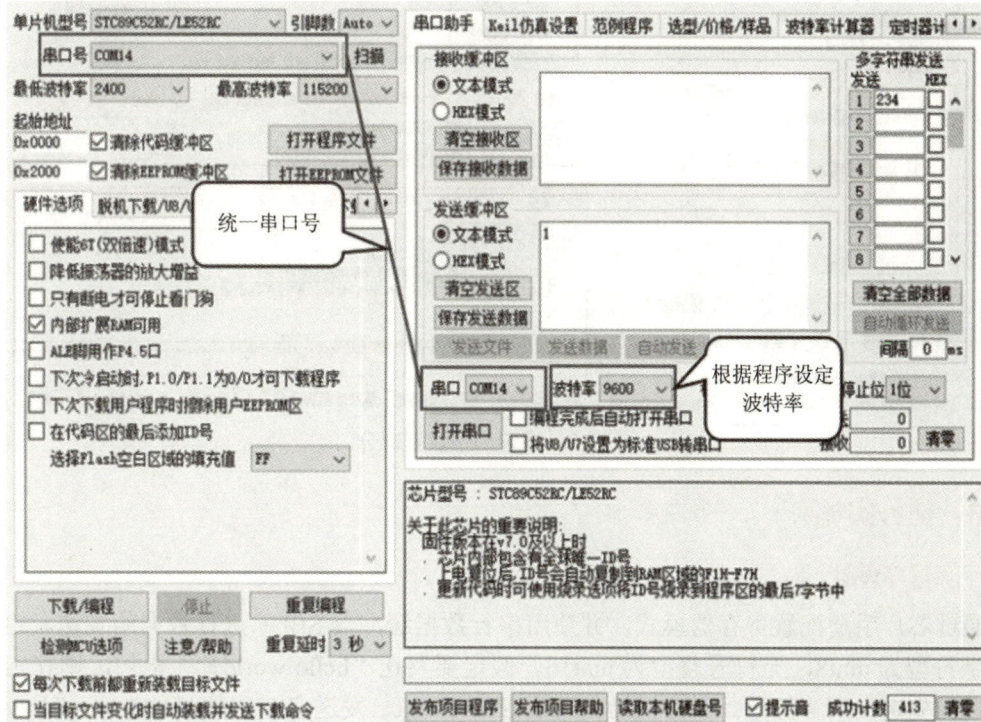

任务 12-1 从单片机向 PC 端发送数据程序讲解

图 12-6　烧录器设置界面

串口：串口按位 (bit) 发送和接收数据。尽管比按字节 (byte) 发送和接收数据的并行通信慢，但是串口可以在使用一根线发送数据的同时用另一根线接收数据。它很简单并且能够实现远距离通信。比如，IEEE488 定义并行通信状态时，规定设备线总长不得超过 20 m，并且任意两个设备间的长度不得超过 2 m；而对于串口而言，长度可达 1200 m。典型地，串口用于 ASCII 码字符的传输。

波特率：这是一个衡量通信速度的参数。它表示每秒钟传送的 bit。例如，300 波特表示每秒钟发送 300 bit。当我们提到时钟周期时，就是指波特率。例如，如果协议需要 4800 波特率，那么时钟就是 4800 Hz。这意味着串口通信在数据线上的采样率为 4800 Hz。通常电话线的波特率为 14 400、28 800 和 36 600 Band。波特率可以远远大于这些值，但是波特率和距离成反比。高波特率常常用于放置得很近的仪器间的通信，典型的例子就是 GPIB 设备的通信。

停止位：用于表示单个包的最后一位。典型的值为 1、1.5 和 2。由于数据是在传输线上定时的，并且每个设备有自己的时钟，很可能在通信中两台设备间出现了小小的不同步，因此停止位不仅表示传输的结束，还提供计算机校正时钟同步的机会。适用于停止位的位数越多，不同时钟同步的容忍程度就越大，但是数据传输率同时也越慢。

校验位：用于进行奇校验或偶校验。校验位不是必须有的。对于偶和奇校验的情况，串口会设置校验位 (数据位后面的一位)，用一个值确保传输的数据有偶数个或者奇数个逻辑高位。例如，如果数据是 011，那么对于偶校验，校验位为 0，以保证逻辑高的位数是偶数个。

可通过修改文本模式和 HEX 模式来接收、发送字符或十六进制数据，如图 12-7 所示。

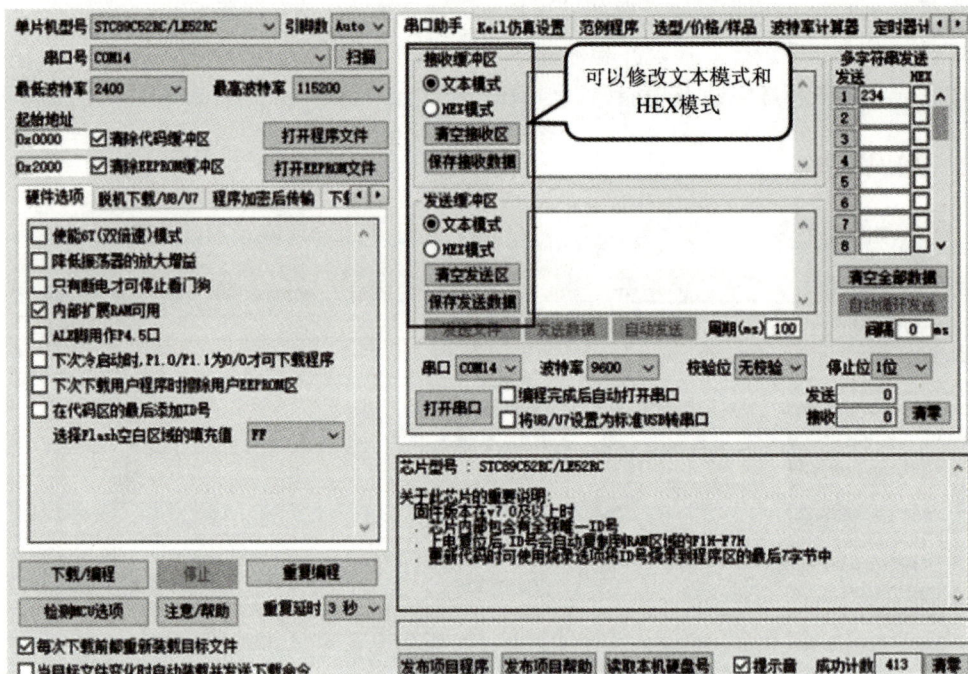

图 12-7　串口助手设置部分

12.2.3　任务实施

1. 源程序设计

通过芯片手册配置寄存器模式，并使用串行数据缓冲器 SBUF 进行数据的发送。定义无符号字符型为 uint8，无符号整型为 uint16。假定要发送 "hello world！" 语句，则在定义主函数之前先定义所需函数：串口初始化函数 UART_init、发送字节函数 UART_send_byte、发送字符串函数 UART_send_string。其源程序如下：

```
1.      #include <reg51.h>
2.      typedef unsigned char uint8;
```

```
3.      typedef unsigned int uint16;
4.      uint8 Buf[ ] = "hello world!\n";
5.      void delay(uint16 n)
6.      {
7.          while(n--);
8.      }
9.      void UART_init(void)
10.     {
11.         SCON = 0x50;
12.         TMOD = 0x20;
13.         TH1 = 0xFD;
14.         TL1 = 0xFD;
15.         TR1 = 1;
16.     }
17.     void UART_send_byte(uint8 dat)          // 发送单字节
18.     {
19.         SBUF = dat;
20.         while(TI==0);
21.         TI = 0;
22.     }
23.     void UART_send_string(uint8*buf)        // 发送字符串
24.     {
25.         while(*buf != '\0')
26.         {
27.             UART_send_byte(*buf++);
28.         }
29.     }
```

在串口初始化函数 UART_init 中，赋值如表 12-5 所示。设置 SCON = 0x50，表示允许数据接收 (REN = 1)，串行口工作于方式 1(SM0 + SM1 = 01)，第 9 位数据送入 SBUF，并发出中断申请 (SM2 = 0)，发送的是数据而不是地址 (TB8 = 0)。设置 TMOD = 0x20，高四位定义定时器 T1($C/\overline{T}$ = 0)，串行口以工作方式 2 工作，自动重装 8 位计数器 (M1 + M0 = 10)。加载定时器 T1 的初始值，高 8 位为 11111101，低 8 位为 11111101，然后开启定时器 (TR1 = 1)。

表 12-5　初始化定义赋值

SCON	D7	D6	D5	D4	D3	D2	D1	D0
	SM0	SM1	SM2	REN	TB8	RB8	TI	RI
赋值	0	1	0	1	0	0	0	0
TMOD	D7	D6	D5	D4	D3	D2	D1	D0
	GATE	$C/\overline{T}$	M1	M0	GATE	$C/\overline{T}$	M1	M0
赋值	0	0	1	0	0	0	0	0

然后定义单字节发送子函数和字符串发送子函数，以方便后续程序调用。

结合上述准备，利用主函数调用串口初始化函数进入循环，不断进行数据发送。

```
1.      void main()
2.      {
3.          UART_init();                // 调用串口初始化函数
4.          while(1)                    // 进入死循环，重复执行循环体
5.          {
```

```
6.          UART_send_string(Buf);     // 串口发送数据
7.          delay(20000);              // 延时
8.      }
9.  }
```

2. 串口助手调试

(1) 将 .HEX 文件下载到开发板中。

(2) 打开串口助手，根据程序发送的数据，将接收缓冲区设置为文本模式。确认 COM 口与串口一致，根据程序可知波特率为 9600，将波特率改至 9600 后打开串口，如图 12-8 所示。

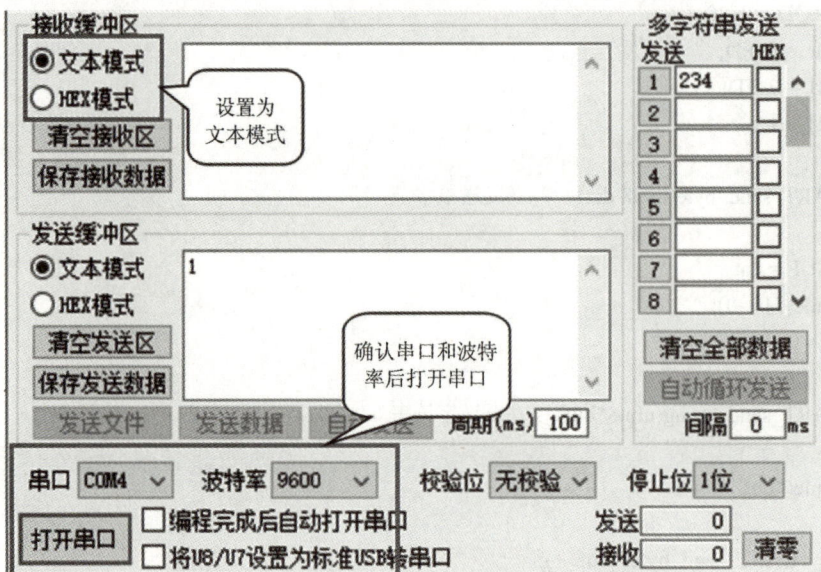

图 12-8　串口助手设置

完成上述过程后，可以通过串口助手的接收缓冲区看见从单片机向 PC 端发送的数据内容，如图 12-9 所示，显示结果为循环发送指定内容"hello world！"。

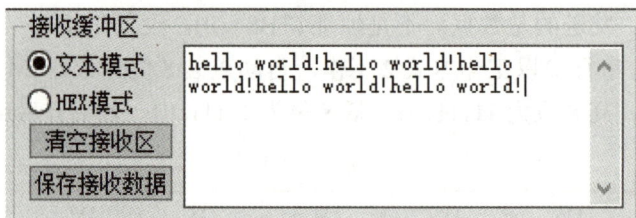

图 12-9　串口助手效果图

12.3 /// 任务 12-2　从 PC 端下发数据给单片机

12.3.1　任务要求

本任务利用单片机最小系统指定 I/O 口连接八盏 LED 灯并通过 PC 端下发数据控制单个 LED 灯点亮，具体要求如下：

(1) 编程实现 C 语言循环语句。

(2) 通过 SBUF 特殊寄存器接收 PC 端下发的数据。

(3) 用 Keil 程序编程实现 I/O 口的控制，实现 PC 端控制单个灯点亮的功能。

任务 12-1 串口
助手调试演示

(4) 完成实物的程序下载及功能调试与验证。

12.3.2　知识链接

根据任务的功能要求，在单片机最小系统的基础上将 LED 灯与单片机的 P1 口 8 个端口相连，P1 口 8 个端口按顺序输出高低电平来控制 LED 灯的点亮与熄灭。LED 灯的系统框图如图 12-10 所示。

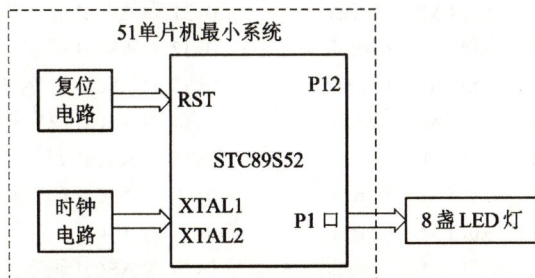

图 12-10　LED 灯的系统框图

12.3.3　任务实施

1. 源程序设计

通过芯片手册配置寄存器模式，并使用串行数据缓冲器 SBUF 进行数据的发送，SCON、TMOD 寄存器设置如前任务。开启中断，等待串口数据的到达，主函数的程序如下：

```
1.      #include <reg52.h>
2.      #define uchar unsigned char
3.      #define uint unsigned int
4.      sbit FM = P2^3;
5.      uchar buf;
6.      void delay(uint n)
7.      {
8.          while(n--);
9.      }
10.     void main(void)
11.     {
12.         SCON = 0X50;
13.         PCON = 0X00;
14.         TMOD = 0X20;
15.         EA = 1;
16.         ES = 1;
17.         TL1 = 0XFD;
18.         TH1 = 0XFD;
19.         TR1 = 1;
20.         while(1);
21.     }
```

当串口信道中有数据到达时，触发中断，依据接收到的数据执行点灯动作。当收到 ASCII 码 "1" 字符时，P1 端口赋值 0xfe，即 11111110，点亮最低位所连接的 LED 灯 1；当收到 ASCII 码 "2" 字符时，P1 端口赋值 0xfd，即 11111101，点亮 LED 灯 2，以此类推，通过串口传输指令，控制指定位置 LED 灯的点亮。其中，中断程序如下：

任务 12-2 从 PC 端下发数据给单片机程序讲解

任务 12-2 从 PC 端下发数据给单片机效果演示

```
1.    void serial() interrupt 4
2.    {
3.        ES = 0;                              // 关闭串行口中断允许位
4.        RI = 0;
5.        buf = SBUF;                          // 载入接收到的数据
6.        switch(buf)                          // 依据接收到的数据多分支执行动作
7.        {
8.            case 0x31: P1 = 0xfe;FM = 1;break;    // 0x31 为 ASCII 码字符 "1"
9.            case 0x32: P1 = 0xfd;FM = 1;break;    // 0x32 为 ASCII 码字符 "2"
10.           case 0x33: P1 = 0xfb;FM = 1;break;    // 0x33 为 ASCII 码字符 "3"
11.           case 0x34: P1 = 0xf7;FM = 1;break;    // 0x34 为 ASCII 码字符 "4"
12.           case 0x35: P1 = 0xef;FM = 1;break;    // 0x35 为 ASCII 码字符 "5"
13.           case 0x36: P1 = 0xdf;FM = 1;break;    // 0x36 为 ASCII 码字符 "6"
14.           case 0x37: P1 = 0xbf;FM = 1;break;    // 0x37 为 ASCII 码字符 "7"
15.           case 0x38: P1 = 0x7f;FM = 1;break;    // 0x38 为 ASCII 码字符 "8"
16.       }
17.       ES = 1;                              // 打开串行口中断允许位
18.   }
```

2. 串口助手调试

(1) 将 .HEX 文件下载到开发板中。

(2) 打开串口助手并将发送缓冲区设置为文本模式，如图 12-11 所示。

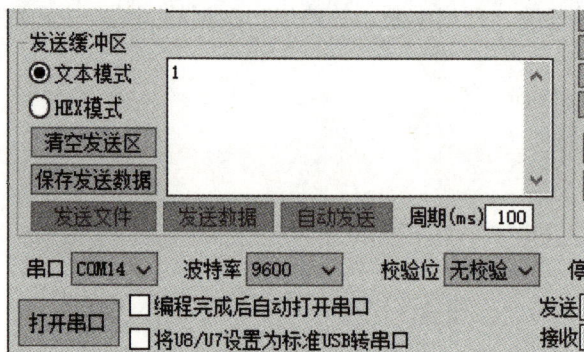

图 12-11　发送缓存区配置图

(3) 打开串口，输入数据并发送数据，发送界面如图 12-12 所示。

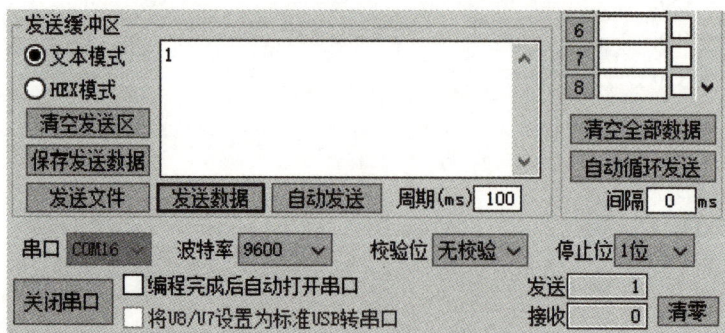

图 12-12　串口发送情况图

本任务将利用 SBUF 的接收功能从 PC 端发送数据到单片机，单片机通过 LED 灯的点亮来进行效果呈现。在完成程序编译后生成 .HEX 文件，随后完成硬件开发板的烧录下载，使用串口助手下发数据后得到的功能实现效果图如图 12-13 所示。

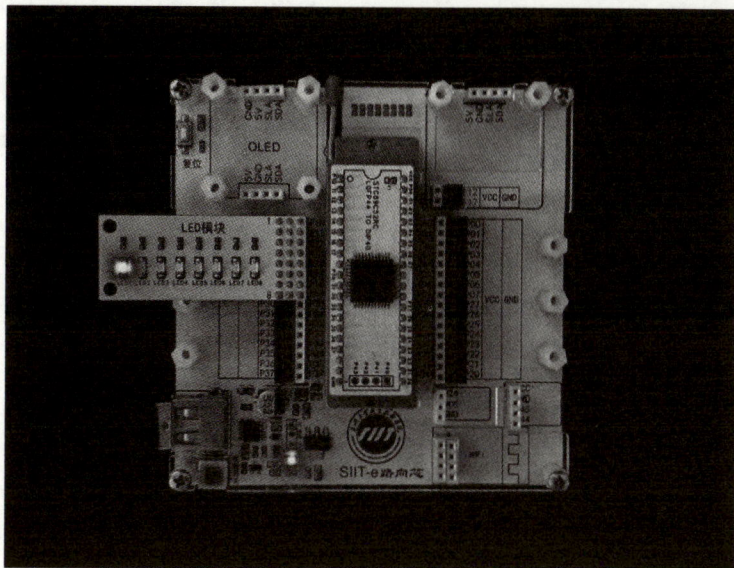

图 12-13　开发板效果显示图

12.4 /// 任务 12-3　通信交互实验

12.4.1　任务要求

本任务利用单片机最小系统指定 I/O 口连接八位数码管，通过八位数码管显示数字，实现简易交互实验，具体要求如下：

(1) 完成数码管扫描显示。

(2) 成功接收 PC 端的数据并根据接收的内容回传数据。

(3) 完成实物的程序下载及功能调试与验证。

任务 12-3 通信
交互实验程序讲解

12.4.2　知识链接

根据系统的功能要求，将数码管与单片机的 P0 口相连，P0 口的 8 个端口控制数码管的段码和位码；将段码和位码端口与 P2^6 和 P2^7 相连，通过使用 P2^6 和 P2^7 相互切换，实现数码管的动态扫描。通信交互实验的系统框图如图 12-14 所示。

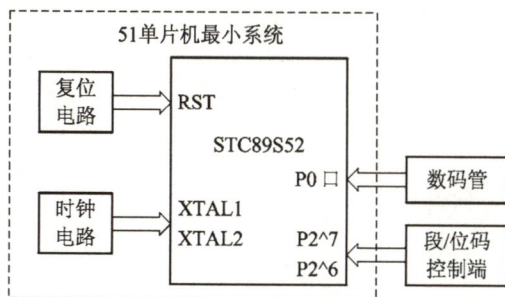

图 12-14　通信交互实验的系统框图

12.4.3　任务实施

该任务主要完成简单的数据互传，根据 PC 端下发的数据，执行任务并回传相应的数据

任务 12-3 通信
交互实验效果演示

到 PC 端。

　　首先练习数码管与串口通信的调试。

　　第一步，设置显示子函数 (display)，具体程序如下：

```
1.    #include <reg52.h>
2.    sbit DU =P2^7;                                          // HJ-C52
3.    sbit WE =P2^6;                                          // HJ-C52
4.    code unsigned char duanma[]={0x3f,0x06,0x5b,
5.    0x4f,0x66,0x6d,0x7d,0x07,0x7f,0x6f,0x40,0x00,0xff,0x39};  // 数组定义段码 0~9
6.    code unsigned char weima[] = {0xfe,0xfd, 0xfb,
7.    0xf7,0xef,0xdf,0xbf,0x7f};                              // 数组定义位码
8.    unsigned char dspbuf[8] = {12,12,12,12,12,12,12,12};    // 显示缓冲区
9.    unsigned char dspcom = 0;
10.   void display(void)
11.   {
12.   P0 = 0x00;
13.   DU = 1;
14.   DU = 0;
15.   P0 = weima[dspcom];
16.   WE = 1;
17.   WE = 0;
18.   P0 = duanma[dspbuf[dspcom]];
19.   DU = 1;
20.   DU = 0;
21.   if(++dspcom==8)
22.   dspcom = 0;
23.   }
```

　　第二步，初始化定时器 0。设计定时器 0 的初始化函数 (Timer0Init) 及定时器 0 中断函数 (Timer0Interrupt)，设置定时器 0 的初始值、工作方式及触发方式，具体程序如下：

```
1.    void Timer0Init(void)
2.    {
3.        TMOD = 0x01;
4.        TL0 = 0x66;
5.        TH0 = 0xFC;
6.        TF0 = 0;
7.        TR0 = 1;
8.        ET0 = 1;
9.        EA = 1;
10.   }
11.   void Timer0Interrupt(void) interrupt 1
12.   {
13.       TL0 = 0x66;
14.       TH0 = 0xfc;
15.       display();
16.   }
```

　　数码显示及定时器的准备由上述子函数定义，主函数部分主要完成数码管的显示功能，具体程序如下：

```
1.      void main()
2.      {
3.          Timer0Init();
4.          while(1)
5.          {
6.              dspbuf[0] = 1;
7.              dspbuf[1] = 2;
8.              dspbuf[2] = 3;
9.              dspbuf[3] = 4;
10.             dspbuf[4] = 5;
11.             dspbuf[5] = 6;
12.             dspbuf[6] = 7;
13.             dspbuf[7] = 8;
14.         }
15.     }
```

　　上述程序是一个简单的数码管动态扫描程序，通过定时器中断，快速切换位码的同时给出不同的段码，实现同时显示 12345678 的效果，如图 12-15 所示。

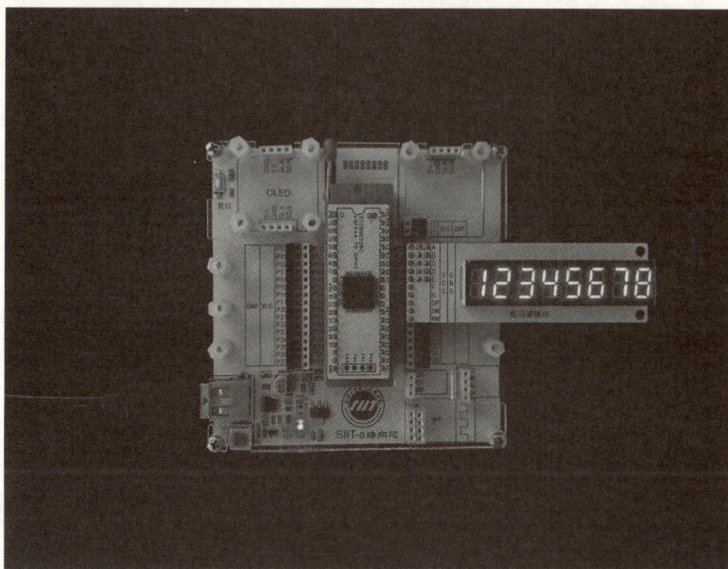

图 12-15　开发板效果显示图

　　在完成了基本功能调试之后，设计完成如下功能：当 PC 端下发数据 1 后，单片机接收成功通过控制 P0 端和段位码显示日期的具体格式 2024.10.01，并运用任务 12-1 中的知识回传数据"年.月.日"给 PC 端。当 PC 端下发数据 2 后，数码管显示内容更改为地址邮编，具体格式为空格 215104 空格，并回传学校名称给 PC 端。其完整程序如下：

```
1.      #include <reg52.h>
2.      #define uchar unsigned char
3.      #define uint unsigned int
4.      uchar buf;
5.      sbit DU =P2^7;
6.      sbit WE =P2^6;
7.      void UART_send_string(uchar*buf1);                    // 发送字符串子函数
8.      code unsigned char duanma[] = {0x3f,0x06,0x5b,0x4f, 0x66,
9.      0x6d,0x7d, 0x07,0x7f,0x6f,0x40,0x00,0xff,0x39,0xe6,0xbf}; // 数组定义 0~9
```

```
10.    code unsigned char weima[] = {0xfe,0xfd,0xfb,
11.    0xf7,0xef,0xdf,0xbf,0x7f};
12.    unsigned char dspbuf[8] = {12,12,12,12,12,12,12,12};        // 显示缓冲区
13.    unsigned char dspcom = 0;
14.    unsigned int jmflag = 0;
15.    uchar Buf1[] = " 苏州工业 \n";
16.    uchar Buf2[] = " 年 . 月 . 日 \n";
17.    void delay(uint n)
18.    {
19.        while(n--);
20.    }
21.    void display(void)
22.    {
23.        P0 = 0x00;
24.        DU = 1;
25.        DU = 0;
26.        P0 = weima[dspcom];
27.        WE = 1;
28.        WE = 0;
29.        P0 = duanma[dspbuf[dspcom]];
30.        DU = 1;
31.        DU = 0;
32.        if(++dspcom==8)
33.            dspcom = 0;
34.    }
35.    void Timer0Interrupt(void) interrupt 1
36.    {
37.        TL0 = 0x66;
38.        TH0 = 0xfc;
39.        display();
40.    }
41.    void jiemian(void)
42.    {
43.        switch(jmflag)
44.        {
45.            case 1:
46.                dspbuf[0] = 2;
47.                dspbuf[1] = 0;
48.                dspbuf[2] = 2;
49.                dspbuf[3] = 14;
50.                dspbuf[4] = 1;
51.                dspbuf[5] = 15;
52.                dspbuf[6] = 0;
53.                dspbuf[7] = 1;
54.            UART_send_string(Buf2);                        // 发送年 . 月 . 日
55.            delay(20000);
56.            break;
57.            case 2:
58.                dspbuf[0] = 11;
59.                dspbuf[1] = 2;                             // 邮编
```

```
60.              dspbuf[2] = 1;
61.              dspbuf[3] = 5;
62.              dspbuf[4] = 1;
63.              dspbuf[5] = 0;
64.              dspbuf[6] = 4;
65.              dspbuf[7] = 11;
66.          UART_send_string(Buf1);                // 发送校名
67.          delay(20000);
68.          break;
69.      }
70.  }
71.  void UART_send_byte(uchar dat)                 // 发送单字节
72.  {
73.      SBUF = dat;
74.      while(TI==0);
75.      TI = 0;
76.  }
77.  void UART_send_string(uchar*buf1)              // 发送字符串
78.  {
79.      while(*buf1 != '\0')
80.      {
81.          UART_send_byte(*buf1++);
82.      }
83.  }
84.  void main(void)
85.  {
86.      unsigned char num = 0;
87.      SCON = 0X50;
88.      PCON = 0X00;
89.      TMOD = 0X21;
90.      EA = 1;
91.      ES = 1;
92.      TL1 = 0XFD;
93.      TH1 = 0XFD;
94.      TR1 = 1;
95.      TL0 = 0x66;
96.      TH0 = 0xFC;
97.      TF0 = 0;
98.      TR0 = 1;
99.      ET0 = 1;
100.     while(1)
101.     {
102.         jiemian();
103.     }
104. }
105. void serial() interrupt 4
106. {
107.     ES = 0;
108.     RI = 0;
```

```
109.        buf = SBUF;
110.        switch(buf)
111.        {
112.            case 0x31: jmflag = 1;break;
113.            case 0x32: jmflag = 2;break;
114.        }
115.        ES = 1;
116.    }
```

在完成程序编译后生成 .HEX 文件，随后完成硬件开发板的烧录下载，可得到功能的实现效果图。当 PC 端下发数据 1 后，单片机接收成功显示日期 2024.10.01，效果图如图 12-16 所示。

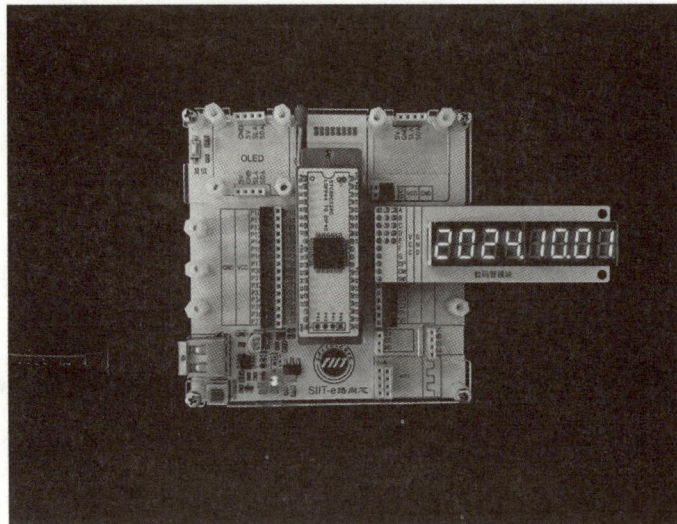

图 12-16　功能 1 开发板效果显示图

可以在 PC 端功能 1 串口助手窗口中看到接收到回传数据"年 . 月 . 日"，如图 12-17 所示。

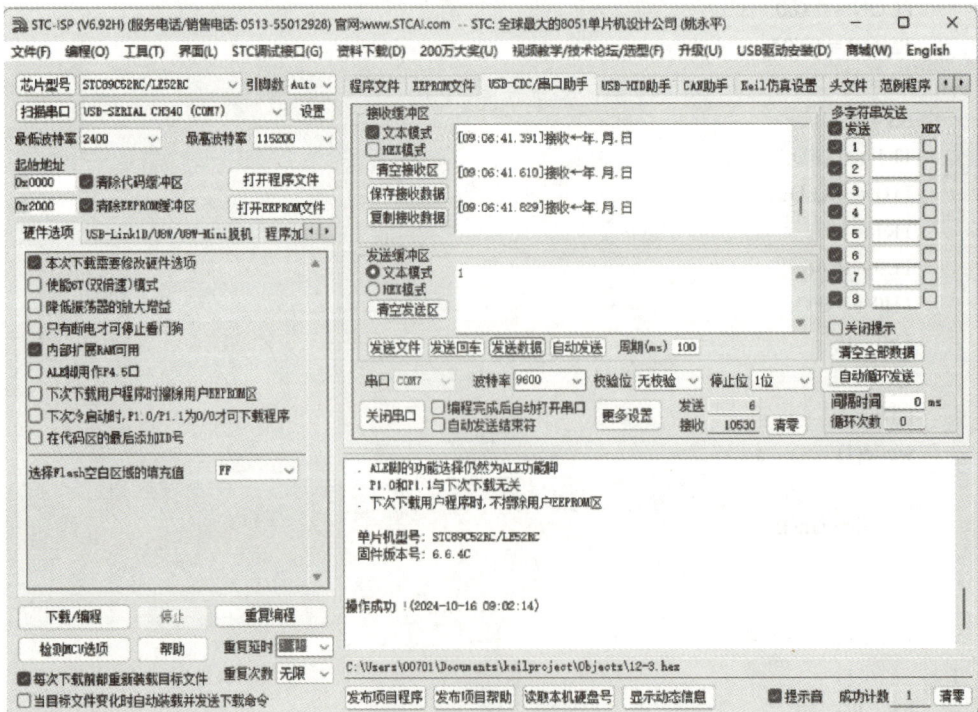

图 12-17　功能 1 串口助手显示图

当 PC 端下发数据 2 后，数码管显示内容更改，如图 12-18 所示，效果显示为 3 空格 215104 空格，并回传学校名称数据给 PC 端的功能 2 串口助手窗口，如图 12-19 所示。

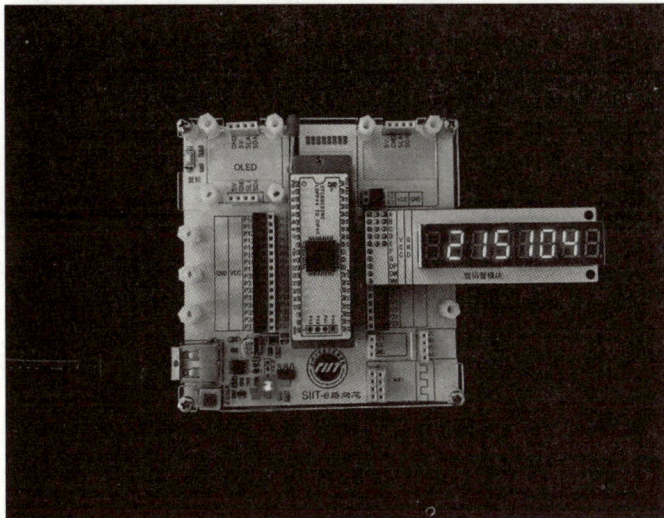

图 12-18　功能 2 开发板效果显示图

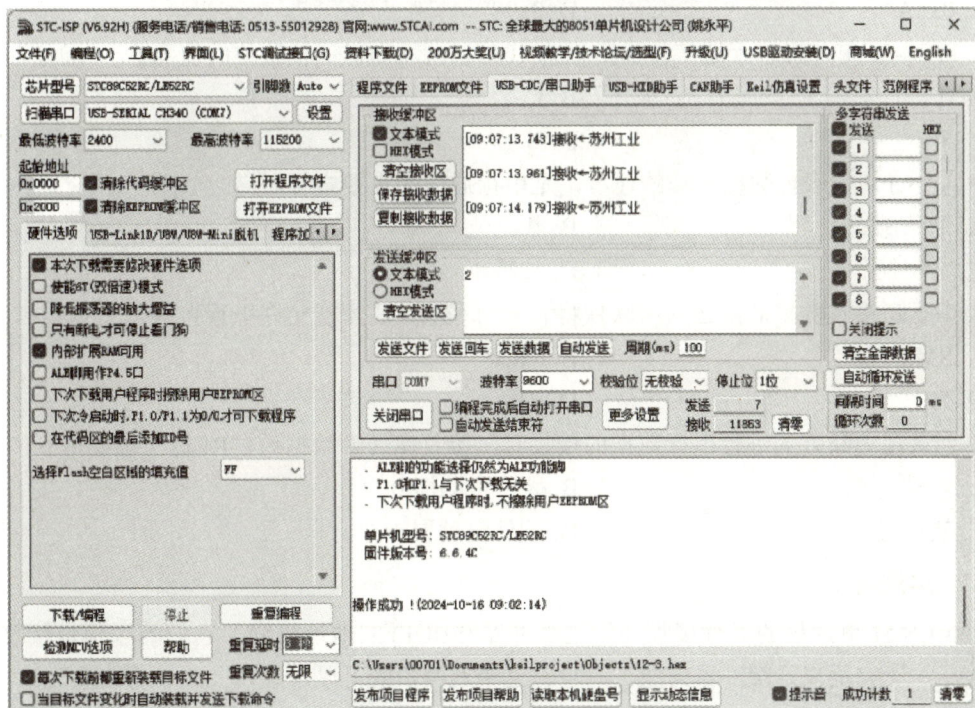

图 12-19　功能 2 串口助手显示图

单 元 小 结

本单元介绍了 C51 单片机的串口通信的基本知识，包括最小系统的基本应用、串口的相关配置、数据的传送、数据的接收。通过学习本单元，学生能够掌握串口通信的工作原理和常用参数，掌握函数的建立和相关调用，掌握标志位的条件设置及其使用方法，能够结合之前所学 LED 彩灯的工作原理、常用参数和驱动方法，数码管的动态显示及驱动方法，中断知识的联合运用，借助串口助手实现单片机对数据的发送与接收，能用单片机开发板实现串口通信及片上资源的调用。

单 元 练 习

一、单选题

1. MCS-51 单片串行通信口采用的是 (   ) 通信方式。

A. 单工　　　　　　　　　　　　B. 半双工

C. 全双工　　　　　　　　　　　D. 多工

2. 当 MCS-51 单片机进行多机通信时，SM0 SM1 SM2 的取值可能为 (   )。

A. 000　　　　　　　　　　　　B. 001

C. 011　　　　　　　　　　　　D. 101

3. MCS-51 单片机进行串行通信，工作于方式 0 时，SM2 值为 (   )。

A. 0　　　　　　　　　　　　　B. 1

C. 不确定

4. MCS-51 单片机中，若要允许串行口中断和 T1 中断，则 IE 的值为 (   )。

A. 0x18　　　　　　　　　　　　B. 0x88

C. 0x8A　　　　　　　　　　　　D. 0x98

5. MCS-51 单片机串行通信传输数据为 10011011，则奇偶校验位的值为 (   )。

A. 0　　　　　　　　　　　　　B. 1

C. 5　　　　　　　　　　　　　D. 3

6. (   ) 用于表征数据传输的速度，是串行通信的重要指标。

A. 通信制式　　　　　　　　　　B. 数据位

C. 字符帧　　　　　　　　　　　D. 波特率

7. 串行口接收数据前，必须用软件将 (   ) 位置 1，才能允许串行接收。

A. SM2　　　　　　　　　　　　B. REN

C. TI　　　　　　　　　　　　　D. RI

8. 当采用中断方式进行串行数据的接收时，接收完一帧数据后，RI 标志位要用 (   )。

A. 软件清 0　　　　　　　　　　B. 硬件自动清 0

C. 软件置 1　　　　　　　　　　D. 硬件自动置 1

二、填空题

1. MCS-51 单片机的串行接收和发送缓冲器 (SBUF) 的地址相同，它们的区别是接收缓冲器只能 _____，而发送缓冲器只能 _____。这个通信口既可以用于 _____，亦可实现 _____，还可以构成 _____ 使用。

2. 串行数据通信主要有 _____ 和 _____ 两种通信形式。

3. 寄存器 SBUF 是 _____ 寄存器，寄存器 SCON 是 _____ 寄存器，寄存器 PCON 是 _____ 寄存器。

4. SCON 寄存器中 TI 为 _____ 位，TI = 1 表示 _____。

5. SCON 寄存器中 REN 为 _____ 位，REN = 1 表示 _____。

6. PCON 寄存器中 SMOD 为 _____ 位，SMOD = 1 表示 _____。

三、简答题

1. 简述数据通信的传输方式。

2. 简述同步通信与异步通信的区别。

习题答案

第 13 单元　综合项目

单元概述

　　本单元结合之前所介绍的单片机功能和硬件设计知识，综合单片机中断、定时器/计数器、串口通信等技术，以及 LED、蜂鸣器、数码管、温度传感器、AD、电机等外设，通过软件编程实现综合项目，综合项目共三个任务：任务一，可调简易时钟；任务二，温度监控系统；任务三，智能盆栽系统。

科普与思政

　　单片机在现代电子技术应用中扮演着至关重要的角色。它以其体积小、功耗低、功能强等特点，广泛应用于智能家居、工业自动化、医疗设备等领域。通过综合项目实践，我们能够更直观地理解单片机的工作原理，掌握其在具体应用场景中的设计与实现方法。借助可调简易时钟、温度监控系统和智能盆栽控制系统等项目的实施，我们将深刻体会到理论与实践相结合的重要性，理解电子技术的社会价值和责任，牢记技术的发展应当服务于社会，造福于人民，为未来的职业发展奠定坚实的基础。

13.1 /// 任务 13-1　可调简易时钟

13.1.1　任务要求

　　日常生活中我们经常看到各式各样的时钟，比如数字式、指针式的时钟。本任务将使数码管构成一个简易时钟，并且可使用按键随意调节时钟时间。具体而言本任务使用了步进电机来模拟秒表指针的旋转 (60 s 旋转一周)，还利用单片机最小系统连接独立按键、八位七段数码管和步进电机，实现一个可调的简易时钟显示系统，具体的功能要求如下：

　　(1) 实现数码管秒、分、时的时间显示，不同时间之间用 "-" 号显示连接。

　　(2) 实现步进电机每分钟旋转一圈。

　　(3) 实现独立按键对时间的加减调整。

　　(4) 用 Proteus 仿真软件搭建最小系统，并验证程序功能。

　　(5) 完成实物的程序下载及功能调试与验证。

任务 13-1　可调简易时钟程序讲解

13.1.2　知识链接

　　根据任务的功能要求，在单片机最小系统的基础上将八位七段数码管和单片机的 P0 口和 P20、P21 相连；步进电机通过 ULN2003A 及 74HC14 芯片与单片机 P1 口的 P20～P25 相连；7 个独立按键分别连接至 P30～P36。本任务实现的可调简易时钟的系统框图如图 13-1 所示。

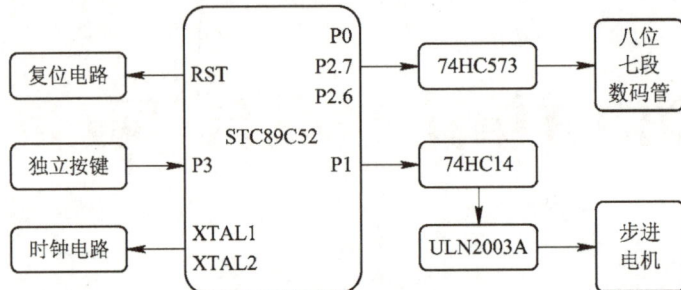

图 13-1　可调简易时钟的系统框图

　　任务中要求时钟可调，可以通过 7 个独立按键实现。即按键 K1 控制小时位的时间加，按键 K2 控制小时位的时间减；按键 K3 控制分钟位的时间加，按键 K4 控制分钟位的时间减；按键 K5 控制秒位的时间加，按键 K6 控制秒位的时间减。此外按键 K7 控制设置界面与时钟界面的切换。

　　实现任务功能仿真的电路图如图 13-2 所示。

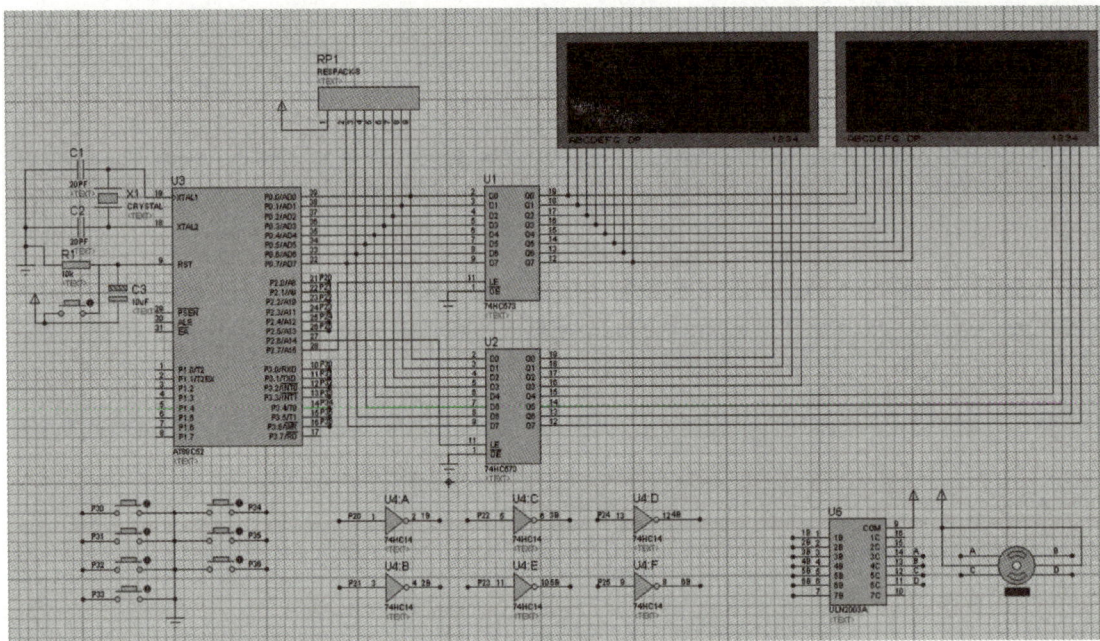

图 13-2　可调简易时钟仿真图

13.1.3　任务实施

　　任务中，可调时钟功能要求显示出设定的时间，因此涉及数码管的显示功能。同时通过独立按键，实现设置时间的调整，以及步进电机随着时间的累积每分钟转动一圈。在程序编写中，涉及多个变量的定义和使用。因此，在库函数引入之后，首先将各个变量、数组进行定义。

1.	#include <reg51.h>	// 包含单片机内部寄存器
2.	#include <intrins.h>	// 函数库头文件，包含空指令 _nop_();

3.	sbit DU =P2^7;	// 控制数码管显示信息的锁存引脚
4.	sbit WE =P2^6;	// 控制数码管亮灭位的锁存引脚
5.	array[]={0X3F,0X06,0X5B,0X4F,0X66,0X6D,0X7D,	// 共阴数码管 0～9 字形码
	0X07,0X7F,0X6F};	
6.	char Second=55,Minute=59,Hour=23;	
7.	char frequency=0;	
8.	unsigned char cw[]={0xEF,0xCF,0XDF,0x9F,0XBF,0	// 步进电机正转数组
	X3F,0X7F,0X6F};	
9.	sbit K1=P3^0;	// 独立按键
10.	sbit K2=P3^1;	
11.	sbit K3=P3^2;	
12.	sbit K4=P3^3;	
13.	sbit K5=P3^4;	
14.	sbit K6=P3^5;	
15.	sbit K7=P3^6;	
16.	bit Pattern;	

做好程序的准备工作后，为便于后面主函数的编写，可以先编写延时函数。下面是对各个延时函数的子函数的编写部分：

1.	void Delay (unsigned int ms)	// 延时 x ms(11.0592MHz)
2.	{	
3.	unsigned char i, j;	
4.	unsigned int frequency;	
5.	for(frequency=0;frequency<ms;frequency++)	
6.	{	
7.	_nop_();	
8.	i=2;	
9.	j=199;	
10.	do	
11.	{	
12.	while (--j);	
13.	} while (--i);	
14.	}	
15.	}	
16.	void Delay100us()	// 延时约 100 μs(11.0592MHz)
17.	{	
18.	unsigned char i;	
19.	_nop_();	
20.	i = 43;	
21.	while (--i);	
22.	}	
23.	void Delay13337us()	// 延时约 13 337 μs(11.0592MHz)
24.	{	
25.	unsigned char i, j;	
26.	_nop_();	
27.	i = 24;	
28.	j = 230;	
29.	do	

```
30.          {
31.              while (--j);
32.          } while (--i);
33.      }
```

上述程序完成了延时函数的定义，以下程序完成对按键识别函数的准备。

```
1.      void Key_Distinguish(void)                      // 按键识别函数
2.      {
3.        if(K7==0)                                     // 判断 K7 按键是否按下
4.        {
5.            Delay(10);                                // 消抖
6.            if(K7==0)  Pattern=~Pattern;
7.            while(K7==0);                             // 设置界面与时钟界面的切换
8.        }
9.        if( Pattern==0)                               // 判断是否在设置模式
10.       {
11.            if(K1==0)                                // 判断 K1 按键是否按下
12.            {
13.                Delay(10);
14.                if(K1==0) Hour++;
15.                while(K1==0);                        // 等待按键释放
16.                if(Hour>=24) Hour=0;
17.            }
18.            if(K2==0)                                // 判断 K2 按键是否按下
19.            {
20.                Delay(10);
21.                if(K2==0) Hour--;
22.                while(K2==0);                        // 等待按键释放
23.                if(Hour<0) Hour=23;
24.            }
25.            if(K3==0)                                // 判断 K3 按键是否按下
26.            {
27.                Delay(10);
28.                if(K3==0) Minute++;
29.                while(K3==0);                        // 等待按键释放
30.                if(Minute >=60) Minute =0;
31.            }
32.            if(K4==0)                                // 判断 K4 按键是否按下
33.            {
34.                Delay(10);
35.                if(K4==0) Minute--;
36.                while(K4==0);                        // 等待按键释放
37.                if(Minute <0) Minute =59;
38.            }
39.            if(K5==0)                                // 判断 K5 按键是否按下
40.            {
41.                Delay(10);
42.                if(K5==0) Second++;
```

```
43.             while(K5==0);                          // 等待按键释放
44.             if(Second >=60) Second =0;
45.         }
46.         if(K6==0)                                   // 判断 K6 按键是否按下
47.         {
48.             Delay(10);
49.             if(K6==0) Second--;
50.             while(K6==0);                           // 等待按键释放
51.             if(Second <0) Second =59;
52.         }
53.     }
54. }
```

接着对数码管显示函数进行定义。通过传递形参 wei、duan，接收输入的段选与位选信号控制数码管进行显示。通过传递形参 second，对输入的两位数字进行显示。

```
1.  void Digital_tube_display(char wei,char duan)
2.  {
3.          WE=1;                                       // 消隐
4.          P0=0XFF;
5.          WE=0;
6.          WE=1;                                       // 打开位选锁存 ( 进行亮灭位控制 )
7.          P0=wei;                                     // 控制开发板中四位数码管进行显示 (1111 1101)
8.          WE=0;                                       // 关闭位选锁存
9.          DU=1;                                       // 打开段选锁存 ( 对显示信息进行控制 )
10.         P0=duan;                                    // 对秒表的个位进行显示
11.         DU=0;                                       // 关闭段选锁存
12.         Delay100us();                               // 调整延时时间可调节数码管亮度
13.         //Delay(1);                                 // 如需要仿真请将上面延时改为此延时；如继续
                                                           使用上面延时仿真软件中的数码管，则不能正
                                                           常显示
14.         DU=1;                                       // 消隐
15.         P0=0X00;
16.         DU=0;
17.         WE=1;                                       // 消隐
18.         P0=0XFF;
19.         WE=0;
20.     }
21. void display(void)
22.     {
23.         unsigned char Position,Ten_bits;
24.         Position = Second%10;                       // 秒的个位计算
25.         Ten_bits = Second/10;                       // 秒的十位计算
26.         Digital_tube_display(0XBF,array[Ten_bits]); // 秒的十位显示
27.         Digital_tube_display(0X7F,array[Position]); // 秒的个位显示
28.         Digital_tube_display(0XDF,0X40);            // 间隔符显示
29.         Position = Minute%10;                       // 分钟的个位计算
30.         Ten_bits = Minute/10;                       // 分钟的十位计算
31.         Digital_tube_display(0XF7,array[Ten_bits]); // 分钟的十位显示
```

```
32.        Digital_tube_display(0XEF,array[Position]);   // 分钟的个位显示
33.        Digital_tube_display(0XFB,0X40);              // 分隔符显示
34.        Position = Hour%10;                           // 小时的个位计算
35.        Ten_bits = Hour/10;                           // 小时的十位计算
36.        Digital_tube_display(0XFE,array[Ten_bits]);   // 小时的十位显示
37.        Digital_tube_display(0XFD,array[Position]);   // 小时的个位显示
38.    }
```

同时对中断进行初始化配置，定时器 0 采用工作方式 1，定时器 1 采用工作方式 1。中断服务程序定时器 0 用于精准定时，中断服务程序定时器 1 用于数码管的显示刷新时间 50 μs。

```
1.   void Init_timer0(void)                        // 定时器初始化
2.   {
3.        TMOD |= 0X11;                             // 定时器 0，工作方式 1；定时器 1，工作方式 1
4.        TH0=(65536-46080)/256;                    // 高八位的初值
5.        TL0=(65536-46080)%256;                    // 低八位初值
6.        TH1=0XD7;                                 // 高八位的初值
7.        TL1=0XFD;                                 // 低八位初值
8.        EA=1;                                     // 整体中断允许
9.        ET0=1;                                    // 定时器 0 中断允许
10.       TR0=1;                                    // 开启定时器 0
11.       ET1=1;                                    // 定时器 1 中断允许
12.       TR1=1;                                    // 开启定时器 1
13.   }
14.  void Timer0_isr(void) interrupt 1             // 精准定时 1 s
15.  {
16.       TH0=(65536-46080)/256;                    // 重新赋值初值
17.       TL0=(65536-46080)%256;
18.       if(Pattern==1) frequency++;               // 判断是否处于设置模式
19.       if(frequency>=20)                         // 中断时间为 50 ms 一次，20 次即 1 s
20.       {
21.           frequency=0;
22.           Second++;
23.           if(Second>=60)
24.           {
25.           Second=0;
26.           Minute++;
27.           if(Minute>=60)
28.               {
29.               Minute=0;
30.               Hour++;
31.               if(Hour>=24) Hour=0;
32.               }
33.           }
34.       }
35.  }
36.  void Timer1_isr(void) interrupt 3             // 数码管刷新 50 μs
37.  {
38.       TH1=0XD7;                                 // 高八位的初值
```

```
39.          TL1=0XFD;                        // 低八位初值
40.          display();
41.      }
```

以下为可调简易时钟的主函数部分。其中，步进电机经过 4096 拍旋转一圈，每一拍延时 60 000/4096 ms，即可得到一分钟步进电机旋转一圈的效果。经过 Keil 软件模拟得整个 for 循环时间约为 1.311 ms，所以只需要延时 13.337 ms(即 13 337 μs) 就可得到约 60 000/4096 ms。

```
1.      void main(void)
2.      {
3.          Init_timer0();                   // 初始化中断
4.          Pattern=1;
5.          while(1)                         // 定义变量 i，用来取数组中的值
6.          {
7.              unsigned char i;
8.              for(i=0;i<8;i++)             // 不断进入 for 循环完成舵机旋转的八拍
9.              {
10.                 if(Pattern==0) i=0;      // 当进入调试模式，保证显示正常而电机不工作
11.                 P2=cw[i]>>2;             // 取正转数组中的值让 P2 口输出
12.                 Delay13337us();          // 延时 13 337 μs
13.                 Key_Distinguish();       // 按键扫描
14.             }
15.         }
16.     }
```

实现任务功能的仿真效果图如图 13-3 所示。效果图呈现的是数码管依次显示时钟、分钟、秒钟，时间之间以 "-" 连接，步进电机一分钟旋转一圈。通过按键 K1 至 K6 可以实现对时间的调整。

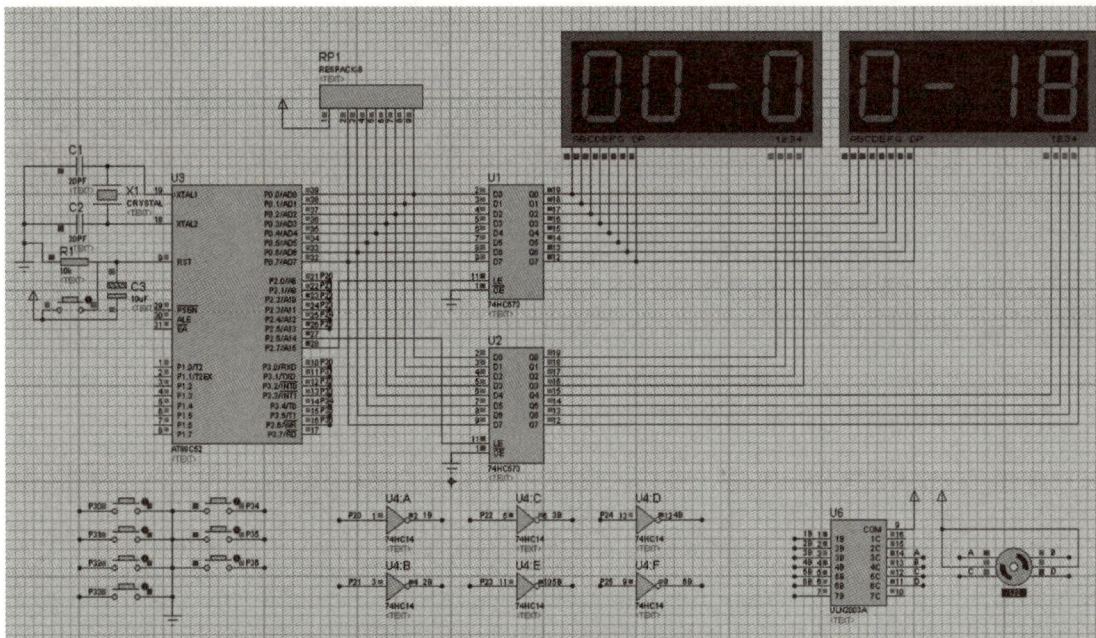

图 13-3　可调简易时钟仿真效果图

基于之前的单元已经学习了单片机最小系统的搭建、数码管的显示、时钟中断的使用，通过此项目我们使数码管显示一个简易时钟，并且可使用按键随意调节时钟时间。通过时钟中断来控制数码管的显示与时钟的基准时间，进一步巩固之前所学的中断的应用。通过对时钟

程序的编写，对单片机程序的运行时间与时间的控制概念进一步了解与加强。

在完成程序编译后生成 .HEX 文件，随后完成硬件开发板的烧录下载，得到的功能实现效果图如图 13-4 所示。

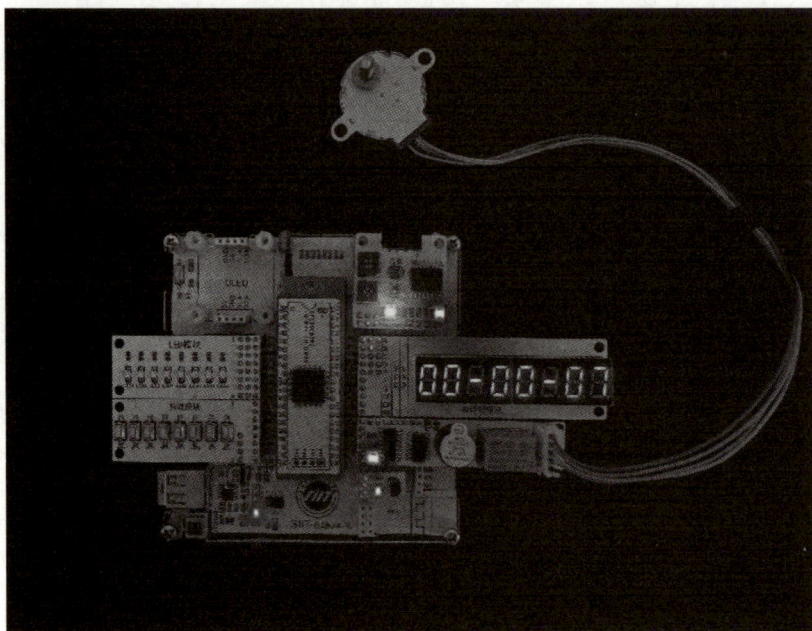

图 13-4　开发板效果显示图

13.2 /// 任务 13-2　温度监控系统

任务 13-2 温度监控系统程序讲解

13.2.1　任务要求

本任务利用 STC89C52RC 单片机设计一款温度监控系统。该系统由 DS18B20 温度传感器、按键、数码管和 LED 灯等部分组成，通过采集温度与预定数据作比较，达到对温度实时监控的目的。具体要求如下：

(1) 通过按键更改上下限的温度阈值。

(2) 显示数码管温度上下限数值和当前的温度值。

(3) 通过温度传感器采集温度并与设定温度比较，LED 灯进行工作状态的显示。

(4) 用 Proteus 仿真软件搭建最小系统，并验证程序功能。

(5) 完成实物的程序下载及功能调试与验证。

13.2.2　知识链接

根据系统的功能要求，将 LED 灯与单片机 P1 口的 3 个端口相连，分别用于示意当前的温度状态：如果当前温度超过设定的温度上限值，则 LED0 点亮；如果当前温度在设定的上下限值之间，则 LED1 点亮；如果当前温度超过设定的温度下限值，则 LED2 点亮。

将独立按键 K1～K4 与单片机 P3 口的 4 个端口相连，分别用于控制温度上下限的加减：独立按键 K1 设定为"加上限"按键，每按下一次温度上限增加 1℃；独立按键 K2 设定为"加下限"按键，每按下一次温度上限减少 1℃；独立按键 K3 设定为"减上限"按键，每按下一次温度下限增加 1℃；独立按键 K4 设定为"减下限"按键，每按下一次温度下限减少 1℃；以上按键长按则连续增 / 减。

将八位七段数码管和单片机的 P0 口与 P27、P26 相连，用于显示温度信息，包括设定温度上下限数值和当前的温度值，显示格式如图 13-5 所示。

| 温度上限
30℃ | 温度下限
23℃ | 全灭 | 当前温度
25℃ |

图 13-5 温度控制系统数码管显示格式

将数字温度传感器 DS18B20 与 P24 端口相连，用来测量当前的环境温度。温度控制系统的系统框图如图 13-6 所示。

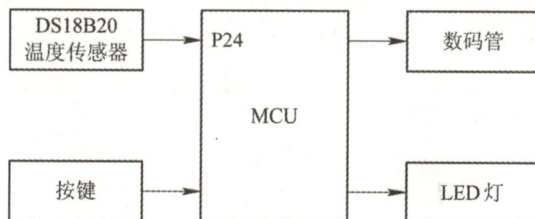

图 13-6 温度控制系统的系统框图

实现任务功能仿真的电路图如图 13-7 所示。系统硬件主要由单片机控制电路、数码管显示电路、温度采集电路和按键控制电路组成。

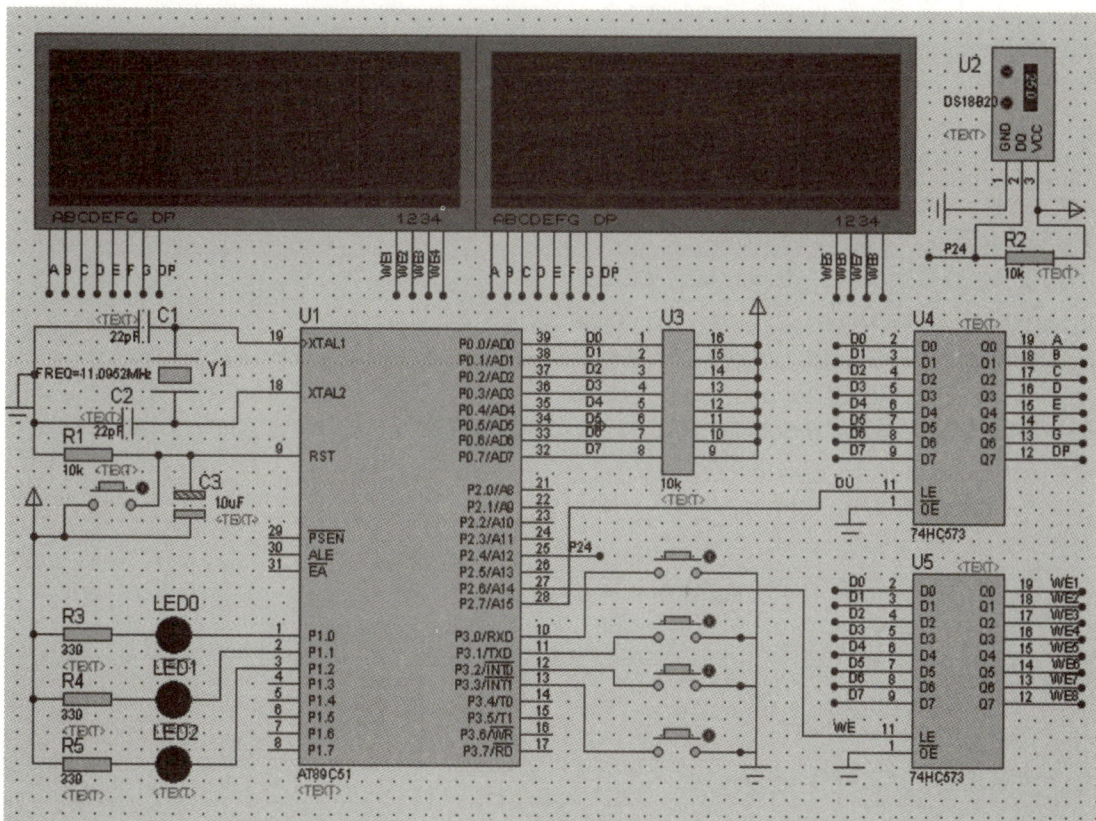

图 13-7 温度控制系统仿真电路图

13.2.3　任务实施

根据任务要求，本任务的主函数编写可分成四部分：关闭不相关的外设、温度采集、效果显示和按键的控制。在程序编写中，涉及多个变量和函数的使用。为了便于程序的编写和阅读，将上述四部分任务分别采用编写 .c 和 .h 文件的方式进行模块化编写。

首先进行整体宏定义，定义一个包含程序所需所有库函数的头文件 include.h，方便后续程序调用和编写。为了防止多次访问 .h 文件，造成重复定义错误，这里使用 #ifndef 语句。

1.	#ifndef __INCLUDE_H	// 如果没有定义 include.h
2.	#define __INCLUDE_H	// 进行定义
3.	#include "reg52.h"	// 包含单片机内部寄存器
4.	#include "intrins.h"	// 函数库头文件，包含空指令 _nop_()
5.	#include "delay.h"	// 延时函数
6.	#include "main.h"	// 主函数
7.	#include "display.h"	// 显示函数
8.	#include "ds18b20.h"	// 温度传感函数
9.	#include "key_monitor.h"	// 按键函数
10.	#endif	

延时函数模块头文件 delay.h 定义如下：

1.	#ifndef __DELAY_H	// 如果没有定义头文件 delay.h
2.	#define __DELAY_H	// 进行定义
3.	extern unsigned char gather;	// 温度采集标志位
4.	void delay_ms(unsigned char z);	
5.	void isr_time0(void);	
6.	#endif	

主函数模块头文件 main.h 定义如下：

1.	#ifndef __MAIN_H	// 如果没有定义头文件 main.h
2.	#define __MIAN_H	// 进行定义
3.	extern unsigned char temp _max;	
4.	extern unsigned char temp _min;	
5.	extern unsigned char temp_1;	
6.	#endif	

显示函数模块头文件 display.h 定义如下：

1.	#ifndef __DISPLAY_H	// 如果没有定义头文件 display.h
2.	#define __DISPLAY_H	// 进行定义
3.	extern code unsigned char tab[];	
4.	extern unsigned char dspbuf[];	
5.	extern unsigned char dspcom;	
6.	void display(void);	
7.	#endif	

温度传感函数模块头文件 ds18b20.h 定义如下：

1.	#ifndef __DS18B20_H	// 如果没有定义头文件 ds18b20.h
2.	#define __DS18B20_H	// 进行定义
3.	unsigned char rd_temp (void);	
4.	#endif	

按键函数模块头文件 display.h 定义如下：

1.	#ifndef __KEY_MONITOR_H	// 如果没有定义头文件 display.h
2.	#define __KEY_MONITOR_H	// 进行定义

任务 13-2 温度监控系统开发板效果演示

```
3.      void Key_Read(void);
4.      void Key_monitor(void);
5.      void led(void);
6.    #endif
```

接着编写本任务中的各个 .c 文件。首先编写主文件 main.c。

本任务采用定时中断来规范温度的采集时间，通过配置定时器 0 来实现 1 ms 的定时中断。首先定义一个温度采集标志位 (gather)，在产生 30 次中断以后 (30 × 1 ms = 30 ms)，标志位置 1 完成温度的采集。然后定义 interface() 为界面显示函数，显示的数据为温度上限、温度下限和实时温度。定义 led() 为效果显示函数，如果当前温度超过设定的温度上限值，则 LED0 点亮；如果当前温度在设定的上下限值之间，则 LED1 点亮；如果当前温度超过设定的温度下限值，则 LED2 点亮。

定义 interface() 和 led() 函数后进行主函数部分的编写。设备上电以后，程序首先关闭了在本任务中所不相关的外设。然后通过 Key_Read() 函数检测设备是否有按键按下，通过 Key_monitor() 函数判断按键是 "长按" 还是 "短按"。最后通过温度采集标志位 (gather) 判断是否进行温度采集，并进行界面显示和 LED 点亮操作。

```
1.    #include "include.h"              // 包含所有所需库文件
2.    unsigned char temp_max = 99;      // 温度最大值设为 99
3.    unsigned char temp_min = 0;       // 温度最小值设为 0
4.    unsigned char temp_1 = 0;         // 当前温度
5.    void Timer0_Init(void)            // 1 ms(11.0592MHz)
6.    {
7.        TMOD = 0x01;                  // 设置定时器模式 (16 bit)
8.        TL0 = 0x66;                   // 设置定时器 0 的低位
9.        TH0 = 0xFC;                   // 设置定时器 0 的高位
10.       TR0 = 1;                      // 开始计时
11.       ET0 = 1;                      // 开启分中断
12.       EA = 1;                       // 开启总中断
13.   }
14.   void interface(void)             // 界面显示
15.   {
16.       dspbuf[0] = temp_max/10;     // 温度上限十位
17.       dspbuf[1] = temp_max%10;     // 温度上限个位
18.
19.       dspbuf[2] = temp_min/10;     // 温度下限十位
20.       dspbuf[3] = temp_min%10;     // 温度下限个位
21.
22.       dspbuf[4] = 10;              // 全灭
23.       dspbuf[5] = 10;              // 全灭
24.
25.       dspbuf[6] = temp_1/10;       // 当前温度十位
26.       dspbuf[7] = temp_1%10;       // 当前温度个位
27.   }
28.   void main()                      // 包含所有所需库文件
29.   {
30.       Timer0_Init();               // 定时中断初始化
31.       while(1)
32.       {
```

```
33.          Key_Read();                                    // 按键扫描
34.          Key_monitor();                                 // 按键监听
35.          if(gather == 1)                                // 判断温度采集标志位
36.          {
37.              gather = 0;
38.              temp_1 = rd_temp ();                        // 温度采集
39.          }
40.          interface();                                   // 界面显示
41.          led();                                         // LED 灯效果
42.      }
43.  }
```

主函数中用到了按键程序 Key_Read()、Key_monitor() 和灯程序 led()，编写在 key_monitor.c
文件中。

```
1.   #include "include.h"
2.   unsigned char Trg = 0;
3.   unsigned char Cont = 0;
4.   unsigned char Key_K1 = 0x01;
5.   unsigned char Key_K2 = 0x02;
6.   unsigned char Key_K3 = 0x04;
7.   unsigned char Key_K4 = 0x08;
8.   unsigned int Key_Time;
9.   void Key_Read(void)                                    // 检测是否有按键按下
10.  {
11.      unsigned char ReadData = P3^0XFF;
12.      Trg = ReadData & (ReadData^Cont);
13.      Cont = ReadData;
14.  }
15.  void Key_monitor(void)                                 // 检测按键情况，调整阈值
16.  {
17.      if(Trg & Key_K1)
18.      {
19.      (temp_max >= 99) ? (temp_max =0 ): (temp_max++);
20.      }
21.      else if(Trg & Key_K2)
22.      {
23.       (temp_max <= (temp_min+1)) ? (temp_max = 99):(temp_max--);
24.      }
25.      else if(Trg & Key_K3)
26.      {
27.      (temp_min >= (temp_max-1))?(temp_min = 0):(temp_min++);
28.      }
29.      else if(Trg & Key_K4)
30.      {
31.      (temp_min <= 0)?(temp_min = (temp_max-1)):(temp_min--);
32.      }
33.       if((Cont & Key_K1)||(Cont & Key_K2)||(Cont & Key_K3)||(Cont &
     Key_K4))
```

```
34.          {
35.              Key_Time++;
36.              if (Key_Time>3000)                                    // 长按
37.              {
38.              if(Cont & Key_K1)
39.              {
40.              (temp_max >= 99)?(temp_max = 0):(temp_max++);
41.              }
42.              else if(Cont & Key_K2)
43.              {
44.              (temp_max <= (temp_min+1))?(temp_max = 99):(temp_max--);
45.              }
46.              else if(Cont & Key_K3)
47.              {
48.              (temp_min >= (temp_max-1))?(temp_min = 0):(temp_min++);
49.              }
50.              else if(Cont & Key_K4)
51.              {
52.              (temp_min <= 0)?(temp_min = (temp_max-1)):(temp_min--);
53.              }
54.              }
55.          }
56.          if(Trg == 0 && Cont == 0)
57.          { Key_Time = 0;}
58.      }
59.      void led(void)                                                // LED 分情况点亮
60.      {
61.          if (temp_1 > temp_max)
62.              { P1 = 0xfe;}
63.          else if (temp_1 <= temp_max && temp_1 >= temp_min)
64.              { P1 = 0xfd;}
65.          else
66.              {P1 = 0xfb;}
67.      }
```

任务中的 DS18B20 温度传感器函数文件 ds18b20.c 编写，包括写入读取、初始化和温度采集等。

```
1.      #include "include.h"
2.      sbit DS18B20_data=P2^4;                                       // 端口定义
3.      void Delay_OneWire(unsigned int t)                            // STC89C52RC
4.      {
5.          while(t--);
6.      }
7.      // 通过单总线向 DS18B20 写一个字节
8.      void Write_DS18B20(unsigned char dat)
9.      {
10.         unsigned char i;
11.         for(i=0;i<8;i++)
12.         {
13.             DS18B20_data = 0;
```

```
14.          DS18B20_data = dat&0x01;
15.          Delay_OneWire(5);
16.          DS18B20_data = 1;
17.          dat >>= 1;
18.        }
19.      Delay_OneWire(5);
20.    }
21.    // 从 DS18B20 读取一个字节
22.    unsigned char Read_DS18B20(void)
23.    {
24.      unsigned char i;
25.      unsigned char dat;
26.      for(i=0;i<8;i++)
27.        {
28.          DS18B20_data = 0;
29.          dat >>= 1;
30.          DS18B20_data = 1;
31.          if(DS18B20_data)
32.            {
33.              dat |= 0x80;
34.            }
35.          Delay_OneWire(5);
36.        }
37.      return dat;
38.    }
39.    //DS18B20 初始化
40.    bit init_ds18b20(void)
41.    {
42.      bit initflag = 0;
43.      DS18B20_data = 1;
44.      Delay_OneWire(12);
45.      DS18B20_data = 0;
46.      Delay_OneWire(80);                    // 延时大于 480 μs
47.      DS18B20_data = 1;
48.      Delay_OneWire(10);
49.      initflag = DS18B20_data;              // initflag=1 初始化失败
50.      Delay_OneWire(5);
51.      return initflag;
52.    }
53.    unsigned char rd_temperature(void)       // DS18B20 温度采集程序
54.    {
55.      unsigned char low,high;
56.      char temp;
57.      init_ds18b20();
58.      Write_DS18B20(0xCC);
59.      Write_DS18B20(0x44);                  // 启动温度转换
60.      Delay_OneWire(200);
61.      init_ds18b20();
62.      Write_DS18B20(0xCC);
```

```
63.        Write_DS18B20(0xBE);                    // 读取寄存器
64.        low = Read_DS18B20();                   // 低字节
65.        high = Read_DS18B20();                  // 高字节
66.        temp = high<<4;
67.        temp |= (low>>4);
68.        return temp;
69.    }
```

任务中的数码管显示函数文件 display.c 编写如下：

```
1.     #include "include.h"
2.     code unsigned char tab[] = {0x3f,0x06,0x5b,0x4f,0x66,0x6d,0x7d,0x07,0x7f,0x6f,0x00};
3.     unsigned char dspbuf[] = {10,10,10,10,10,10,10,10};
4.     unsigned char dspcom = 0;
5.     sbit DU = P2^7;
6.     sbit WE = P2^6;
7.     void display(void)
8.     {
9.         DU = 1;
10.        P0 = 0;
11.        DU = 0;
12.        WE = 1;
13.        P0 = ~(1<<dspcom);
14.        WE = 0;
15.        P0 = 0;
16.        DU = 1;
17.        P0 = tab[dspbuf[dspcom]];
18.        DU = 0;
19.        if(++dspcom == 8)
20.            dspcom = 0;
21.    }
```

任务中的延时函数文件 delay.c 编写如下：

```
1.     #include "include.h"
2.     unsigned char i = 0;
3.     unsigned char gather = 0;
4.     void isr_time0(void) interrupt 1
5.     {
6.         TL0 = 0x66;                              // 设置定时初值
7.         TH0 = 0xFC;
8.         if(++i == 30)
9.             {   i = 0;
10.                gather = 1;                       // 温度采集标志位
11.            }
12.        display();
13.    }
```

实现项目功能的仿真效果图如图 13-8 所示。仿真其呈现的效果是温度上限 99℃，温度下限 0℃，当前温度为 25℃。若温度在设定的上下限值之间，则 LED1 点亮。

在完成程序编译后生成 .HEX 文件，随后完成硬件开发板的烧录下载，得到的功能实现效果图如图 13-9～图 13-11 所示。

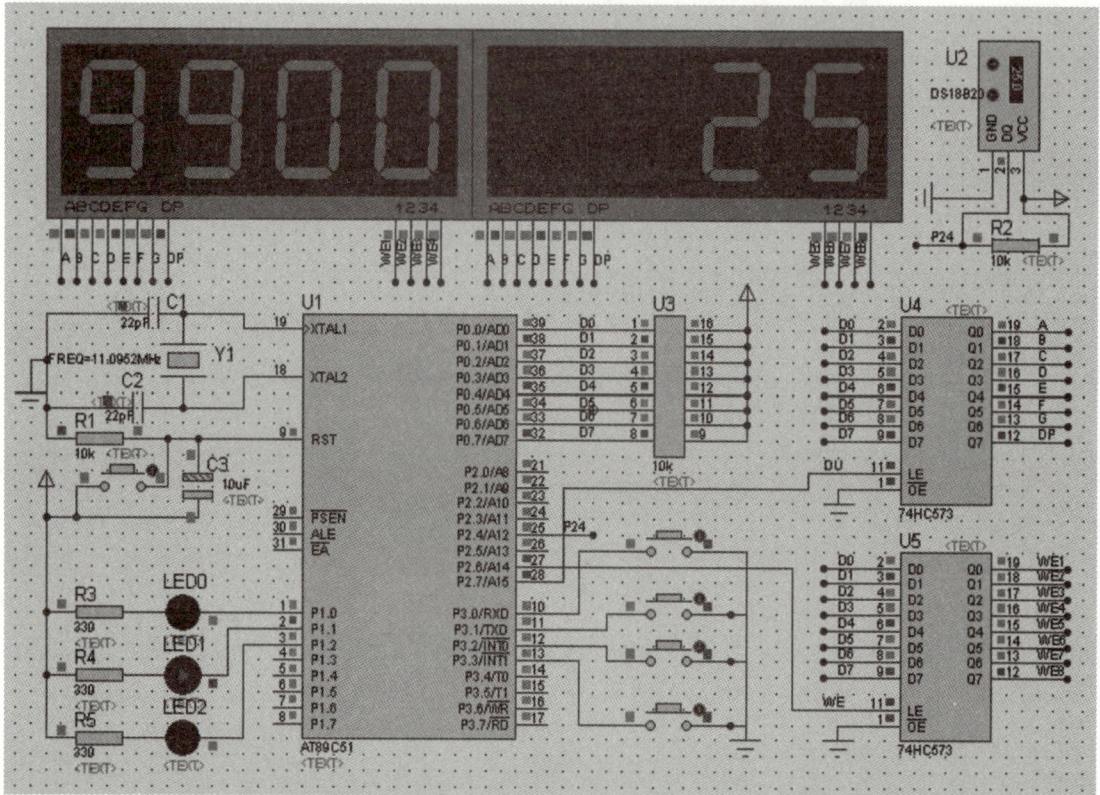

图 13-8　温度控制系统仿真运行图

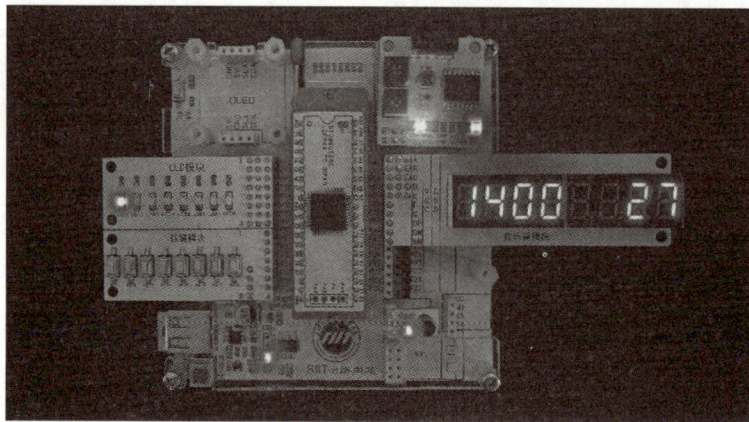

图 13-9　温度控制系统效果显示图 (采集温度高于温度上限)

图 13-10　温度控制系统效果显示图 (采集温度在温度上下限之间)

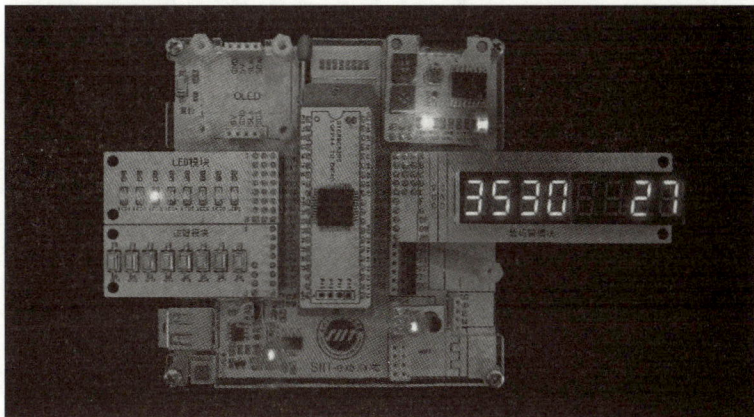

图 13-11 温度控制系统效果显示图 (采集温度低于温度下限)

13.3 /// 任务 13-3 智能盆栽系统

任务 13-3 智能盆栽系统程序讲解

13.3.1 任务要求

本任务利用 STC89C52RC 单片机设计一款智能盆栽控制系统。系统由按键、数码管、电位器 (模拟湿度)、光敏电阻和 LED 灯等部分组成。通过设定湿度阈值，当湿度低于阈值时，灯亮报警。同时可以检测周边环境亮度，当亮度低于要求值时，灯亮报警。

具体任务要求如下：

(1) 数码管开机显示 8 个 "8"。

(2) 通过按键更改湿度阈值。

(3) 数码管可显示湿度阈值及当前湿度值。

(4) 开机后检测环境亮度。当 PCF8591 光敏电阻通道输入电压小于 1.25 V 时，LED 灯熄灭，否则，LED 灯点亮。

(5) 检测环境湿度并与设定湿度比较，低于阈值时 LED 灯点亮，否则熄灭。

(6) 用 Proteus 仿真软件搭建最小系统，并验证程序功能。

(7) 完成实物的程序下载及功能调试与验证。

13.3.2 知识链接

根据系统的功能要求，将 LED 灯与单片机 P1 口的 2 个端口相连，分别用于示意当前周边环境亮度和湿度的状态：如果当前亮度低于亮度上限值，则 LED4 点亮，否则熄灭；如果当前湿度低于设定的湿度阈值，则 LED5 点亮。

将独立按键 K1～K4 与单片机 P3 口的 4 个端口相连，分别用于控制湿度阈值的加减：独立按键 K1 设定为湿度阈值调整按键，按下 K1 后进入湿度阈值调整界面；独立按键 K2 设定为 "加阈值" 按键，每按下一次湿度阈值加 1℃；独立按键 K3 设定为 "减阈值" 按键，每按下一次，湿度阈值减少 1℃；新的湿度阈值设定完成后，按下独立按键 K4，退出湿度阈值调整界面，并显示湿度界面。

注：与当前显示界面无关的按键，按下时无效。

将八位七段数码管和单片机的 P0 口和 P27、P26 相连，用来显示湿度和界面信息。

智能盆栽系统的系统框图如图 13-12 所示。该系统包括单片机最小系统、按键电路、数码管显示电路、LED 显示电路、可调电位器电路和光敏电阻电路等。

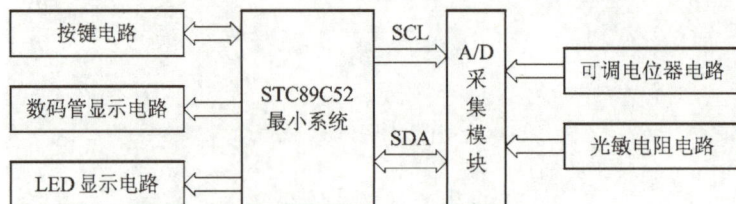

图 13-12　智能盆栽系统的系统框图

　　实现任务功能仿真的电路图如图 13-13 所示。在仿真运行时，可以通过鼠标调节电位器和光敏电阻的阻值，通过数码管实时显示电压 (模拟湿度)，通过 LED 实时检测亮度；按下相应的按键，可以改变数码管显示的界面和调整湿度阈值。

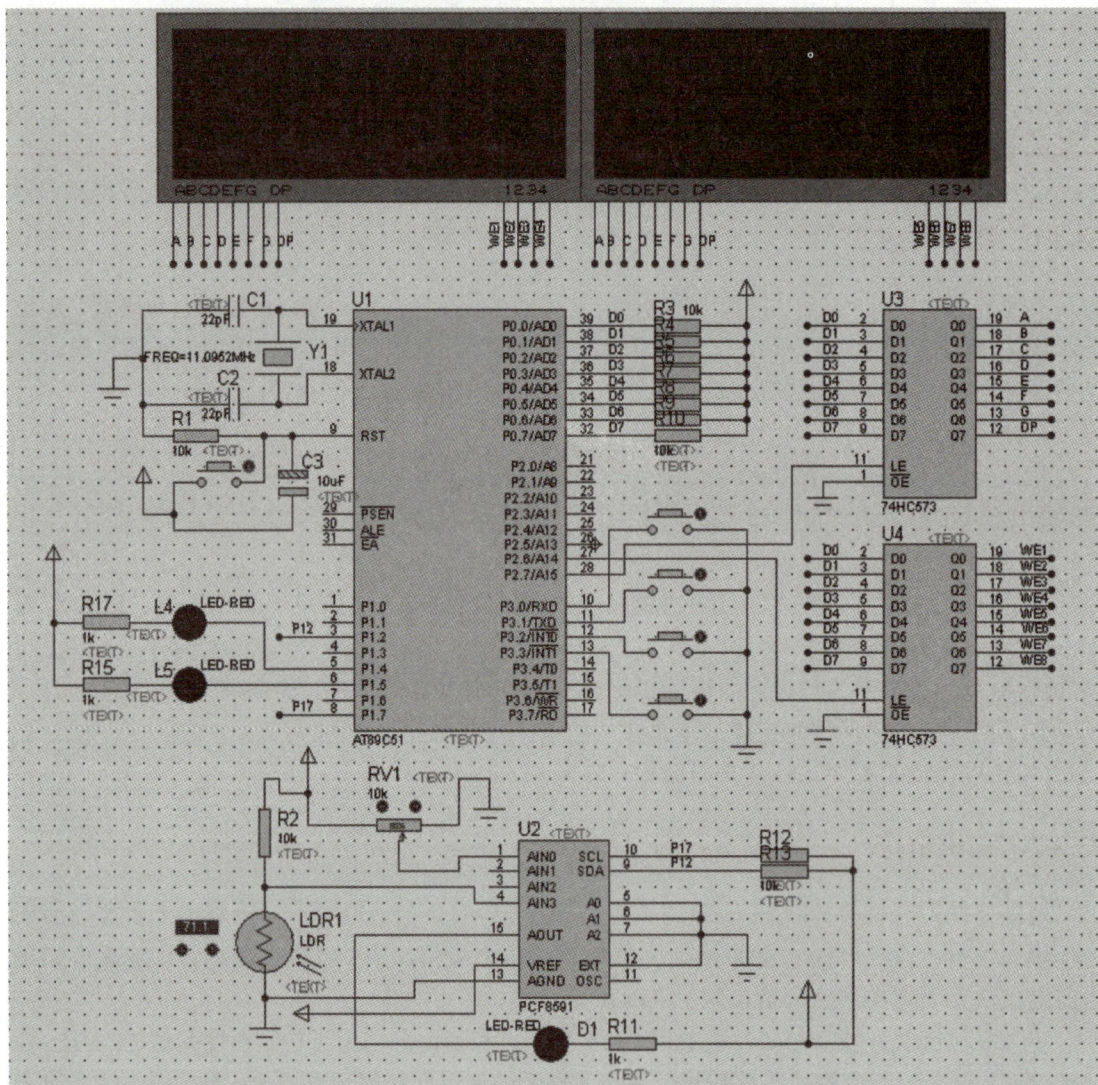

图 13-13　智能盆栽系统仿真电路图

13.3.3　任务实施

　　根据任务要求，首先对任务函数中所有用到的变量、数组和头文件等进行定义。

```
1.    #include <reg52.h>                       // 包含单片机寄存器的头文件
2.    #include <intrins.h>                      // 定义空指令，如 _nop_();_crol_ 等
```

3.	#include <iic.h>	// IIC 操作函数头文件
4.	#include <pcf8591.h>	// PCF8591 头文件
5.	#define uchar unsigned char	
6.	#define uint unsigned int	
7.	sbit K1=P3^0;	// 按键 K1
8.	sbit K2=P3^1;	// 按键 K2
9.	sbit K3=P3^2;	// 按键 K3
10.	sbit K4=P3^3;	// 按键 K4
11.	sbit L4=P1^4;	// LED4
12.	sbit L5=P1^5;	// LED5
13.	sbit dula=P2^7;	// 数码管段选
14.	sbit wela=P2^6;	// 数码管位选
15.	uchar code table[]={0x3f,0x06,0x5b,0x4f,0x66,0x6d,	// 数码管字符 0 1 2 3 4 5 6 7 8 9 - H 不显示
	0x7d,0x07,0x7f,0x6f,0x40,0x76,0x00};	
16.	uchar dspbuf[8]=0;	// 段选变量
17.	uchar dspcom=0;	// 位选循环变量
18.	uchar RG=0,humidity_threshold=50,	// 亮度变量 / 湿度阈值变量 / 湿度变量 / 界面变量
	humidity=0,face=1;	

定义完成后,对任务过程中所需要使用到的程序模块进行编写,包括延时函数、按键函数、界面显示函数、数码管显示函数。

1.	void delay1ms(unsigned int t)	// 延时 1 ms
2.	{	
3.	unsigned char i, j;	
4.	for(;t>0;t--)	
5.	{	
6.	_nop_();	
7.	i = 2;	
8.	j = 199;	
9.	do	
10.	{	
11.	while (--j);	
12.	} while (--i);	
13.	}	
14.	}	
15.	void key(void)	
16.	{	
17.	switch(face)	// 判断界面变量
18.	{	
19.	case 1:	
20.	if(!K1)	
21.	{	
22.	delay1ms(10);	// 按键消抖
23.	if(!K1) face=2;	// K1 按下,进入湿度阈值
24.	}	
25.	break;	
26.	case 2:	
27.	if(!K2)	
28.	{	
29.	delay1ms(10);	// 按键消抖

```
30.                if(!K2)                            // 按下 K2, 湿度阈值加 1
31.                    humidity_threshold++;
32.                    if(humidity_threshold==100)
33.                    humidity_threshold=0;
34.                    while(!K2);
35.                }
36.                if(!K3)
37.                {
38.                    delay1ms(10);                  // 按键消抖
39.                    if(!K3)                        // 按下 K3, 湿度阈值减 1
40.                    humidity_threshold--;
41.                    if(humidity_threshold==255)
42.                    humidity_threshold=99;
43.                    while(!K3);
44.                }
45.                if(!K4)
46.                {
47.                    delay1ms(10);                  // 按键消抖
48.                    if(!K4)
49.                    face=3;                        // 按下 K4, 退出湿度阈值调整界面, 显示湿度界面
50.                }
51.                break;
52.            case 3:
53.                if(!K1)
54.                {
55.                    delay1ms(10);
56.                    if(!K1)
57.                    face=2;
58.                }
59.                break;
60.        }
61.    }
62.    void interface(void)
63.    {
64.        if(face==1)                                // 开机显示 8 个 "8"
65.        {
66.            dspbuf[0]=8;
67.            dspbuf[1]=8;
68.            dspbuf[2]=8;
69.            dspbuf[3]=8;
70.            dspbuf[4]=8;
71.            dspbuf[5]=8;
72.            dspbuf[6]=8;
73.            dspbuf[7]=8;
74.        }
75.        if(face==2)                                // 湿度阈值调整界面
76.        {
77.            dspbuf[0]=10;                          // 提示符 "-"
78.            dspbuf[1]=10;                          // 提示符 "-"
```

```
79.              dspbuf[2]=12;                              // 不显示
80.              dspbuf[3]=12;                              // 不显示
81.              dspbuf[4]=12;                              // 不显示
82.              dspbuf[5]=humidity_threshold%100/10;       // 十位
83.              dspbuf[6]=humidity_threshold%10;           // 个位
84.              dspbuf[7]=11;                              // 湿度符号"H"
85.          }
86.          if(face==3)                                   // 湿度界面
87.          {
88.              dspbuf[0]=12;                              // 不显示
89.              dspbuf[1]=12;
90.              dspbuf[2]=12;
91.              dspbuf[3]=12;
92.              dspbuf[4]=12;
93.              dspbuf[5]=humidity_threshold%100/10;       // 十位
94.              dspbuf[6]=humidity_threshold%10;           // 个位
95.              dspbuf[7]=11;                              // 湿度符号"H"
96.          }
97.      void display(void)
98.      {
99.          wela=0;
100.         P0=0xff;                                       // 数码管消隐
101.         wela=1;
102.         wela=0;
103.         dula=0;
104.         P0=table[dspbuf[dspcom]];                      // 数码管段选
105.         dula=1;
106.         dula=0;
107.         wela=0;
108.         P0=~(0x01<<dspcom);                            // 数码管位选
109.         wela=1;
110.         wela=0;
111.         if(++dspcom==8)                                // 八位数码管循环点亮
112.             dspcom=0;
113.     }
```

主函数编写：先进行定时中断的设置，读取亮度值和湿度值；然后调用按键函数，判断哪个按键被按下后调用界面函数进行显示和 LED 的点亮。光敏电阻和电位器的传感数据读取过程中，运用了 A/D 转换模块和串口通信，其中 IIC 通信中总线引脚定义为数据线引脚 SDA = P1^2，时钟线引脚 SCL = P1^7。

```
1.      void main()
2.      {
3.          TMOD = 0x01;                                   // 设置定时器模式
4.          TH0 =(65536-922)/256;                          // 设置 1 ms 定时初值 922=1000 μs×11.0592/12
5.          TL0 =(65536-922)%256;                          // 设置 1 ms 定时初值
6.          TF0 = 0;                                       // 清除 TF0 标志
7.          TR0 = 1;                                        // 定时器 0 开始计时
8.          ET0=1;                                         // 打开定时器中断
9.          EA=1;                                          // 打开总中断
```

```
10.        while(1)
11.        {
12.            RG=read_pcf8591(3);                // 获取亮度值
13.            humidity=(read_pcf8591(0))×100/255; // 获取湿度值
14.            key();                             // 调用按键函数
15.            interface();                       // 调用界面函数
16.            if(RG<63.75)                       // 63.75=255/5×1.25 仿真时光敏电阻 LDR 调到 71 左右
17.            L4=1;
18.                else
19.            L4=0;
20.            if(humidity<humidity_threshold)
21.                L5=0;
22.            else
23.                L5=1;
24.        }
25.    }
26.    void times(void) interrupt 1
27.    {
28.        TH0 =(65536-922)/256;                  // 重新赋初值
29.        TL0 =(65536-922)%256;
30.        display()
31.    }
```

　　程序编写完成后，对项目进行仿真功能实现。需要注意的是，当 PCF8591 光敏电阻通道输入电压等于 1.25 V 时，光敏电阻 LDR 应调到 71 左右。同时程序烧写成功后不要直接点击"运行仿真"，要在页面上方点击"系统 (Y)"，如图 13-14 所示；点击"设置动画选项 (A)"，如图 13-15 所示；将"Frames per Second(每秒框架)"改成"8"，将"Timestep per Frame(每一帧的时间)"改成"125"，如图 13-16 所示；最后点击"OK"。

图 13-14　选择"系统 (Y)"

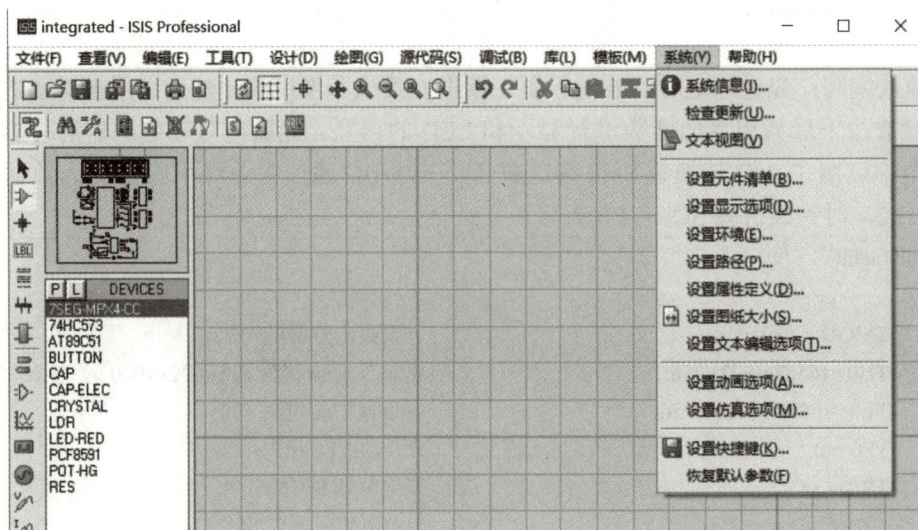

图 13-15　选择"设置动画选项 (A)"

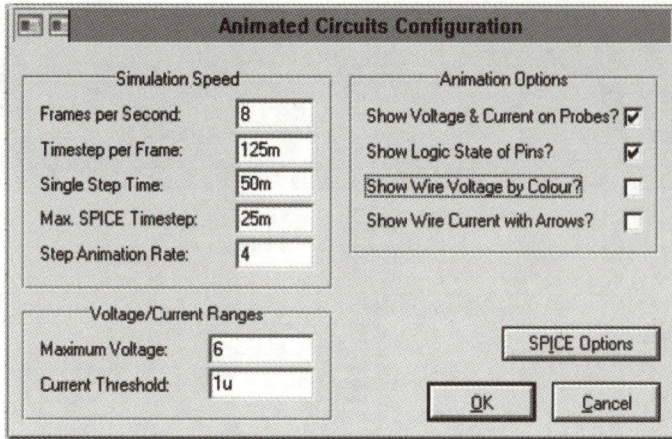

图 13-16 重新设定参数

实现项目功能的仿真效果图如图 13-17 和 13-18 所示，呈现的效果是检测的当前环境湿度值为 39，低于设定的温度阈值 50，所以 L5 点亮。

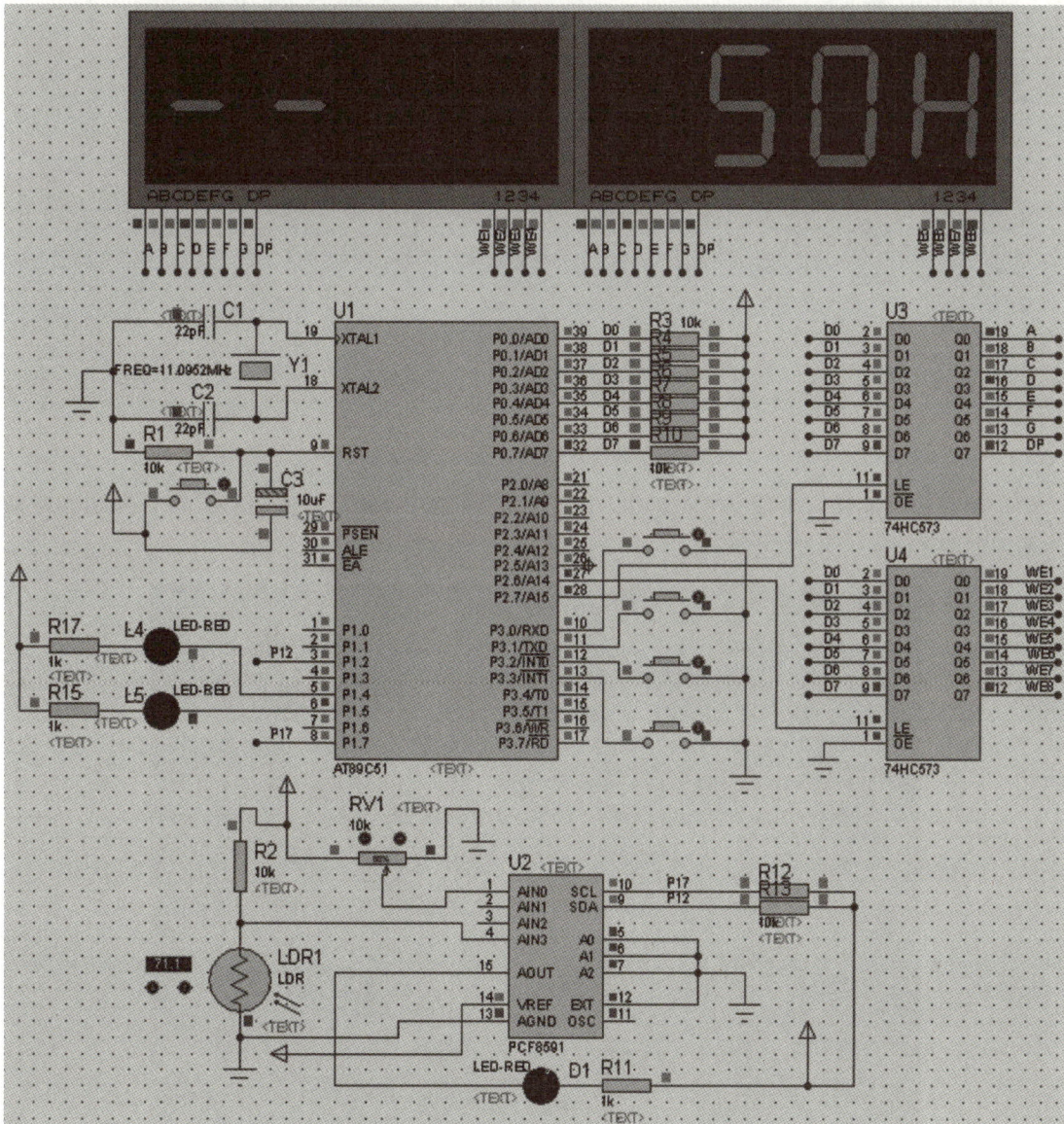

图 13-17 智能盆栽控制系统仿真运行图（阈值设定）

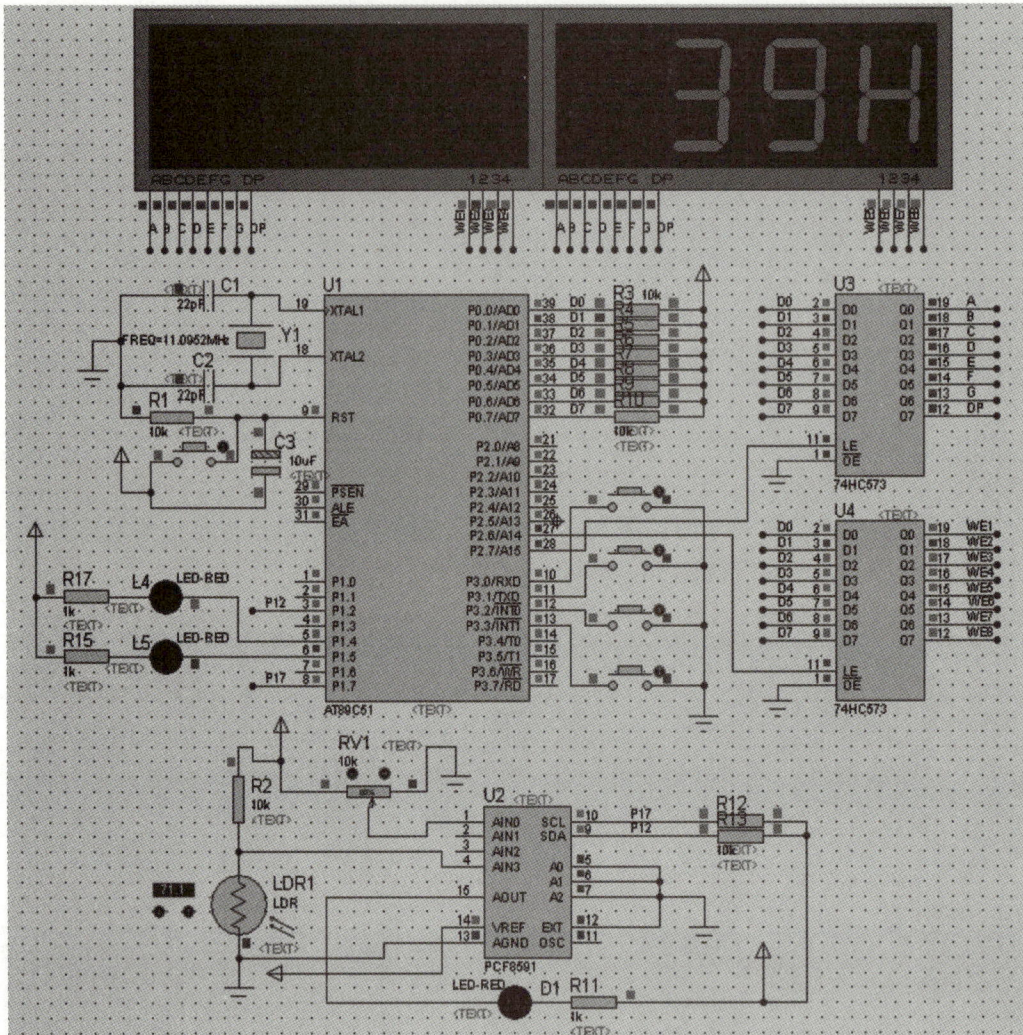

图 13-18　智能盆栽控制系统仿真运行图

在完成程序编译后生成 .HEX 文件，随后完成硬件开发板的烧录下载，得到的功能实现效果图如图 13-19～图 13-21 所示。

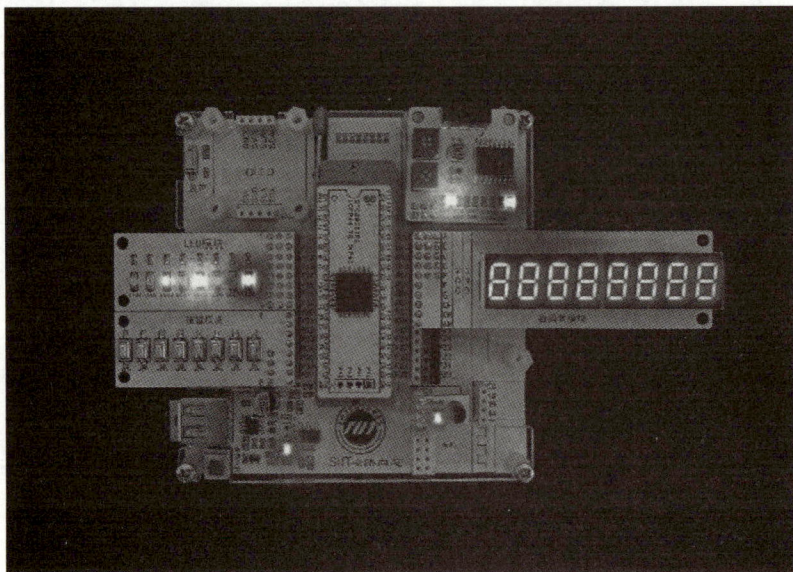

图 13-19　智能盆栽控制系统效果显示图 (开机显示八个 8)

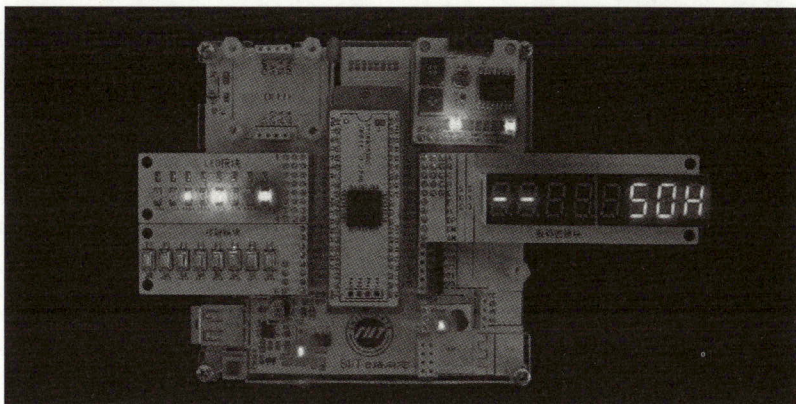

图 13-20 智能盆栽控制系统效果显示图 (湿度阈值设定)

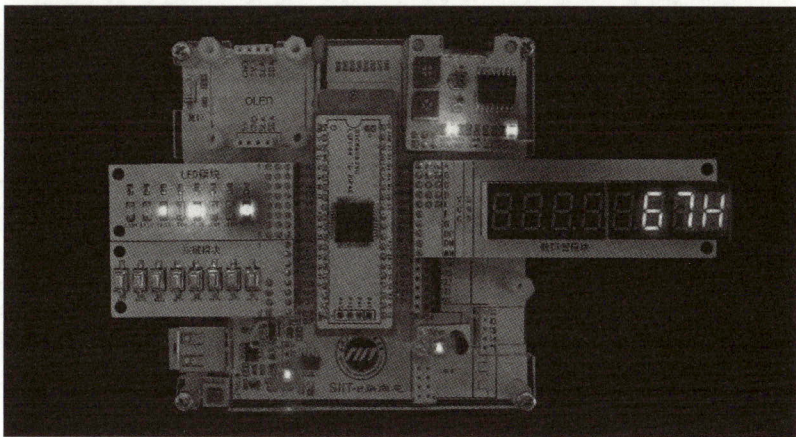

图 13-21 智能盆栽控制系统效果显示图 (湿度显示)

单 元 小 结

本单元为综合项目，其中任务一运用了 C51 单片机最小系统、定时器 / 计数器、中断等技术，结合数码管、步进电机、按键等外设；任务二运用了 C51 单片机最小系统、定时器 / 计数器、中断、串口通信等技术，结合数码管、LED、温度传感器、按键等外设；任务三运用了 C51 单片机最小系统、定时器 / 计数器、中断、串口通信等技术，结合数码管、LED、可调电位器、光敏电阻、按键等外设。三个项目涵盖了不同的知识点，通过项目的学习能够掌握单片机的相关知识和应用，能熟练运用仿真软件和单片机编程软件，能用单片机开发板实现相应功能的实现和开发。

单 元 练 习

一、简答题

1. 简述任务 13-1 可调简易时钟的工作流程。
2. 简述任务 13-2 温度监控系统的工作流程。
3. 简述任务 13-3 智能盆栽控制系统的工作流程。

二、编程题

编写程序，改写任务 13-1 中可调简易时钟的功能：单片机上电后，数码管开始以 1 s 为单位，从 59 开始向下递减数字，至 0 后清零再次递减，实现倒计时功能。

习题答案

附录 A　常见字符与 ASCII 代码对照表

十进制	十六进制	字符	十进制	十六进制	字符	十进制	十六进制	字符	十进制	十六进制	字符
0	0	NUL	32	20	Space	64	40	@	96	60	`
1	1	SOH	33	21	!	65	41	A	97	61	a
2	2	STX	34	22	"	66	42	B	98	62	b
3	3	ETX	35	23	#	67	43	C	99	63	c
4	4	EOT	36	24	$	68	44	D	100	64	d
5	5	ENQ	37	25	%	69	45	E	101	65	e
6	6	ACK	38	26	&	70	46	F	102	66	f
7	7	BEL	39	27	'	71	47	G	103	67	g
8	8	BS	40	28	(	72	48	H	104	68	h
9	9	HT	41	29	)	73	49	I	105	69	i
10	0A	LF	42	2A	*	74	4A	J	106	6A	j
11	0B	VT	43	2B	+	75	4B	K	107	6B	k
12	0C	FF	44	2C	,	76	4C	L	108	6C	l
13	0D	CR	45	2D	−	77	4D	M	109	6D	m
14	0E	SO	46	2E	.	78	4E	N	110	6E	n
15	0F	SI	47	2F	/	79	4F	O	111	6F	o
16	10	DLE	48	30	0	80	50	P	112	70	p
17	11	DC1	49	31	1	81	51	Q	113	71	q
18	12	DC2	50	32	2	82	52	R	114	72	r
19	13	DC3	51	33	3	83	53	S	115	73	s
20	14	DC4	52	34	4	84	54	T	116	74	t
21	15	NAK	53	35	5	85	55	U	117	75	u
22	16	SYN	54	36	6	86	56	V	118	76	v
23	17	ETB	55	37	7	87	57	W	119	77	w
24	18	CAN	56	38	8	88	58	X	120	78	x
25	19	EM	57	39	9	89	59	Y	121	79	y
26	1A	SUB	58	3A	:	90	5A	Z	122	7A	z
27	1B	ESC	59	3B	;	91	5B	[	123	7B	{
28	1C	FS	60	3C	<	92	5C	\	124	7C		
29	1D	GS	61	3D	=	93	5D	]	125	7D	}
30	1E	RS	62	3E	>	94	5E	^	126	7E	~
31	1F	US	63	3F	?	95	5F	_	127	7F	DEL

附录 B　C 语言中的关键字

C51 编译器的常用关键字

auto	break	case	char	const	continue	default	do
double	else	enum	extern	float	for	goto	if
int	long	register	return	short	signed	sizeof	static
struct	switch	typedef	union	unsigned	void	volatile	while

C51 编译器的扩展关键字

bit	sbit	Sfr	Sfr16	data	bdata	idata	pdata
xdata	code	interrupt	reentrant	using			

附录 C　运算符的优先级和结合性汇总表

优先级	运 算 符	名称或含义	结合方向	说　明
1	[]	数组下标	左到右	
	()	圆括号		
	.	成员选择（对象）		
	->	成员选择（指针）		
2	－	负号运算符	右到左	单目运算符
	（类型）	强制类型转换		
	++	自增运算符		单目运算符
	——	自减运算符		单目运算符
	*	取值运算符		单目运算符
	&	取地址运算符		单目运算符
	!	逻辑非运算符		单目运算符
	～	按位取反运算符		单目运算符
	sizeof	长度运算符		
3	/、*、%	算术运算符	左到右	双目运算符
4	+、－		左到右	双目运算符
5	<<、>>	移位运算符	左到右	双目运算符
6	>、>=、<、<=	关系运算符	左到右	双目运算符
7	==、!=		左到右	双目运算符
8	&	位运算符	左到右	双目运算符
9	^		左到右	双目运算符
10				左到右	双目运算符
11	&&	逻辑与	左到右	双目运算符
12	||	逻辑或	左到右	双目运算符
13	?:	条件运算符	右到左	三目运算符
14	=	赋值运算符	右到左	
	/=、*=、%=、+=、-=、<<=、>>=、&=、^=、|=	复合赋值运算符	右到左	
15	,	逗号运算符	左到右	

附录 D C 语言常用的库函数

1. 数学函数 "math.h"

函数原型说明	功　能
int abs(int x)	求整数 x 的绝对值
double fabs(double x)	求双精度实数 x 的绝对值
double acos(double x)	计算 arccos(x) 的值
double asin(double x)	计算 arcsin(x) 的值
double atan(double x)	计算 arctan(x) 的值
double atan2(double x)	计算 arctan(x/y) 的值
double cos(double x)	计算 cos(x) 的值
double cosh(double x)	计算双曲余弦 cosh(x) 的值
double exp(double x)	求 e^x 的值
double fabs(double x)	求双精度实数 x 的绝对值
double floor(double x)	求不大于双精度实数 x 的最大整数
double fmod(double x,double y)	求 x/y 整除后的双精度余数
double frexp(double val,int *exp)	把双精度 val 分解尾数和以 2 为底的指数 n，即 val=x*2^n，n 存放在 exp 所指的变量中
double log(double x)	求 ln x
double log10(double x)	求 $\log_{10}x$
double modf(double val,double *ip)	把双精度 val 分解成整数部分和小数部分，整数部分存放在 ip 所指的变量中
double pow(double x,double y)	计算 x^y 的值
double sin(double x)	计算 sin(x) 的值
double sinh(double x)	计算 x 的双曲正弦函数 sinh(x) 的值
double sqrt(double x)	计算 x 的开方
double tan(double x)	计算 tan(x)
double tanh(double x)	计算 x 的双曲正切函数 tanh(x) 的值

2. 字符函数 "ctype.h"

函数原型说明	功　能
int isalnum(int ch)	检查 ch 是否为字母或数字
int isalpha(int ch)	检查 ch 是否为字母
int iscntrl(int ch)	检查 ch 是否为控制字符
int isdigit(int ch)	检查 ch 是否为数字
int isgraph(int ch)	检查 ch 是否为 ASCII 码值在 0x21 到 0x7e 的可打印字符（即不包含空格字符）

函数原型说明	功　　能
int islower(int ch)	检查 ch 是否为小写字母
int isprint(int ch)	检查 ch 是否为包含空格符在内的可打印字符
int ispunct(int ch)	检查 ch 是否为除了空格、字母、数字之外的可打印字符
int isspace(int ch)	检查 ch 是否为空格、制表或换行符
int isupper(int ch)	检查 ch 是否为大写字母
int isxdigit(int ch)	检查 ch 是否为十六进制数
int tolower(int ch)	把 ch 中的字母转换成小写字母
int toupper(int ch)	把 ch 中的字母转换成大写字母

3. 字符串函数 "string.h"

函数原型说明	功　　能
char *strcat(char *s1,char *s2)	把字符串 s2 接到 s1 后面
char *strchr(char *s,int ch)	在 s 所指字符串中，找出第一次出现字符 ch 的位置
int strcmp(char *s1,char *s2)	对 s1 和 s2 所指字符串进行比较
char *strcpy(char *s1,char *s2)	把 s2 指向的串复制到 s1 指向的空间
unsigned strlen(char *s)	求字符串 s 的长度
char *strstr(char *s1,char *s2)	在 s1 所指字符串中，找出字符串 s2 第一次出现的位置

4. 输入／输出函数 "stdio.h"

函数原型说明	功　　能
void clearer(FILE *fp)	清除与文件指针 fp 有关的所有出错信息
int fclose(FILE *fp)	关闭 fp 所指的文件，释放文件缓冲区
int feof (FILE *fp)	检查文件是否结束
int fgetc (FILE *fp)	从 fp 所指的文件中取得下一个字符
char *fgets(char *buf,int n, FILE *fp)	从 fp 所指的文件中读取一个长度为 n－1 的字符串，将其存入 buf 所指存储区
FILE *fopen(char *filename,char *mode)	以 mode 指定的方式打开名为 filename 的文件
int fprintf(FILE *fp, char *format, args,…)	把 args,…的值以 format 指定的格式输出到 fp 指定的文件中
int fputc(char ch, FILE *fp)	把 ch 中字符输出到 fp 指定的文件中
int fputs(char *str, FILE *fp)	把 str 所指字符串输出到 fp 所指文件
int fread(char *pt,unsigned size,unsigned n, FILE *fp)	从 fp 所指文件中读取长度 size 为 n 个数据项存到 pt 所指文件
int fscanf (FILE *fp, char *format,args,…)	从 fp 所指的文件中按 format 指定的格式把输入数据存入到 args,…所指的内存中
int fseek (FILE *fp,long offer,int base)	移动 fp 所指文件的位置指针
long ftell (FILE *fp)	求出 fp 所指文件当前的读写位置

续表

函数原型说明	功　能
int fwrite(char *pt,unsigned size,unsigned n, FILE *fp)	把 pt 所指向的 n*size 个字节输入到 fp 所指文件
int getc (FILE *fp)	从 fp 所指文件中读取一个字符
int getchar(void)	从标准输入设备读取下一个字符
char *gets(char *s)	从标准设备读取一行字符串放入 s 所指存储区，用'\0'替换读入的换行符
int printf(char *format,args,···)	把 args,···的值以 format 指定的格式输出到标准输出设备
int putc (int ch, FILE *fp)	同 fputc
int putchar(char ch)	把 ch 输出到标准输出设备
int puts(char *str)	把 str 所指字符串输出到标准设备，将'\0'转成回车换行符
int rename(char *oldname,char *newname)	把 oldname 所指文件名改为 newname 所指文件名
void rewind(FILE *fp)	将文件位置指针置于文件开头
int scanf(char *format,args,···)	从标准输入设备按 format 指定的格式把输入数据存入到 args,···所指的内存中

5. 动态分配函数和随机函数 "stdlib.h"

函数原型说明	功　能
void *calloc(unsigned n,unsigned size)	分配 n 个数据项的内存空间，每个数据项的大小为 size 个字节
void *free(void *p)	释放 p 所指的内存区
void *malloc(unsigned size)	分配 size 个字节的存储空间
void *realloc(void *p,unsigned size)	把 p 所指内存区的大小改为 size 个字节
int rand(void)	产生 0～32 767 的随机整数
void exit(int state)	程序终止执行，返回调用过程，state 为 0 正常终止，非 0 非正常终止

参 考 文 献

[1]　谭浩强. C 语言程序设计 [M]. 2 版. 北京：清华大学出版社，2008.

[2]　姜丹. C 语言程序设计基础与实训教程 [M]. 北京：清华大学出版社，2007.

[3]　王静霞. 单片机基础与应用 (C 语言版)[M]. 北京：高等教育出版社，2016.

[4]　陈海松. 单片机应用技能项目化教程 [M]. 北京：电子工业出版社，2012.

[5]　孔维功. C51 单片机编程与应用 [M]. 北京：电子工业出版社，2011.

[6]　刘训非. 单片机技术及应用 [M]. 北京：清华大学出版社，2010.

[7]　张洪润，张亚凡. 单片机原理及应用 [M]. 北京：清华大学出版社，2005.